普通高等教育"十二五"规划教材

水 力 机 械

主　编　陈　婧

副主编　张宏战　王　刚

U0217497

中国水利水电出版社
www.waterpub.com.cn

内 容 提 要

本书共分 7 章，主要阐述了水轮机、叶片式水泵和水泵水轮机等水力机械的主要类型、工作参数、工作原理和选择方法。重点论述了常用水轮机的基本构造、基本方程式、效率特性、空化和空蚀、相似理论、选择方法、特性曲线的绘制方法及调节系统的组成和选择。书中还引入了水力机械振动方面的研究成果，介绍了水力机械振动的原因、现场测试内容、振动监测和故障诊断的方法以及振动评价标准等。

本书主要作为高等院校水利水电工程专业的本科生教材，也可供其他相关专业的学生、科研和工程技术人员参考。

图书在版编目（ＣＩＰ）数据

水力机械 / 陈婧主编. -- 北京 ：中国水利水电出版社，2015.2(2019.1重印)
普通高等教育"十二五"规划教材
ISBN 978-7-5170-2687-7

Ⅰ．①水… Ⅱ．①陈… Ⅲ．①水力机械－高等学校－教材 Ⅳ．①TV131.63

中国版本图书馆CIP数据核字(2014)第271885号

书　　　　名	普通高等教育"十二五"规划教材 **水力机械**
作　　　者	主编　陈婧　　副主编　张宏战　王刚
出 版 发 行	中国水利水电出版社 （北京市海淀区玉渊潭南路 1 号 D 座　　100038） 网址：www.waterpub.com.cn E - mail：sales@waterpub.com.cn 电话：(010) 68367658（营销中心）
经　　　售	北京科水图书销售中心（零售） 电话：(010) 88383994、63202643、68545874 全国各地新华书店和相关出版物销售网点
排　　　版	中国水利水电出版社微机排版中心
印　　　刷	天津嘉恒印务有限公司
规　　　格	184mm×260mm　16 开本　13 印张　308 千字
版　　　次	2015 年 2 月第 1 版　2019 年 1 月第 2 次印刷
印　　　数	2001—4000 册
定　　　价	**32.00 元**

前　言

　　水力机械是指将水能和机械能相互转化的设备。现代使用的水力机械主要包括将水能转换成机械能的水轮机、将机械能转换成水能的水泵和可逆式的水泵水轮机。本书主要阐述了水轮机、叶片式水泵和水泵水轮机等水力机械的主要类型、工作参数、工作原理和选择方法。重点论述了常用水轮机的基本构造、基本方程式、效率特性、空化和空蚀、相似理论、选择方法、特性曲线的绘制方法及调节系统的组成和选择。随着我国水电事业的迅猛发展，水力机械的功率和尺寸不断增加，水力机械振动问题的研究日益受到重视，尤其是水泵水轮机的振动能量更为突出。本书引入了水力机械振动方面的研究成果，介绍了水力机械振动的主要原因、现场测试内容、振动监测和故障诊断的方法以及国家和行业标准中的振动评价标准。

　　本书学科体系完整、前后连贯、深入浅出、图文并茂，每章后均附有适量的习题与思考题，着眼于培养学生的自学能力和工作能力。为了使学生对水力机械获得直观认识，加深对其工作原理和选型设计的理解，书中配以大量相关图例。本书所采用的标准均以国家和行业最新颁布的现行规范和规程为依据，并引入了最新 IEC 和国家标准规范给出的专业术语和物理量符号定义。

　　本书由大连理工大学陈婧主编。第 1 章、第 2 章和第 3 章由陈婧编写，第 5 章和第 6 章由张宏战编写，第 4 章和第 7 章由王刚编写。

　　本书在编写过程中参考了国内有关教材、专著和标准，并得到了校内外有关同志和专家的帮助和支持，他们提出了许多宝贵意见和建议，在此致以衷心的感谢。

　　由于编者水平有限，书中难免出现缺点和错误，敬请使用本教材的读者给予批评指正。

编者

2014 年 9 月

目 录

第1章 水轮机的主要类型及其构造

1.1 水轮机概述

　　人类很早就懂得利用天然水能来进行磨面、舂米、鼓风和灌溉等，以减轻繁重的体力劳动。据文字记载，公元前2世纪希腊就出现了水磨。中国在东汉、魏晋时期就有水碓、水排、水磨等的记载。这些都是水力原动机的雏形。近代型式的水轮机主要是18世纪后随着近代工业生产的发展而发展起来的。1754年瑞士著名数学家、力学及物理学家L.欧拉奠定了水轮机的理论基础，即提出了水轮机的基本方程式。从19世纪中才相继出现混流式、水斗式等现代型式水轮机。经过近一个世纪的不断改进与完善，现代水轮机已发展成为性能日趋完善、效率极高的水力机械。大型水轮机的最高效率已达95％～96％以上，单机最大功率已达700～800MW以上。各种水头（从几米到千米以上）和各种流量，都可选择相应的水轮机加以开发利用。

　　水轮机是将水能转换成机械能的一种水力原动机。通过传动设备，它可以带动发电机，取得电能。水轮机和发电机都是水电站的主要设备，通常将它们合称为水轮发电机组，或简称机组。水电站对水流能量的有效利用程度，以及水电站建筑物的设计，都与所选用的机组类型，特别是与水轮机的性能、构造和尺寸密切相关。

　　图1-1为水电站主厂房沿机组中心线横剖面图。水流由水电站压力管道1经蜗壳2、导水机构3进入转轮4，由转轮将水能转换成机械能后，水流经弯肘形尾水管5泄入下游河道。大、中型水轮机的主轴直接和发电机6的主轴连接，当转轮在水力作用下旋转时，便带动发电机转子以同样的转速旋转，转子上的磁极在转动时将产生旋转磁场，定子线圈切割磁力线产生电流，从而将机械能转换为电能，随后经配电设备输入电网。大、中型水轮发电机组采用自动调速器控制转速，通过导水机构接力器，使各个导叶绕各自本身的轴转动，从而改变各导叶之间的过水面积，这

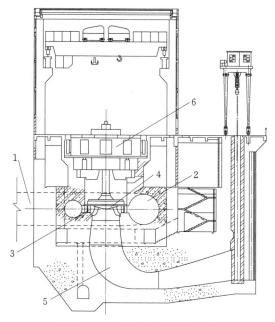

图1-1　水电站厂房横剖面图

1—压力管道；2—蜗壳；3—导水机构；
4—转轮；5—尾水管；6—水轮发电机

样来控制进入转轮的流量，使流量大小与外界用电负荷相适应，以保证机组转速不变。

大、中型水轮发电机组主轴的布置型式，除低水头贯流式水轮机是卧轴或斜轴布置外，大多采用图 1-1 所示的立轴装置。之所以采用这种装置，其主要原因是，在卧轴装置的卧式机组中，巨大的蜗壳和转动部分将在结构上引起很大的附加力，这就使机组本身部分结构变得复杂和笨重，对支承部分、轴承部分的设计增加了困难，而且厂房平面尺寸和挖方也相应增大。此外，立轴装置的水轮机的装拆、检修方便，轴和轴承受力情况良好，发电机安装高程提高，不易受潮，管理维护方便等。因而目前广泛采用立式机组。

在现代水轮机中，能量的转换是在转轮中借助水流与叶片的相互作用而实现的，也就是利用水流本身所具有的能量对转轮叶片的反作用力来使转轮旋转。

为了方便起见，下面取单位能量（即单位重量水体通过水轮机所具有的能量）来研究。根据能量守恒定律，单位重量水体通过水轮机后，得到的单位能量 E 将等于水轮机蜗壳进口 1—1 断面的单位能量 E_1 减去尾水管出口 2—2 断面的单位能量 E_2（图 1-2），即

$$E = E_1 - E_2 = \left(Z_1 + \frac{p_1}{\gamma} + \frac{\alpha_1 v_1^2}{2g} \right) - \left(Z_2 + \frac{p_2}{\gamma} + \frac{\alpha_2 v_2^2}{2g} \right)$$

$$= \left(Z_1 + \frac{p_1}{\gamma} \right) - \left(Z_2 + \frac{p_2}{\gamma} \right) + \frac{\alpha_1 v_1^2 - \alpha_2 v_2^2}{2g} \tag{1-1}$$

式中：E_1、E_2 为水轮机进口和出口断面的单位能量，m；Z_1、Z_2 为水轮机进口和出口断面相对于基准面的位能，m；$\frac{p_1}{\gamma}$、$\frac{p_2}{\gamma}$ 为水轮机进口和出口断面的单位压力能，m；$\frac{\alpha_1 v_1^2}{2g}$、$\frac{\alpha_2 v_2^2}{2g}$ 为水轮机进口和出口断面的单位动能，m。

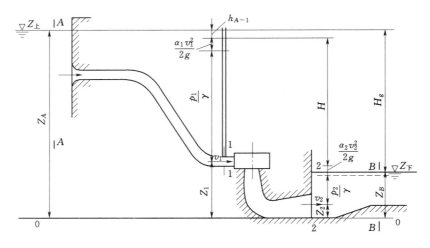

图 1-2 水电站水轮机单位能量示意图

水轮机所能利用的单位能量 E 一般称为水轮机的工作水头 H，又称为净水头。同理可以写出水电站上游进口 A—A 断面和下游尾水 B—B 断面的单位能量差（即水电站水

头）为

$$H_{A-B}=\left(Z_A+\frac{p_A}{\gamma}+\frac{\alpha_A v_A^2}{2g}\right)-\left(Z_B+\frac{p_B}{\gamma}+\frac{\alpha_B v_B^2}{2g}\right) \tag{1-2}$$

由于 A—A 断面和 B—B 断面大气压强几乎相等，单位动能差也较小，实际计算时通常可以忽略，则 $H_{A-B}=Z_A-Z_B$。因此水电站水头可按上、下游水位差计算，并称为水电站毛水头，用 H_g 表示，即

$$H_g=Z_上-Z_下 \tag{1-3}$$

常用的水电站水头如下：

（1）水电站最大水头 H_{gmax}：水电站上下游水位在一定组合下出现的最大水位高程差。

（2）水电站最小水头 H_{gmin}：水电站上下游水位在一定组合下出现的最小水位高程差。

水轮机的工作水头通常采用水电站水头减去从进水口到蜗壳进口前以及尾水管出口至下游的全部水头损失。

水电站全部机组额定功率（出力）的总和称为水电站装机容量，一台机组的额定功率（出力）称为机组的单机容量。机组的单机容量即为水轮发电机额定容量 P_g，是指发电机在额定参数（电压、电流、频率、功率因数）运行时输出的电功率，也称为水轮发电机的额定功率（出力）。水轮机的额定功率（出力）P 应等于机组的单机容量除以发电机的效率。则机组的单机容量为

$$P_g=P\eta_g=9.81QH\eta\eta_g=9.81QH\eta_u \tag{1-4}$$

式中：Q 为通过水轮机的流量，m^3/s；H 为水轮机的工作水头，m；η_u 为水轮发电机组的效率，等于水轮机的效率 η 与发电机的效率 η_g 的乘积。

大型机组的效率可以达到 90%，中型机组的效率可以达到 80%～85%，小型机组的效率约为 65%～80%。

1.2 水轮机的主要类型和构造

1.2.1 水轮机的主要类型

水轮机是水力原动机，由于不同电站的水头、流量和功率的差别较大，因此需要选择不同类型的水轮机高效率地满足不同工况的要求，从而达到充分利用水能资源的目的。

水轮机将水流的能量转换为轴的旋转机械能，能量的转换是借助转轮叶片与水流相互作用来实现的。根据能量转换原理不同，现代水轮机可以划分成反击式和冲击式两大类。

在图 1-1 所示的水轮机中，水在压力流状态下通过转轮，因而式（1-1）中的势能部分 $\left(Z_1+\frac{p_1}{\gamma}\right)-\left(Z_2+\frac{p_2}{\gamma}\right)$ 和动能部分 $\frac{\alpha_1 v_1^2-\alpha_2 v_2^2}{2g}$ 直接在压力流状态下造成水体对转轮叶片的反作用力，即水能以势能和动能形态由转轮转换成旋转机械能，其中压能起主要作用。这一类水轮机，称为反击式水轮机。

图 1-3 为另外一类水轮机，水流为无压流动，在大气中通过转轮，转轮的进口压力和出口压力都是大气压力，且都在同一几何高度上，此时，$\frac{p_1}{\gamma}=\frac{p_2}{\gamma}$，$Z_1=Z_2$，故式（1-1）

成为 $E=\dfrac{\alpha_1 v_1^2-\alpha_2 v_2^2}{2g}$。水流的势能在进至转轮之前已全部转变成为动能，在射流状态下水体给转轮造成一个冲击力，即这种型式的水轮机转轮仅利用水流的动能。这一类水轮机，称为冲击式水轮机。

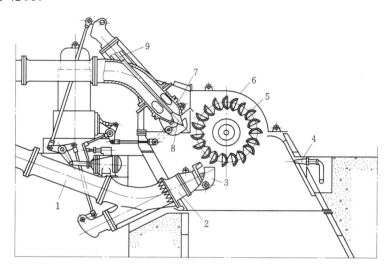

图 1-3　冲击式（水斗式）水轮机结构图

1—输水管；2—喷管；3—折向器；4—制动喷嘴；5—转轮；6—机壳；

7—喷嘴；8—喷针；9—喷针移动机构

1.2.1.1　反击式水轮机

反击式水轮机同时利用了水流的势能和动能。水轮机的转轮浸没在水流中，整个流道是有压封闭系统，水流是有压流动，水流沿着转轮外圆整周进水，水流在叶片流道内改变压力和流速的大小与方向，对转轮产生反作用力，形成旋转力矩使转轮旋转。

根据水流在转轮内运动方向的不同，反击式水轮机分为混流式、轴流式、斜流式和贯流式水轮机。另外根据转轮叶片能否转动，轴流式、斜流式和贯流式水轮机又分别分为定桨式和转桨式水轮机。

1. 混流式水轮机

混流式水轮机（图 1-4）工作时，水流从导水机构沿辐（径）向从四周流入转轮，然后沿轴向流出，所以曾被称为辐轴流式水轮机。又由于它是美国人法兰西斯（Francis）于 1847—1849 年在富聂隆向心式水轮机的基础上改进而成的，所以又称法兰西斯式水轮机。这种水轮机的适用水头范围为 30～700m，由于其适用水头范围广，而且结构简单，运行可靠，效率高，所以是世界上采用最多的一种水轮机。在中国，混流式水轮机容量约占全部水轮机容量的 80％以上。目前，国内外混流式水轮机最大额定单机容量已达 800MW，将来单机容量可望达到 1000MW 以上。

2. 轴流式水轮机

轴流式水轮机（图 1-5）工作时，水流在进入转轮之前即在导叶与转轮之间的流动方向已经由辐向转为轴向，因此在经过转轮时沿主轴方向流入又沿主轴方向流出。

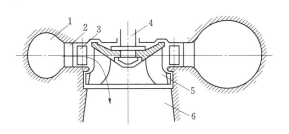

图1-4 混流式水轮机
1—蜗壳；2—座环立柱；3—导叶；4—主轴；
5—转轮叶片；6—尾水管

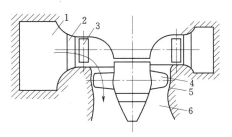

图1-5 轴流式水轮机
1—蜗壳；2—座环立柱；3—导叶；4—转轮
叶片；5—转轮室；6—尾水管

根据转轮叶片在运行中能否转动，轴流式水轮机又分定桨式和转桨式。

轴流定桨式水轮机在运行时叶片是不能转动的，因而结构和制造都比较简单，造价较低。但由于只能靠导叶调节流量，调节性能较差，因此当水头和流量变化时，效率变化较大，运行平均效率较低，高效率区较窄。适用于水头和功率变化较小的水电站和小型水电站。

轴流转桨式水轮机又称卡普兰式水轮机（Kaplan turbine），是捷克的卡普兰（Kaplan）于1912年首先提出来的。轴流转桨式水轮机的转轮体内有一套叶片转动机构，水轮机运行时转轮叶片相对于转轮体可以转动，并能根据水头和功率的变化和导叶的转动保持一定的协联关系，实现导叶与叶片的双重调节，使水轮机在各种工况下都能保持较高的效率。因此轴流转桨式水轮机调节性能好，高效率区较宽，但结构复杂，造价较高。所以它适用于水头和功率变化较大的大中型水电站。

由于受到空化和强度两方面的限制，轴流式水轮机适用水头范围为3～80m，即广泛用于低水头大流量的水电站。目前，国内外轴流式水轮机最大单机容量已达230MW。

3. 斜流式水轮机

斜流式水轮机（图1-6）工作时，水流通过转轮叶片的流动方向与主轴成斜向流动。由于它是英国的德里亚（P. Deriaz）于1951—1952年提出，因此又称为德里亚水轮机（Deriaz turbine）。

斜流式水轮机是在轴流式和混流式水轮机基础上发展的一种结构形式。它的转轮叶片布置在与主轴同心的圆锥面上，转轮叶片的轴线与水轮机主轴中心线成斜交，交角随水头不同而异。一般水头在40～80m时交角取60°，在60～130m时取45°，在120～200m时取30°。因而比通常的轴流式水轮机能布置更多的叶片（一般轴流式水轮机为4～8片，斜流式水轮机

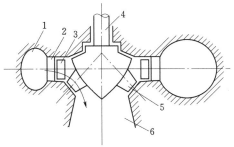

图1-6 斜流式水轮机
1—蜗壳；2—座环立柱；3—导叶；4—主轴；
5—转轮叶片；6—尾水管

可达8～12片），所以适用水头比轴流式高，适用水头范围为40～200m。斜流式水轮机也分为定桨式和转桨式。转桨式相对定桨式采用较多。由于转桨式（转动机构装在转轮体

内，和轴流转桨式水轮机相似）能随着外负荷的变化进行双重调节，因此它的平均效率比混流式高（高 8%～12%），高效率区比混流式宽，比混流式水轮机更能适应水头和功率变化大的工作条件。斜流式水轮机还可以作为水泵水轮机在抽水蓄能电站中使用。

由于斜流式水轮机的制造工艺较复杂，技术要求较高，所以目前这种水轮机的应用还不普遍。目前，世界上斜流式水轮机最大单机容量为 215MW。

4. 贯流式水轮机

贯流式水轮机是轴流式水轮机在低水头的情况下发展起来的一种新型式，通常为卧轴布置，没有蜗壳，用引水管将水直接引向水轮机，水流从转轮进口到出口均沿轴向流动，转轮形状与轴流式相似，也有定桨式和转桨式之分。由于水流顺直，所以与常规轴流式水轮机相比，过流量大，空化性能好，效率和比转速较高；同时又是卧轴，所以缩短了机组高度和间距，使厂房高度低，结构简单，减少了土建工程量。相对于同样水头和直径的立轴机组功率可增大 20%～35%，土建费用可减少 10%～20%，但机组所需钢材较多。一般用在水头为 25m 以下的低水头电站，广泛用于平原河流上的河床式水电站和潮汐电站。目前，世界上贯流式水轮机最大单机容量为 65.8MW。

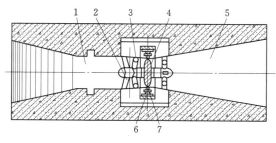

图 1-7　全贯流式水轮机

1—引水道；2—支柱；3—导叶；4—转轮叶片；
5—尾水管；6—发电机定子；7—发电机转子

贯流式水轮机根据转轮与发电机相互布置方式的不同，分为全贯流式和半贯流式两大类。全贯流式水轮机（图 1-7）是将发电机转子直接装在水轮机转轮叶片外缘上，随转轮同步转动。它的优点是过流量大，水头损失小，结构较紧凑，但由于转子外缘线速度较大，发电机密封较复杂，目前很少采用。半贯流式水轮机分成灯泡式、竖井式、轴伸式、虹吸式、明槽式等。后两种型式主要用于小型水电站。灯泡式的发电机装在密闭的灯泡型钢壳内，水流从灯泡壳体四周流入水轮机转轮，从尾水管流出。发电机在转轮前的称为前置灯泡式 [图 1-8（a）]；在转轮后的称为后置灯泡式 [图 1-8（b）]。竖井式（图 1-9）的发电机装在通入厂房的混凝土竖井

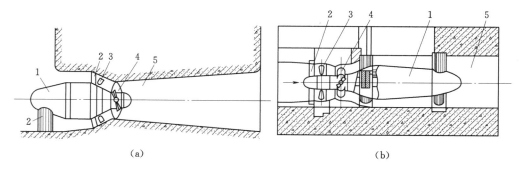

（a）　　　　　　　　　　　　　　　（b）

图 1-8　灯泡贯流式水轮机

（a）前置灯泡式；（b）后置灯泡式

1—灯泡体；2—支柱；3—导叶；4—转轮叶片；5—尾水管

内，水轮机布置在竖井的下游，水流从竖井的两侧流入水轮机转轮。它的主要优点是节省灯泡壳体的钢材，发电机的通风与维护检修都较方便，但机组段和厂房的尺寸增大，流道的水力条件相对差些。轴伸式（图 1-10）的发电机置于厂房内，水轮机轴由流道内伸出与发电机相连。

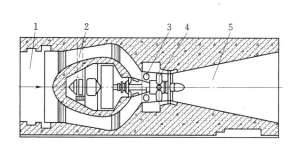 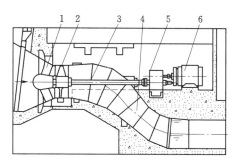

图 1-9　竖井贯流式水轮机
1—引水道；2—支柱；3—导叶；
4—转轮叶片；5—尾水管

图 1-10　轴伸贯流式水轮机
1—导叶；2—转轮叶片；3—主轴；4—尾水管；
5—齿轮传动机构；6—发电机

1.2.1.2　冲击式水轮机

冲击式水轮机（图 1-3）仅利用了水流的动能，通过喷嘴把来自压力钢管的高压水流变为高速的自由射流，射向转轮使之旋转作功。由于冲击式水轮机的转轮被水淹没时，会引起能量损失和振动，所以转轮和喷嘴都安装在下游水位以上，转轮在空气中旋转。射流在冲击转轮的整个过程中，射流水体具有与大气接触的自由表面，水流压力一直保持为大气压力；但其速度的大小与方向不断变化，转轮出口的流速和动能大为减小，射流将其动能传递给了转轮，形成旋转力矩使转轮旋转。由于转轮不是整周进水，因此过流量较小。根据水流冲击转轮的方式不同，冲击式水轮机又分为水斗式、斜击式及双击式水轮机。不论哪种类型，其装置方式均有立轴和卧轴两种，前者布置比较紧凑，节省土建投资，但厂房高度较大；后者厂房高度较小，但占地面积较大。一般大中型的冲击式水轮机常采用立轴布置形式，而小型的冲击式水轮机多采用卧轴布置形式。

1. 水斗式水轮机

水斗式水轮机［图 1-11（a）］从喷嘴出来的射流的轴线与转轮的水斗旋转面成切向，所以又称为切击式水轮机。其射流中心线与转轮相切的圆叫节圆，是 1880 年美国的培尔顿（Pelton）首先提出的，故也称培尔顿水轮机。由于水流通过转轮时的压力为大气压，所以水斗式水轮机安装高程不受空化条件限制，只要强度允许，可以使用在很高的水头。其适用水头范围为 $100 \sim 2000m$，大中型水斗式水轮机通常用于 $300 \sim 1700m$ 水头范围。水斗式水轮机是目前唯一适用于 700m 以上的高水头水轮机，也是最常采用的一种冲击式水轮机。目前，国内外水斗式水轮机最大单机容量为 315MW。

2. 斜击式水轮机

斜击式水轮机［图 1-11（b）］从喷嘴出来的射流沿着与转轮转动平面成某一角度（通常为 $22.5°$）冲击转轮，即从转轮上水斗的一侧进入，再从水斗的另一侧离开。斜击式水轮机转轮上的水斗采用单曲面，由于从水斗流出的水会产生飞溅现象，因此效率较低。故斜击式水轮机适用于小型水电站,适用水头范围为 $25 \sim 400 \mathrm{m}$。

　　3. 双击式水轮机

　　双击式水轮机[图 1-11（c）]从喷嘴出来的射流首先从转轮的外侧进入叶片,作功后,再穿过转轮进入另一面的叶片流道第二次作功。前者利用了 $70\% \sim 80\%$ 的动能,后者利用了 $20\% \sim 30\%$ 的动能。转轮叶片通常做成等厚度的圆弧形或渐开线形,喷嘴的孔口做成矩形并且宽度略小于叶片的宽度。双击式水轮机结构简单,但是效率较低,仅用于小型水电站,适用水头为 $5 \sim 150 \mathrm{m}$。

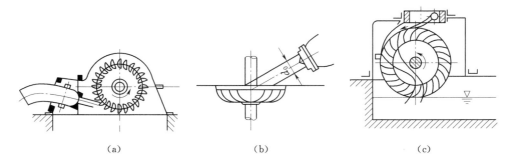

(a)　　　　　　　　　　(b)　　　　　　　　　　(c)

图 1-11　冲击式水轮机
(a) 水斗式；(b) 斜击式；(c) 双击式

　　综上所述,现将水轮机的主要类型归纳如下:

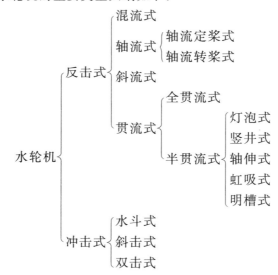

　　应该注意不同型式水轮机水头应用范围重叠的情况,例如 $30 \sim 80 \mathrm{m}$ 水头范围内,既可使用轴流式水轮机,也可使用混流式水轮机。这时应根据具体条件和技术经济比较的结果来选择最佳的水轮机型式。而且各种水轮机的水头应用范围也并不是固定不变的,随着科学技术的发展,以及设计水平、加工精度、材料性能的提高,可能会出现超出上述范围的情况。

　　总之,目前水轮机的发展趋势是增大单机容量,提高利用水头和增加比转速,同时简化结构，进一步提高运行的可靠性。

1.2.2　水轮机的基本构造

现代水轮机主要是由进水部件、导水部件、工作部件和泄水部件四大部件组成。对于不同类型的水轮机，上述四大部件在结构上有各自的特征。尤其是工作部件——转轮是将水能转化为旋转机械能的过流部件，对于不同类型的水轮机构造各有不同。

大中型水电站中常用的水轮机类型为混流式、轴流式、斜流式、灯泡贯流式及水斗式水轮机，对其结构分述如下。

1.2.2.1　混流式水轮机的构造

图 1-12 为混流式水轮机的结构图。水流从压力管道流入蜗壳 21，继而通过座环立柱 1 和导叶 4 进入转轮叶片 16 间，使转轮旋转。转轮用固定螺栓与水轮机主轴 13 联成一体，并通过法兰盘与发电机主轴相连，转轮旋转将带动发电机旋转发电。从转轮流出的水经其下方的尾水管 22 泄入下游河道中。在水轮机主轴靠近转轮处装有水轮机导轴承 18 防止主轴摆动。为了减小转轮与固定部分之间的间隙漏水，在间隙处的转动部分和固定部分上设有止漏环 19。

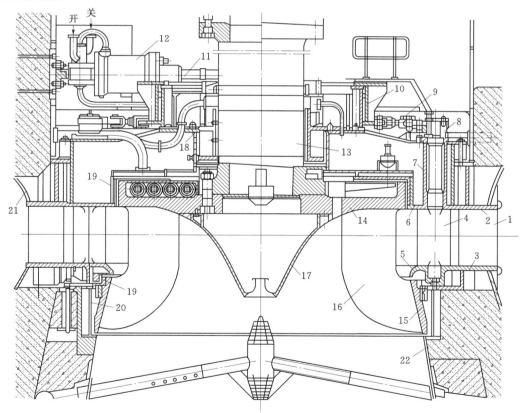

图 1-12　混流式水轮机结构图

1—座环立柱；2—座环上环；3—座环下环；4—导叶；5—底环；6—顶盖；7—轴套；8—转臂；9—连杆；
10—控制环；11—推拉杆；12—接力器；13—主轴；14—上冠；15—下环；16—转轮叶片；
17—泄水锥；18—导轴承；19—止漏环；20—基础环；21—蜗壳；22—尾水管

由此可知，混流式水轮机的主要组成部件包括：工作部件——转轮，导水部件——导水机构，进水部件——蜗壳，泄水部件——尾水管，以及其他部件——主轴、座环、导轴承、止漏环和基础环 20 等。其中蜗壳的作用为使水流形式适合于导水叶，以减少水头损失；尾水管的作用为回收一部分附加动力真空（动能），多利用静态真空（位能）并向下游排水。蜗壳和尾水管的结构型式和特点与其他反击式水轮机相类似，将在第 3 章中专门论述。下面主要对转轮、导水机构和其他部件的构造进行讲述。

1. 转轮

转轮是水轮机最重要的过流部件，其作用是把从蜗壳引入水流的水能转换为转轮的旋转机械能。如图 1 - 13 所示，混流式水轮机的转轮是由上冠（轮毂）、叶片（轮叶），下环及泄水锥等组成。

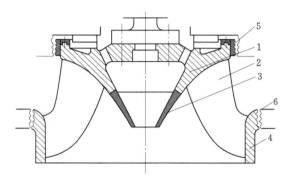

图 1 - 13　混流式水轮机转轮
1—上冠；2—叶片；3—泄水锥；
4—下环；5、6—止漏环

上冠的外形类似一个圆锥体，上部有与主轴连接的法兰，法兰周围有几个减压孔，将冠体上、下的水流连成通路，以减小作用在转轮和顶盖之间的轴向水推力，可使轴向水推力减小 70% 左右。高水头转轮叶片较长，不便设置泄水孔时，改为顶盖排水管。在上冠下部中心装有一圆锥形状的部件，称为泄水锥，是用来引导水流顺畅地从辐向转为轴向，避免从流道出来的水流互相撞击，这样可减少旋涡损失和振动。

叶片的上端固定于上冠，下端固定于下环，三者焊接为一整体。叶片断面为翼形，呈扭曲状，其下端的扭曲程度较急，上端较缓。转轮叶片间形成的狭长通道称为转轮流道。水流通过流道时对叶片产生反作用力而推动转轮旋转，从而将水流的能量转换为旋转的机械能。叶片的扭曲程度和数目，都可显著影响水轮机的工作性能。改进转轮流道形状，可导致水轮机比转速和单位功率的增高，对转轮的空化性能也有重大改善。这些改进还可使水轮机部件的尺寸减小，从而带来较大的经济效益。混流式水轮机转轮叶片的数目为 9～24 片，一般为 13～19 片，均匀分布在上冠与下环之间。叶片数多，会增加水流阻力，减少水轮机的单位流量，但能增加转轮的强度和刚度。故适用于高水头情况的转轮，其轮叶数目可以多些。而低水头高比转速的转轮，为了增加水轮机的单位流量，其轮叶数目可以少些。

转轮的代表性尺寸为：叶片进水边与下环相交处的直径 D_1，即转轮进口直径；叶片出水边与下环相交处的直径 D_2，即转轮出口直径；以及导叶的高度 b_0。混流式水轮机的转轮，因适用水头的不同而有着不同的几何形状。

大直径混流式水轮机的转轮因受制造和运输条件的限制，在设计和制造上广泛采用分瓣的组合结构。近年来为保证叶片线型，更多的是将上冠、叶片和下环单独铸造后再在工地焊接成一体。小直径的转轮先用钢板压制成叶片，然后浇铸在铸钢或铸铁的上冠和下环中；有时用铸钢整体铸造。

2. 导水机构

导水机构的主要作用是根据机组负荷变化来调节进入转轮的流量，以达到改变水轮机功率的目的，并使水流按一定的速度和方向进入转轮，使水流在转轮前形成旋转，形成一定的速度环量。通常导水机构是由顶盖、底环、导叶及其传动机构（包括转臂、连杆和控制环等）组成，而控制环的转动是由油压接力器来操作的，如图 1-12 所示。

根据水流通过水轮机导叶的流动方向不同，导水机构有以下 3 种基本类型：

（1）径向式导水机构 [图 1-14（a）]：水流沿垂直于水轮机轴线的径向流过导叶。此时由于导叶轴线均布在与水轮机轴同心的圆柱面上，故又称圆柱式导水机构。主要应用于混流式、轴流式水轮机中。

（2）斜向式导水机构 [图 1-14（b）]：水流沿着以水轮机轴为中心线的圆锥面斜向地流过导叶。此时由于导叶轴线均布在与水轮机轴同心的圆锥面上，故又称圆锥式导水机构。主要用于斜流式水轮机和灯泡贯流式水轮机。

（3）轴向式导水机构 [图 1-14（c）]：水流沿着与水轮机轴线同心的各个圆柱面轴向地流过导叶。此时由于导叶轴线处于半径方向上，故又称圆盘式导水机构。主要用于贯流式水轮机。

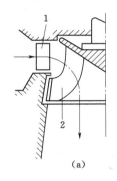 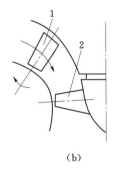 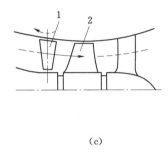

（a）　　　　　　　　　　　（b）　　　　　　　　　　　（c）

图 1-14　导水机构类型
（a）径向式；（b）斜向式；（c）轴向式
1—导叶；2—转轮叶片

混流式水轮机采用径向式导水机构，如图 1-15 所示，导叶均匀轴对称地分布在转轮的外围，可以绕自身的轴旋转。导叶轴的上、下两端分别支承于水轮机顶盖 4 和导水机构底环 1 的轴套中。底环和座环的下环及基础环连接在一起（图 1-12），成为水轮机的基础部分。导叶的转动是通过其传动机构来实现的，每个导叶轴的上端穿过顶盖并用分半键 8 与转臂 6 固定在一起，转臂与连接板 5 通过剪断销 9 连成整体，连杆 10 的两端与连接板和控制环 12 相铰接。控制环与接力器推拉杆 11 相连接。当调速器控制接力器的油压活塞移动时，推拉杆推动控制环转动，使导叶的开度 a_0 亦随之发生变化。

为减小水力损失，导叶的断面设计成翼形断面。当负荷发生变化时，通过导叶传动机构同时转动所有导叶，当导叶围绕自身的轴线旋转一个角度，即改变了导叶的开度 a_0 时，就可改变通过水轮机的流量，相应地使得水轮机的功率发生变化。当导叶首尾相接，即 $a_0=0$ 时，导水机构关闭，流量为零，水轮机停止转动。导叶在结构上的最大开度是发生

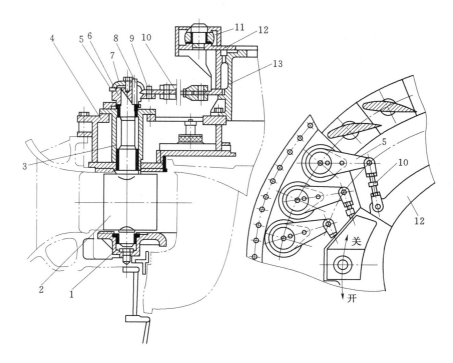

图 1-15　径向式导水机构

1—导水机构底环；2—导叶；3—轴套；4—水轮机顶盖；5—连接板；6—转臂；7—端盖；
8—分半键；9—剪断销；10—连杆；11—推拉杆；12—控制环；13—支座

在当导叶处于径向位置时，但在这种开度下水轮机工作时的水力损失很大，所以在实际运行中，导叶允许的最大开度 a_{0max} 应根据水轮机的效率变化和功率的限制来确定。

导水机构在运行过程中，如果某两个导叶之间，或导叶和座环立柱之间，被水流中的硬物卡住，便将妨碍其他所有导叶的转动。为了避免出现这样的事故，导水机构中必须设有安全装置。常用的有剪断销、破断螺丝、摩擦转臂或塑性易弯转臂等几种。当导叶之间有异物卡住不能关闭时，接力器的油压增大，使它们被剪断、破断或变形，从而不致影响到其他导叶的转动，保证整个导水机构的正常运行。

当水轮机停机时，导叶必须关闭严密，否则会造成大量的漏水损失，并加剧因间隙空化和空蚀而产生的破坏。此外，当水轮机作调相机组运行时将增加调相时的漏气量。因此要求减小停机时的导叶间隙。导叶在关闭时，导叶头部和相邻导叶尾部之间所形成的间隙称为立面间隙，导叶上端与顶盖之间、下端与底环之间的间隙称为端面间隙。为此可采用橡胶或金属（不锈钢）制成的密封件。其中高水头水轮机的导叶间隙用金属接触密封，中、低水头的用橡胶带密封。

导水机构的主要参数如下：

（1）导叶数 Z_0：导叶数一般为 16、24 或 32，与水轮机直径有关。当转轮进口直径 $D_1=1.0\sim2.25\text{m}$ 时，采用 $Z_0=16$；当 $D_1=2.5\sim8.5\text{m}$ 时，采用 $Z_0=24$；当 $D_1\geqslant9.0\text{m}$ 时，采用 $Z_0=32$。

（2）导叶高度 b_0：导叶高度 b_0 是与水轮机过水流量有关的参数，随流量的减小而减小。对混流式水轮机 $b_0 = 0.1 \sim 0.39 D_1$；对轴流式水轮机 $b_0 = 0.35 \sim 0.45 D_1$。

（3）导叶轴分布圆直径 D_0：此直径应该满足导叶在最大开度时不至于碰到转轮叶片。

（4）导叶开度 a_0：导叶开度 a_0 是指相邻两导叶之间可以通过的最大圆柱体直径。

操纵导叶的控制环的支承结构，以及水轮机的导轴承等部件都安置在水轮机顶盖上。顶盖同时起着隔绝通过转轮的水流与外界空间的作用（图 1-12）。所以水轮机顶盖承受由导叶、控制环、水推力及导轴承等传来的载荷。水轮机顶盖通常用铸铁或铸钢制成。

3. 主轴和导轴承

水轮机的主轴是连接水轮机转轮与水轮发电机主轴，将转轮获得的旋转机械能（转矩）传递给发电机的重要构件。主轴与水轮机转轮及发电机主轴的连接通常依靠刚性法兰盘，采用高强度联轴螺栓连接。大、中型水轮机主轴一般都有中心孔或者采用薄壁空心轴，以改善轴的受力情况和减轻重量，并便于检查主轴内部的质量；混流式水轮机还常利用中心孔向转轮室内补气。水轮机主轴要求很高的强度和刚度，因此一般采用优质钢整体锻造而成。

在水轮机主轴下端靠近转轮处，装有一个导轴承，用以承受由主轴传来的水轮机转动部分的径向力和振动力，并固定水轮机轴线的位置，防止主轴摆动。导轴承内镶有耐磨的轴瓦，轴瓦和轴颈之间用油或水进行润滑。结构布置时，应尽量使导轴承位置和转轮接近，使转轮所处位置到导轴承间的悬臂最小。

4. 座环

座环位于蜗壳与导水机构之间，是由上环、下环和中间若干立柱合铸而成的整体铸钢件（图 1-16）。大型水轮机因尺寸较大，受运输限制，则先分为数块浇铸，然后再组合而成。上环和下环的外圆与蜗壳焊接，内圆与顶盖、底环及基础环相连接。座环是水轮机过流部件之一，必须保证水流以最小的水力损失经过它，所以立柱应具有流线型断面，一般做成翼型。由于它很像导叶但不能转动，所以又称为固定导叶，

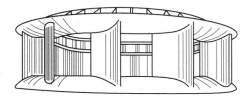

图 1-16 座环

导水机构中的导叶也称为活动导叶。固定导叶高度与活动导叶高度相等。座环又是水轮机的承重部件，整个机组固定部分和转动部分的重量、水轮机的轴向水推力以及蜗壳上部部分混凝土的重量都通过它传递到水电站厂房下部的基础上；座环还承受蜗壳的内水压力。因此设计上要求有足够的强度和刚度。此外，座环还常作为装配机组的基准架，导水机构在制造厂内装配时，以及机组在电站安装时，往往需要根据座环的位置进行校正。

由于水轮机顶盖上常有漏水需要排除，因而可将蜗壳尾部的几个座环立柱设计成空心的，以便将漏水排至厂房的集水井。座环的下环常设有灌浆孔，以备在座环安装完毕后浇灌混凝土，使之与基础的混凝土紧密连接。

5. 基础环

大型水轮机的基础环是水轮机构件中最先安装的一部分，它埋设在厂房水下部分水轮机的混凝土支座中。它是由铸铁或铸钢制成的，下端与尾水管的顶部相接，上端与座环的下环相接（图 1-12）。在安装和拆卸检修水轮机时，可将转轮临时搁置在基础环上。中、

小型水轮机如运输条件允许，可将座环下环延伸一段，代替基础环。

6. 止漏环

水轮机工作时，转轮前后的水流分别为高压和低压水流，转轮后常形成真空。由于转轮与其周围的固定部件之间有一定的间隙，所以当水轮机工作时，有部分水流经过转动与固定部件之间的间隙漏掉，从而造成水轮机的漏水损失，使水轮机的效率降低。为了减小这种损失，常在转轮的上冠与下环边缘及其对应的固定部件上，镶以用铜或不锈钢制成的止漏环，或称为密封环、迷宫环，如图 1-12 的 19。止漏环的形式和水头及含沙量有关，有间隙式、沟槽式（迷宫式）、梳齿式和阶梯式，如图 1-17 所示。止漏环的工作原理是在转动部件与固定部件之间形成很小的间隙，通过对渗漏水流的连续扩张和收缩作用，或者使水流连续不断地在方向上突然变化，使水流受到很大的阻力而不易通过，从而减小通过缝隙的流速和流量，以达到减小漏水损失的目的。止漏要求间隙越小越好，但制造安装困难，且运行时容易产生水力振动。间隙式和沟槽式止漏环相同的是与转轮的同心度高，制造简单，安装、测量均较方便，不同的是间隙式止漏效果较差，沟槽式止漏效果较好。两者均适用于 200m 以下水头的水轮机，在多泥沙的电站中一般使用间隙式。水头大于200m 时须采用梳齿式或阶梯式止漏环。梳齿式止漏效果好，但本身刚度较差，与转轮的同心度不易保证，安装、测量难度均较大；而阶梯式刚度高，与转轮的同心度易保证，安装、测量均较方便，止漏效果虽比梳齿式差些但也较好。

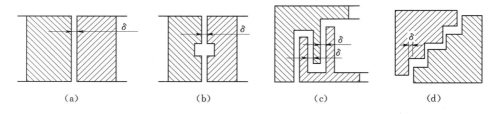

図 1-17　水轮机转轮止漏环装置示意图
(a) 间隙式；(b) 沟槽式；(c) 梳齿式；(d) 阶梯式

1.2.2.2　轴流式水轮机构造

轴流式水轮机相对于混流式水轮机减少了转轮叶片的数目，一般为 3～8 片，去掉了上冠和下环，将转轮叶片固定在转轮体（轮毂）上并沿主轴的半径方向布置，同时增大了导叶的高度，使整个流道的过流面积增大。在水头和容量相同的条件下，由于水轮机过水能力大，使水轮机的转速较高，转轮直径较小，从而缩小了机组尺寸，降低了投资费用。尤其是轴流转桨式水轮机，其转速约为混流式水轮机的两倍。此外，轴流转桨式水轮机的转轮叶片可以转动，转轮叶片和导叶能随着工况的变化形成最优的协联关系，从而在水头和负荷发生变化时水轮机均能保持有较高的效率，即水轮机的平均效率和运行范围均大于混流式水轮机。

图 1-18 是轴流转桨式水轮机的立面结构图，可以看出除工作部件转轮和转轮室以外，其他部件均与混流式水轮机相类似。

轴流式水轮机的转轮主要是由转轮体（轮毂）9、叶片（桨叶）8 和泄水锥 10 组成。其上部通过法兰盘与主轴相连。转轮叶片的周围是转轮室 7，由于当转轮工作时转轮室内壁经常承受着很大的脉动水压力，所以室内壁镶有钢板里衬并用锚筋固定于外围混凝土中，以防内壁因振动而遭到破坏。泄水锥的作用是引导叶片出口的水流顺利地进入尾水管，避免水流发生撞击和漩涡。

轴流定桨式转轮叶片按一定角度固定在转轮体上。中小型转轮叶片和转轮体整体铸造或焊接而成。大中型转轮叶片采用螺栓与转轮体连接，有的在停机时可以人工调整叶片的安放角。定桨式的转轮室和转轮体一般都做成圆柱形。

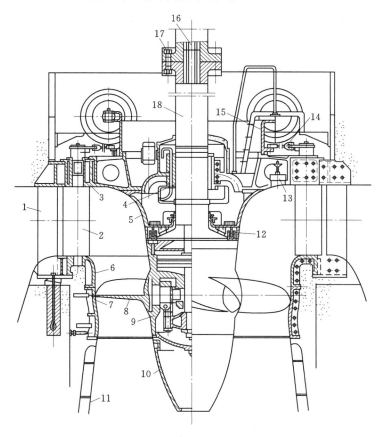

图 1-18 轴流转桨式水轮机结构图

1—座环立柱；2—导叶；3—顶盖；4—导轴承；5—支持盖；6—底环；7—转轮室；8—转轮叶片；

9—转轮体；10—泄水锥；11—尾水管；12—止漏环；13—真空破坏阀；14—连杆；

15—控制环；16—操作油管；17—主轴联轴螺栓；18—主轴

轴流转桨式转轮叶片则能自动地随着工况而转动，在转轮体内设有一套使叶片转动的接力器和传动机构，其动作由调速器自动控制，并使叶片的转角 φ 与导叶的开度 a_0 相协联动作。按接力器布置方式的不同分为有操作架和无操作架两种（图 1-19）。对于带有操作架的叶片转动机构，当压力油经由水轮机主轴内的操作油管进入接力器活塞 5 的上方，就推动活塞下移，由推拉杆 6 带动操作架 8 下移，与操作架相连的连杆 7 下移，这样就拉着转臂 3 围绕枢轴 2 转动，由于枢轴、转臂和叶片均固定为一整体，所以叶片在枢轴带动下旋转，使叶片之间的开度增大。反之，接力器活塞向上移动，叶片的开度则减小。

无操作架的叶片操作机构是利用接力器活塞本身作为操作架，通过连杆及转臂操作叶片。

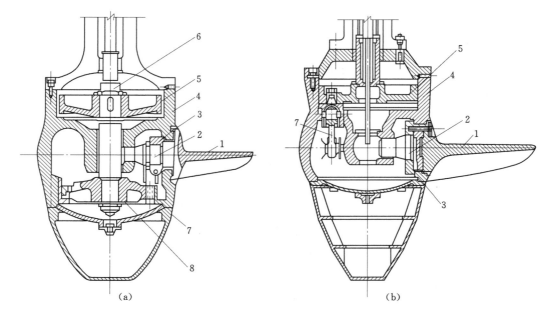

图 1-19　轴流转桨式转轮叶片转动机构

(a) 有操作架；(b) 无操作架

1—叶片；2—枢轴；3—转臂；4—转轮体；5—接力器活塞；6—推拉杆；7—连杆；8—操作架

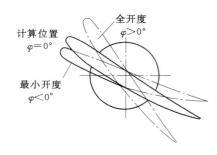

图 1-20　轴流转桨式转轮叶片转角

叶片转动的角度简称转角，以 φ 表示。以设计工况时的转角 $\varphi = 0°$ 作为起算位置，如图 1-20 所示，当 $\varphi < 0°$ 时，叶片向关闭方向转动，叶片的斜度减小；当 $\varphi > 0°$ 时，叶片向开启方向转动，叶片的斜度增加。叶片由负到正的转角一般在 $-15° \sim 20°$ 之间。

转桨式水轮机转轮室的内表面在叶片轴线以上通常为圆柱形，是为了便于安装和起吊转轮；在叶片轴线以下往往为球面，是为了保证在转动时转轮室与转轮外缘之间保持较小的间隙，一般要求间隙 $\delta \leqslant 0.001 D_1$，以利减小漏水损失并提高容积效率。当水头大于 50m 时，国外已将叶片轴线以上的转轮室内表面也改为球面，同时将转轮室设计成可拆卸的分瓣结构。虽然结构比较复杂，但提高了容积效率。

轴流式水轮机的代表性尺寸为水轮机转轮室的最大直径 D_1，即转轮叶片轴线与转轮室交点处的直径。转轮体的外部连接着叶片，内部安装着叶片的转动机构，因此转轮体的直径必然要增大，这会形成对水流的排挤，使水轮机的工作条件恶化，所以转轮体的直径 d_B 一般限制为 $d_B = (0.33 \sim 0.55) D_1$。

与混流式水轮机相同，轴流式水轮机一般采用径向式导水机构。其导叶的相对高度要比混流式的大得多，b_0 / D_1 一般为 $0.35 \sim 0.45$（水头越高值越小）。大型轴流式水轮机在

低水头下导水叶数 $Z_0=32$，在较高水头下导叶数 $Z_0=24$，有时取 $Z_0=20$。

  轴流式水轮机的座环结构基本上有 3 种型式：单个支柱直接浇筑在混凝土中；支柱上端采用焊接或者螺栓与上环相连接，下端直接固定在混凝土中；与混流式相同，上下环与支柱连成一个整体。

  轴流式水轮机与混流式水轮机相比，较少受到运输上的限制，因其转轮可以分成许多便于运输的部件。叶片、转轮体和泄水锥可以设计成分开的结构，以便在工地装配。此外，其他部件如座环、顶盖等也很容易制成分瓣结构以满足运输和装配的要求。

1.2.2.3 斜流式水轮机的构造

  斜流式水轮机的结构与尺寸介于混流式和轴流式水轮机之间，它除了转轮和转轮室之外，其他部分如蜗壳、座环、导水机构和尾水管等也都与混流式水轮机和高水头的轴流式水轮机相同。斜流式水轮机的叶片可做成定桨或转桨式。转桨式因高效率区较宽，采用较多，因此通常也将斜流转桨式水轮机简称为斜流式水轮机。如图 1-21 所示，与轴流转桨式水轮机相同，斜流式水轮机的转轮包括转轮体（轮毂）7、叶片 5 和泄水锥 6。转轮体的绝大部分为球状，轮毂比 $d_B/D_1=0.7$。叶片可以转动并和导叶保持协联动作。因叶片转动中心线与主轴中心线斜交，因此相对于轴流转桨式水轮机，斜流式水轮机使用水头较高，叶片个数较多，其结构更复杂。

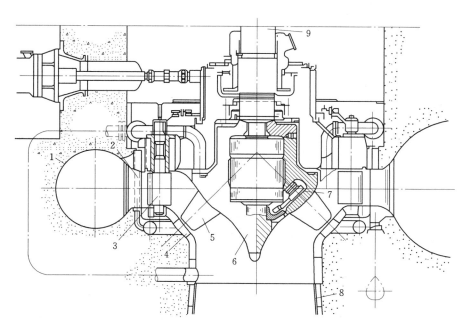

图 1-21 斜流式水轮机

1—蜗壳；2—座环立柱；3—导叶；4—转轮室；5—转轮叶片；
6—泄水锥；7—转轮体；8—尾水管；9—主轴

  斜流式水轮机转轮的代表性尺寸为转轮叶片轴线与转轮室交点处的直径 D_1。

  斜流式水轮机转轮室的内壁也作成球面并镶以钢板，保证与叶片外缘之间有最小的间

隙 [一般为 $(0.001\sim0.0015)D_1$]，以减小漏水损失提高容积效率。

1.2.2.4　灯泡贯流式水轮机的构造

灯泡贯流式水轮机即是卧轴装置的轴流式水轮机，如图 1-22 所示。但其构造与轴流式水轮机也有不同之处。进水部件不是蜗壳而是采用引水道 1，导水机构一般采用斜向式或轴向式。与水轮机主轴直接连接的发电机装在灯泡形钢壳体（简称灯泡体 13）内，灯泡体由灯泡体支柱 14 和座环立柱 3 支撑，其中部分灯泡体支柱中间为空心，在内部布置有检修孔 11、管路通道 12 和电缆通道 10。转轮叶片的外围是转轮室 7，转轮室上部的盖板可以吊开以检修转轮，右端与尾水管 8 相连接。

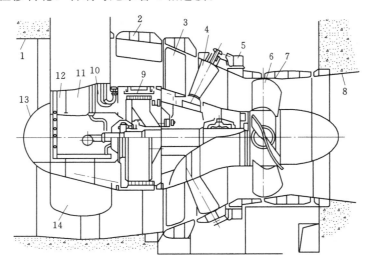

图 1-22　灯泡贯流式水轮机
1—引水道；2—发电机检修孔；3—座环立柱；4—导叶；5—控制环；
6—转轮叶片；7—转轮室；8—尾水管；9—发电机；10—电缆通道；
11—检修孔；12—管路通道；13—灯泡体；14—灯泡体支柱

发电机的尺寸随着水轮发电机组的容量增大而增大，尤其当低水头低转速时则显得更为突出，这会导致灯泡体的尺寸过大而难以布置。为解决这一问题，在水轮机轴与发电机轴之间设置齿轮增速器，能把发电机转速提高到水轮机转速的 5~10 倍，相应地便可缩小发电机的尺寸，减小灯泡体的直径，从而改善水流条件。但齿轮增速器的结构复杂，加工精度高，所以目前仅用于小型机组。

1.2.2.5　水斗式水轮机的构造

水斗式水轮机根据主轴的布置方式不同分为卧轴和立轴两种。对一定水头和容量的机组，当增加喷嘴数目和转轮数目时，可以增加机组的比转速，相应地增加机组的转速，从而减小机组的尺寸，降低机组的造价。近代大型水斗式水轮机大多采用立轴式，这样不仅使厂房占地面积减小，而且也便于装设较多的喷嘴和双转轮，水头高时选 2~3 个喷嘴，水头低时选 4~6 个喷嘴。中小型水斗式水轮机通常采用卧轴式，为了使结构简化，一般一个转轮上只配置 1~2 个喷嘴。

如图 1-3 所示，水斗式水轮机是由输水管 1、喷流机构（包括喷管 2、喷嘴 7、喷针

8 和喷针移动机构 9）、折向器 3（或分流器）、转轮 5、制动喷嘴 4、机壳 6 等组成。高压水流从输水管流入喷流机构，经过喷嘴将水流的压能转变为动能，高速射流冲击到转轮水斗上，水斗使水流速度的大小和方向发生改变，水流又反过来给水斗一个反作用力，使转轮旋转并带动发电机发电。水流离开转轮后自由落入排水渠中流向下游河道。

多喷嘴水斗式水轮机的输水管是一个具有较大弯曲和分叉的变断面压力钢管。作用是引导水流，并将流量均匀分配给各喷管。输水管的断面形状有圆形和椭圆形两种，椭圆形断面的输水管具有较好的水力特性，但加工困难，强度性能也不如圆形断面。

水斗式水轮机的转轮是水轮机将水能转换为旋转机械能的工作部件，结构如图 1-23 所示，它是由轮盘和均匀分布在轮盘圆周上的呈双碗形的水斗所组成。水斗（图 1-24）承受射流作用的凹面为内表面，也称为工作面。中间由一凸起锐缘将其分成两半，称为分水刃（进水边），作用是使水流顺滑地分成两股并改变其运动方向，以减小撞击损失。当转轮工作时，水斗一个接一个地在射流下通过，为了避免前一水斗妨碍水流对后一个水斗的冲击，在水斗顶端上开有一个缺口。水斗凸起的外侧表面称为水斗的侧面，位于水斗背部夹在两凸起之间的表面称为水斗的背面，侧面与背面通过纵向筋板分界。水斗工作面与侧面间的端面称为水斗的出水边。缺口处工作面和背面结合处称为水斗的切水刃。水斗与轮盘的连接方式有整体铸造连接、铸焊连接和装配（螺栓）连接等，对大中型水轮机多采用前两种。转轮与射流中心线相切的圆叫节圆，节圆的直径 D_1 定义为转轮的直径。

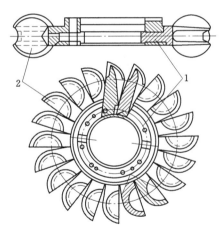

图 1-23　水斗式水轮机转轮结构
1—轮盘；2—水斗

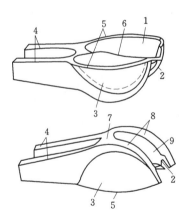

图 1-24　水斗式水轮机转轮水斗结构
1—工作面；2—切水刃；3—侧面；4—尾部；
5—出水边；6—分水刃（进水边）；7—横向
筋板；8—纵向筋板；9—背面

喷流机构主要由喷管、喷嘴、喷针（又称针阀）和喷针移动机构（包括喷针杆和喷针接力器）组成，如图 1-25 所示。其作用一是将水流的能量转换为射流动能；二是起着导水机构的作用，即当喷针沿着水流方向移动时，可以控制喷嘴出口与喷针头之间的环形过水断面面积，达到调节流量的目的。喷嘴内壁为逐渐收敛的圆形断面，并与喷管相连接。在喷管内装有导水叶栅，其作用是使压力水流沿喷针杆的轴线方向均匀流动，同时也起到支承喷针杆的作用。喷针轴线与喷流机构轴线重合，喷针沿此轴线移动。关闭时，喷针伸向喷嘴口外，减小喷嘴口的过水断面积，从而减小流量。当喷针伸到极限位置时，喷嘴口完全关闭。开启时，喷针向喷嘴内部后退，流量也随之增大。喷针的移动由自动调速器控制的喷针移动机构来实现。

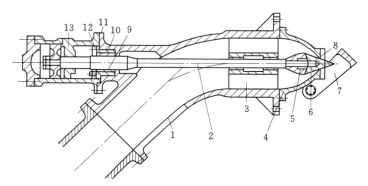

图 1-25　外置接力器式喷流机构

1—喷管弯段；2—喷针杆；3—喷管；4—喷嘴；5—喷针座；6—喷针；7—折向器；
8—喷嘴口环；9—填料；10—填料盒；11—喷嘴座；12—填料压盖；13—缸体

目前，常见的喷流机构型式主要有外置接力器式（图 1-25）和内置接力器式（图 1-26）两种。前者结构简单、检修维护方便，但喷针杆较长且在喷管内影响水流流动，增加管内的水力损失；后者结构紧凑，喷管内水力条件好，水力损失小，效率高。

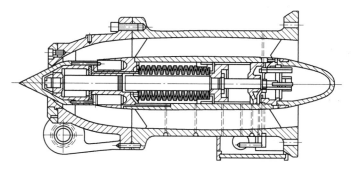

图 1-26　内置接力器式喷流机构

当机组突然丢弃全部负荷时，要求迅速停止射流，否则机组的转速会迅速上升，产生飞逸，飞逸转速过大会对机组结构产生破坏。但若喷针关得过快，输水管道中会形成过大的水击压力，这也是不允许的。因此为了能及时截断水流，防止飞逸，同时又不产生较大的水击压力，必须在喷嘴头部的外壳上装置可以转动的折向器（偏流器）或分流器（图 1-27）。折向器在需要时，可以把整个射流折出转轮外；而分流器一般不是将整个射流而是将其大部分或小部分偏离转轮水斗。当机组负荷骤减或丢弃全部负荷时，折向器或分流器快速投入，迅速部分或全部截断因喷针不能立即关闭而继续冲向水斗的射流。然后喷针再慢慢关闭喷嘴出口，防止产生过大的水击压力。喷针与折向器或分流器之间设有协联装置，由自动调速器控制，使喷针在任何开度下，截流板都位于射流水柱边缘，以达到快速偏流或截流的作用。

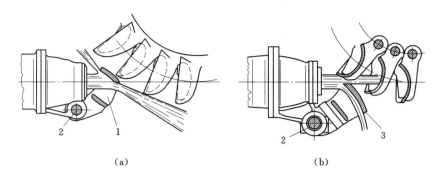

图 1-27 水斗式水轮机折向器和分流器
（a）折向器；（b）分流器
1—折向器；2—轴；3—分流器

制动喷嘴（图 1-3）是用来产生提供逆向旋转力的射流，以使水斗式水轮机转轮减速的喷嘴。主要在以下两种情况下使用：①由于水轮发电机组不允许低速长时间运转，因此在机组正常停机过程中，当机组转速降低到一定程度时（通常为额定转速的 30%～40%），为使机组能很快停下来，制动喷嘴迅速投入工作，从制动喷嘴射出的水流直接冲向转轮水斗背面，形成一个与转轮旋转方向相反的制动力矩，机组在该力矩作用下迅速停止运转；②当机组突然丢弃全部负荷而调速系统又失灵时，打开制动喷嘴，从制动喷嘴射出的水流直接冲向水斗背面，形成制动力矩，这样可避免机组转速快速上升而发生飞逸。制动喷嘴可以自动或手动控制。为防止转轮反转，同时装设有专门的联锁装置。

转轮外部罩着机壳（图 1-3），以防止水流离开转轮后向四周飞射。其形状和尺寸应保证离开水斗的水流排往下游而不再回溅到转轮和射流上，以免降低水轮机的效率。机壳内的压力要求与大气相当，为此，往往在转轮中心附近的机壳上开设有补气孔，以消除局部真空。由于喷管和轴承等固定在机壳上，因而要求机壳具有一定的刚度、强度和抗振性能，所以机壳一般均为铸钢件。

1.3 水轮机比转速、型号和转轮直径

1.3.1 水轮机的系列和比转速

尺寸大小不同但几何形状相似的水轮机，称之为同一系列。从相似理论和试验可以证明，同一系列的水轮机由于几何形状彼此相似，如果工况也相似（例如都以最大功率工作或都以最高效率工作），那么它们的工作性能也有一定的相似性。同一系列的任一水轮机在相似工况下其工作水头 H（m）、转速 n（r/min）和功率 P（kW）之间保持着以下关系：

$$\frac{n\sqrt{P}}{H^{5/4}}=常数\ A \tag{1-5}$$

由于尺寸大的水轮机的效率比尺寸小的水轮机的效率要大一些，因而严格说来，这个关系中还应当加入效率的影响，但在研究比转速时，这个影响可以不予考虑。

对于另外一个系列的水轮机，得出的是另外一个常数：

$$\frac{n\sqrt{P}}{H^{5/4}} = 常数\ B \tag{1-6}$$

从式（1-5）或式（1-6）可看出，此常数值等于同系列各几何相似的水轮机当水头为 1m，输出功率为 1kW 时的转速，称为比转速，用 n_s 表示，单位为 m·kW。即

$$n_s = \frac{n\sqrt{P}}{H^{5/4}} \tag{1-7}$$

比转速随水轮机运行工况的不同而不同，几何相似的同系列水轮机在相似工况下比转速相等。因此，n_s 是表征同系列转轮基本特性的一个参数。在我国，规定了以额定工况下的比转速作为同一系列水轮机的系列代号。

从式（1-7）中可看出，比转速随着水头的增大而降低。不同类型的水轮机适用水头范围不同，相应的比转速也不同。同一类型的水轮机，其比转速则互相接近。轴流式水轮机的比转速较高，约在 200～900m·kW 范围内，混流式水轮机次之，为 50～350m·kW，水斗式水轮机则在 10～35m·kW 范围内。

在相同水头和功率的情况下，n_s 越大则转速 n 也越大，相应地可使水轮机转轮的直径减小，并使其同轴的发电机直径也减小。但是，n_s 越大水轮机空化现象越严重。关于空化和空蚀问题将在 2.6 节中详细讨论。

必须注意，比转速高的水轮机的转速也高，这是对相同水头和功率的情况来说的。在不同的水电站上，比转速高的水轮机并不一定具有较高的转速。例如，装在低水头水电站上的轴流式水轮机，虽然其比转速较高，但由于水头小，所以相对于装在高水头水电站上的混流式水轮机来说，转速相对是较低的。通常在水电站上看到的情况是：轴流式水轮机的转速较低，混流式水轮机的转速较高，水斗式水轮机的转速更高。

1.3.2　水轮机的型号和转轮直径

比转速仅能标志某一系列水轮机的性能，对于某一个具体的水轮机，是用它的型号来标志的。水轮机的型号不仅表示出水轮机的型式和所属的系列，而且表示出它的代表性尺寸——转轮公称直径 D。此外，在型号中还表明水轮机的装置方式和进水方式。

根据《水轮机、蓄能泵和水泵水轮机型号编制方法》（GB/T 28528—2012），水轮机的型号由 3 部分组成，各部分之间用 "-"（其长度相当于半个汉字宽）隔开，各部分的组成及含义如下：

第 1 部分由水轮机型式和转轮代号组成。水轮机型式用汉语拼音字母表示（表 1-1）；转轮代号用模型转轮编号和/或水轮机原型额定工况比转速表示，模型转轮编号与比转速之间采用 "/" 符号分隔，比转速代号用阿拉伯数字表示，单位为 m·kW。

表 1-1　　　　　　　　　　　　水轮机型式的代表符号

水轮机型式	代表符号	水轮机型式	代表符号	水轮机型式	代表符号
混流式	HL	斜流式	XL	冲击（水斗）式	CJ
轴流定桨式	ZD	贯流定桨式	GD	斜击式	XJ
轴流转桨式	ZZ	贯流转桨式	GZ	双击式	SJ

第2部分对于反击式水轮机由两个汉语拼音字母组成，分别表示水轮机主轴布置型式和结构特征，代表符号见表1-2；对于冲击式水轮机只有1个汉语拼音字母表示水轮机主轴布置型式。

表1-2 　　　　　　　　　水轮机主轴布置型式及结构特征的代表符号

名称	代表符号	名称	代表符号	名称	代表符号
立轴	L	全贯流式	Q	虹吸式	X
卧轴	W	灯泡式	P	明槽式	M
金属蜗壳	J	竖井式	S	有压明槽式	My
混凝土蜗壳	H	轴伸式	Z	罐式	G

第3部分用阿拉伯数字表示，反击式水轮机表示为转轮直径（cm）；水斗式和斜击式水轮机表示为：转轮直径（cm）/作用在每个转轮上的喷嘴数×射流直径（cm）；双击式水轮机表示为：转轮直径（cm）/转轮宽度（cm）。

水轮机转轮直径是指水轮机转轮上的规定部位的直径。作为水轮机结构特征参数，也称公称直径。各类型水轮机转轮公称直径 D 规定如下（图1-28）：混流式水轮机指转轮叶片出水边正面和下环相交点的直径 D_2（过去是指转轮叶片进水边正面和下环相交点的直径 D_1）；轴流转桨式、斜流转桨式和贯流转桨式水轮机均指水轮机转轮叶片转动轴线与转轮室交点处的直径 D_1；轴流定桨式水轮机指转轮叶片外缘圆柱形转轮室的内径 D_1；斜流定桨式水轮机指转轮叶片出水边外缘对应的转轮室的内径 D_1；冲击式水轮机指转轮水斗与射流中心线相切的节圆直径 D_1。

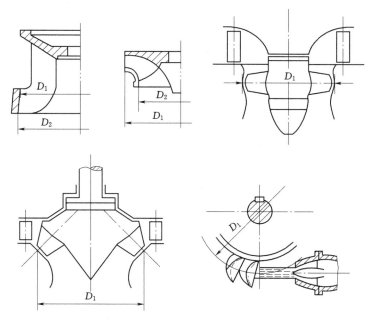

图1-28　各类型水轮机转轮公称直径

对于水轮机转轮直径 D 的规定系列尺寸可参见表 3-5。

水轮机型号的示例如下：

（1）HLA153/××-LJ-300：表示混流式水轮机，转轮代号为模型转轮编号 A153 和/或水轮机原型额定工况比转速××m·kW，立轴，金属蜗壳，转轮直径为 300cm。

（2）ZZ560-LH-800：表示轴流转桨式水轮机，转轮代号为水轮机原型额定工况比转速 560m·kW，立轴，混凝土蜗壳，转轮直径为 800cm。

（3）GZ006-WZ-275：表示轴伸贯流转桨式水轮机，转轮代号为模型转轮编号 006，卧轴，转轮直径为 275cm。

（4）CJ30-W-120/2×10：表示水斗式水轮机，转轮代号为水轮机原型额定工况比转速 30m·kW，卧轴，转轮直径为 120cm，两个喷嘴，射流直径为 10cm。

（5）SJ115-W-40/20：表示双击式水轮机，转轮代号为水轮机原型额定工况比转速 115m·kW，卧轴，转轮直径为 40cm，转轮宽度为 20cm。

习 题 与 思 考 题

1-1　现代水轮机的主要类型有哪些？是根据什么划分的？

1-2　各种类型水轮机的适用水头范围分别是多少？

1-3　简述混流式、轴流式和水斗式水轮机的主要组成部件及各部件的作用。

1-4　试在原理上概略分析各类型水轮机转轮的某些构造特点（例如外形、叶片数、各部分的相对尺寸等）。

1-5　简述比转速的定义，并说明为什么比转速大的水轮机其工作转速相对比转速低的水轮机反而小？

1-6　水轮机型号由几部分组成？各部分的含义分别是什么？

第 2 章 水 轮 机 工 作 原 理

2.1 水 轮 机 的 工 作 参 数

水轮机的工作参数是表征水轮机工作特性的主要特征值。主要有水轮机工作水头 H、水轮机流量 Q、水轮机转速 n、水轮机功率 P 和水轮机效率 η 等。工作参数由水电站运行条件、电力系统的要求和水轮机型式而定。

2.1.1 工作水头

水轮机工作水头是指单位重量水流在水轮机进口断面和出口断面之间的能量差值，用 H 表示，单位为 m。工作水头一般也称为净水头，是水轮机做功的有效水头，计算公式同式（1-1）。对反击式水轮机进口断面取在蜗壳进口断面，出口断面取在尾水管出口断面。对冲击式水轮机进口断面取在喷嘴进口断面，出口断面取在射流中心线与转轮节圆相切处。水轮机工作水头还可表示为水电站毛水头减去输水系统（引水和排水系统）的全部水头损失。

水轮机的工作水头随着水电站的上下游水位的变化而经常发生变动。在水轮机运行范围内的特征水头主要有以下 5 个：

（1）水轮机最大水头 H_{max}，是指水电站最大水头 H_{gmax} 减去一台机组空载运行时输水系统所有水头损失后的工作水头。

（2）水轮机最小水头 H_{min}，是指水电站最小水头 H_{gmin} 减去水轮机发出额定功率时输水系统所有水头损失后的工作水头。

（3）水轮机加权平均水头 H_w，是指在规定的运行条件下，考虑功率和工作历时的水轮机工作水头的加权平均值。

（4）水轮机设计水头 H_d，是指水轮机在最高效率点运行时的工作水头。

（5）水轮机额定水头 H_r，是指水轮机在额定转速下，发出额定功率时所需的最小工作水头。

水轮机工作水头是选择水轮机型号和参数的重要依据，其大小表示水轮机可以利用水流能量的多少。选定的水轮机需满足最大水头对结构强度的要求，并要满足在各种水头范围内对水轮机效率、稳定性和抗空蚀等性能的要求，以保证水轮机能安全、稳定和经济运行。

在国际电工委员会颁布的一系列标准中，对水轮机水头 H 已改用比能 E 表示。比能 E 指单位质量流体所具有的机械能（包括位置比能 E_z、压力比能 E_p 和速度比能 E_v）的总和，$E = gH$（g 为重力加速度），单位为 J/kg。

2.1.2　流量

单位时间内通过水轮机的水的体积称为水轮机流量，用 Q 表示，单位为 m^3/s。

水轮机流量的特征值主要有 3 个：

（1）水轮机额定流量 Q_r，是指水轮机在额定水头和额定转速下，输出额定功率时所需的流量。

（2）水轮机空载流量 Q_0，是指水轮机在额定水头和额定转速下，空载运行（输出功率为零）时的流量。

（3）水轮机最大流量 Q_{max}，是指水轮机在满足发电机发出设计规定的最大功率时所需的最小水头下的流量。

水轮机流量也是选择水轮机型号和参数的重要依据，其大小同样表示水轮机可以利用水流能量的多少。

2.1.3　转速

水轮机转速是指水轮机转轮每分钟内旋转的次数，用 n 表示，单位为 r/min。当水轮机与发电机直接连接时，水轮机转速与发电机的转速相同，并符合发电机标准同步转速的要求，即满足下列关系：

$$n = \frac{60f}{p} \tag{2-1}$$

式中：f 为电力系统频率，Hz，我国采用的标准为 50Hz；p 为发电机磁极对数。

各种磁极对数的发电机标准同步转速值见表 3-6。

对某一固定的发电机，其磁极对数是固定不变的，因此为了保证供电质量，即电流频率保持不变，在正常运行情况下，水轮发电机组的转速亦应保持固定不变，此转速称为水轮机或机组的额定转速 n_r。

当发电机负荷发生变化而水轮机功率尚未做出相应改变时，由于生产和输出的电能不平衡，水轮机的转速会发生一定的变化，但这个变化会因自动调速器的作用而迅速得到纠正，使转速恢复到额定转速。只有在机组负荷发生变化而调速系统又同时出现故障时，水轮机转速才发生明显变化。例如：当水轮机突然甩去全部负荷与电力系统解列，同时调速机构失灵或其他原因，导水机构不能关闭，水轮机转速将迅速升高。当水流能量与转速升高后的机械摩擦损失等能量平衡时，转速达到某一最大值，这个转速称为水轮机飞逸转速，用 n_{run} 表示。水轮机的飞逸转速根据水轮机模型试验的飞逸特性计算获得，其数值随水轮机型式、导叶开度及工作水头的不同而异，可达额定转速的 1.8～3.0 倍。其中混流式水轮机较低，轴流转桨式水轮机较高。机组发生飞逸时离心力是很大的，它对机组的结构设计和制造以及对机组支撑结构和水电站厂房的振动都有较大影响。

2.1.4　功率与效率

水轮机功率是指水轮机轴端输出给发电机的机械功率，用 P 表示，常用单位为 kW，也称为水轮机出力或水轮机输出功率。

水轮机进口水流所具有的水力功率，称为水轮机的输入功率，也称为水流出力，用 P_{in}（kW）表示。其表达式为

$$P_{in} = 9.81QH \tag{2-2}$$

由于水流在通过水轮机进行能量转换的过程中，会产生一定的能量损失（包括水力损失、容积损失和机械损失），因此水轮机输出功率小于输入功率。水轮机的输出功率和输入功率之比称为水轮机效率，用 η 表示，即

$$\eta = \frac{P}{P_{in}} \qquad (2-3)$$

则水轮机输出功率 P（kW）为

$$P = 9.81 QH\eta \qquad (2-4)$$

水轮机的输出功率 P（W）还可以用机械旋转能的形式表示，即

$$P = M\omega = M\frac{2\pi n}{60} \qquad (2-5)$$

式中：M 为水轮机轴旋转力矩，N·m；ω 为水轮机转轮的旋转角速度，rad/s。

水轮机功率的特征值主要有：

（1）水轮机额定功率 P_r，是由设计或合同规定的水轮机铭牌功率，也是指在额定水头、额定流量和额定转速下水轮机能连续发出的功率。

（2）水轮机最大功率 P_{max}，是指水轮机在各个水头下允许连续运行的最大功率保证值，即发电机发出其最大功率时的水轮机功率，一般为额定功率的 $105\% \sim 115\%$。

（3）水轮机最小功率 P_{min}，是指水轮机在最小水头下导叶全开时发出的最大功率。

（4）水轮机最优效率功率 $P_{\eta max}$，是指水轮机在最优效率下运行时的输出功率。

（5）水轮机受阻功率：是指工作水头低于额定水头时，水轮机的功率小于水轮机额定功率的部分。水头愈趋近于最小水头，受阻功率就愈大。当在最小水头运行时，受阻功率达到最大值。

水轮机的特征效率主要有 3 种：

（1）水轮机最高效率 η_{max}，是指水轮机在其运行范围内各效率值中的最大效率值，即在最优工况运行时的效率。目前大型反击式水轮机的最高效率可达 $94\% \sim 96\%$。

（2）水轮机额定效率 η_r，是指水轮机在额定工况运行（额定转速、额定水头下发出额定功率）时的效率。

（3）水轮机加权平均效率 η_w，是将电站运行工作范围内不同工况点的效率，乘以按水轮机运转综合特性曲线计算得出的电能加权因子后所求得的平均值。在选择水轮机时，用它来对不同厂家提供水轮机的动能经济指标进行分析比较，作为评价水轮机参数指标的条件之一。

水轮机的效率一般用百分数表示。

2.2 反击式水轮机转轮中的水流运动

2.2.1 轴面和流面

水流流经反击式水轮机转轮时，水流质点不仅沿扭曲的转轮叶片运动，同时又随转轮的转动而旋转，因此转轮中的水流运动是复杂的三维空间流动。为了研究方便，一般采用

圆柱坐标系（r、φ、z）来描述转轮中的水流运动。如图 2-1 所示，r 为垂直于水轮机主轴轴线的半径方向（简称径向），φ 为绕水轮机主轴轴线的圆周方向（简称切向），z 为沿着水轮机主轴轴线的方向（简称轴向）。径向（r 轴）和轴向（z 轴）组成的平面称为轴面。坐标 φ 即表示从某一基准面算起的轴面位置坐标。

将空间一点或某一物体，保持其与轴线间的径向距离不变，旋转投影在某一轴面上所得到的投影，即称之为该点或该物体的轴面投影。图 2-1 中的 1234 即为混流式水轮机转轮叶片的轴面投影。

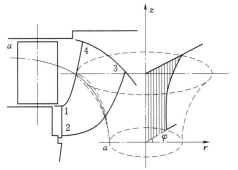

图 2-1　转轮的圆柱坐标系　　　　图 2-2　流面近似展开图

水流质点在转轮内运动的轨迹线称为水流流线。水流流线在轴面上的投影称为轴面流线。对于混流式水轮机，由于水流通过转轮叶片时方向由径向转为轴向，因此水流轴面流线是一条如图 2-1 中 aa 所示的曲线。而对于轴流式水轮机，由于水流通过转轮叶片时方向均为轴向，因此水流轴面流线是近似与水轮机轴线保持平行的直线。以水流流线为母线绕水轮机主轴轴线旋转所形成的若干回转面，称之为水流流面。因此混流式转轮中的水流流面呈花篮形，轴流式转轮中的水流流面则近似呈圆柱形。在转轮流道中，可以有无限多个流面，水流质点就在这些流面上运动。将流线与转轮叶片相割的流面展开，便可得到由一系列叶片翼型（即为流面切割叶片所得到的剖面）所组成的叶栅剖面图。其中混流式转轮流面近似为圆锥面再展开，如图 2-2 所示。分析水流在转轮中的流动（例如绘制转轮叶片进、出口水流速度三角形）就是在这样一些展开的剖面图上进行的。图 2-2 中，叶片翼型断面的中线称为叶片的骨线，是叶片剖面型线内一系列内切圆圆心的连线。骨线在进口处的切线与圆周方向的夹角用 β_{1e} 表示，称为叶片进口安放角；骨线在出口处的切线与圆周方向的夹角用 β_{2e} 表示，称为叶片出口安放角。

为了便于研究反击式水轮机转轮中复杂的水流运动，做了如下假定：

（1）水流为理想流体。

（2）转轮中水流的相对运动为定常运动（稳定流）。

（3）转轮内的水流呈轴对称流动。

（4）叶片数无穷多，且叶片厚度无限薄。

所谓水流呈轴对称流动，即表示位于同一圆周上各点的水流速度、压力等大小相等、方向相同。作了轴对称假设后，研究转轮中的水流运动，只需研究位于某一轴面上的流动就可以了。假定叶片厚度无限薄以后,叶片翼型剖面可以简化成无厚的骨线。

2.2.2 转轮叶片进、出口水流速度三角形

水流在水轮机中的运动是复杂的空间运动。当水轮机处在某一稳定工况运行时,水流质点不仅沿转轮叶片运动,同时又随转轮的转动而旋转,从而构成了复合运动。按照理论力学的概念,水流质点相对于转轮叶片,从流道进口移动到出口的运功称为相对运动,相对速度用 $\vec{w}$ 表示;水流质点随转轮一起旋转所做的运动称为牵连运动(也称圆周运动),牵连速度(即圆周速度)用 $\vec{u}$ 表示;水流质点在转轮内相对大地的运动,即上述两种运功的复合运动叫做绝对运动,绝对速度用 $\vec{v}$ 表示。则绝对速度等于相对速度和圆周速度的矢量和:

$$\vec{v} = \vec{w} + \vec{u} \tag{2-6}$$

由 $\vec{v}$、$\vec{w}$、$\vec{u}$ 构成的三角形称为水流速度三角形,如图 2-3 所示。在速度三角形中,绝对速度 $\vec{v}$ 与牵连速度 $\vec{u}$ 之间的夹角 α,称为绝对速度的方向角;相对速度 $\vec{w}$ 与牵连速度 $\vec{u}$ 之间的夹角 β,称为相对速度的方向角。

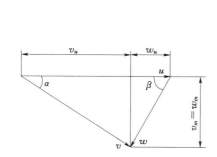

图 2-3 水流速度三角形

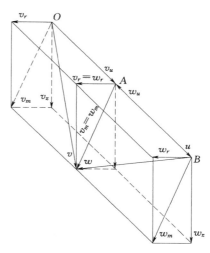

图 2-4 速度三角形各速度分量的关系

速度三角形可以表达水流在转轮内的运动情况。为了分析水流通过水轮机转轮对叶片产生的作用,研究水流对水轮机主轴产生的作用力矩,可以把水流质点的绝对速度 $\vec{v}$ 用它的 3 个正交坐标分量表示(图 2-4),即

$$\vec{v} = \vec{v}_r + \vec{v}_z + \vec{v}_u = \vec{v}_m + \vec{v}_u \tag{2-7}$$

式中:$\vec{v}_r$ 为绝对速度 $\vec{v}$ 的径向分速度,m/s;$\vec{v}_z$ 为绝对速度 $\vec{v}$ 的轴向分速度,m/s;$\vec{v}_u$ 为绝对速度 $\vec{v}$ 的圆周切向分速度,m/s;$\vec{v}_m$ 为绝对速度 $\vec{v}$ 的轴面分速度(位于轴面上),是径向和轴向分速度的矢量和,m/s。

同样,相对速度 $\vec{w}$ 亦可做这样的分解(图 2-4):

$$\vec{w} = \vec{w}_r + \vec{w}_z + \vec{w}_u = \vec{w}_m + \vec{w}_u \tag{2-8}$$

水轮机转轮中任一点水流的运动都可以用速度三角形描述,但对研究水轮机工作过程最有意义和最有代表性的是转轮进、出口速度三角形。用脚标"1"和"2"分别代表转轮

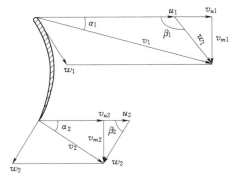

图 2-5　混流式转轮进、出口
水流速度三角形

进、出口的位置，则水轮机转轮叶片进口速度三角形由 $\vec{v}_1$、$\vec{w}_1$、$\vec{u}_1$ 构成；出口速度三角形由 $\vec{v}_2$、$\vec{w}_2$、$\vec{u}_2$ 构成，如图 2-5 所示。在上述两个速度三角形中，α_1、α_2 为绝对速度在进、出口的方向角；β_1、β_2 为相对速度在进、出口的方向角。水轮机速度三角形与水轮机的工作参数（流量 Q、水头 H、转速 n）及转轮直径 D 密切相关，速度三角形的形状和尺寸表达了水轮机的工作状态。对某一个具体的水轮机来说，有一种运行工况，便可以绘制出一种与其相对应的转轮进、出口水流速度三角形。

2.2.2.1　混流式水轮机转轮叶片进、出口水流速度三角形

要想绘制转轮进、出口某一点的水流速度三角形，首先要找出其中的已知条件。

1. 转轮叶片进、出口牵连速度 $\vec{u}_1$ 和 $\vec{u}_2$ 的方向和大小

$\vec{u}_1$ 和 $\vec{u}_2$ 的方向分别为转轮进口和出口计算点处的圆周切线方向，数值为

$$u_1 = \frac{\pi D_{1i} n}{60} \qquad (2-9)$$

$$u_2 = \frac{\pi D_{2i} n}{60} \qquad (2-10)$$

式中：D_{1i}、D_{2i} 分别为转轮叶片进、出口计算点处直径（以水轮机主轴轴线为圆心），m。

2. 转轮叶片进、出口处轴面分速度 $\vec{v}_{m1}$ 和 $\vec{v}_{m2}$ 的方向和大小

$\vec{v}_{m1}$ 和 $\vec{v}_{m2}$ 的方向分别与 $\vec{u}_1$ 和 $\vec{u}_2$ 相垂直，其大小为

$$v_{m1} = \frac{Q}{F_1} \qquad (2-11)$$

$$v_{m2} = \frac{Q}{F_2} \qquad (2-12)$$

式中：Q 为进入水轮机转轮的流量，m^3/s；F_1、F_2 分别为转轮叶片进、出口过计算点的过水断面面积，m^2。

3. 转轮叶片进口绝对速度 $\vec{v}_1$ 的方向或圆周切向分速度 $\vec{v}_{u1}$ 的大小和方向

对于应用水头较高的低比转速混流式水轮机，转轮叶片进口与导叶出口相距很近，进口绝对速度 $\vec{v}_1$ 的方向角 α_1，可以近似地认为等于该工况时导叶的出口安放角 α_0，如图 2-13 所示。导叶的出口安放角是指导叶叶片骨线出口处切线方向与该处圆周切线方向的夹角。

对于中、高比转速混流式水轮机和轴流式水轮机，从导叶出口至转轮叶片进口有一定距离，但根据动量矩定理可证明其速度矩保持不变，即

$$v_{u0} \frac{D_0}{2} = v_{u1} \frac{D_{1i}}{2} \qquad (2-13)$$

式中：v_{u0} 为导叶出口处水流速度的圆周切向分量，m/s；D_0 为导叶出口所在圆直径，m；

v_{u1} 为转轮叶片进口水流绝对速度 $\vec{v}_1$ 的圆周切向分速度，m/s。

而导叶出口处水流速度的圆周切向分量 $v_{u0}=\dfrac{Q}{\pi D_0 b_0}\cot\alpha_0$，则

$$v_{u1}=\frac{Q}{\pi D_{1i} b_0}\cot\alpha_0 \qquad (2-14)$$

$\vec{v}_{u1}$ 的方向与 $\vec{u}_1$ 方向相同。

4. 转轮叶片出口相对速度 $\vec{w}_2$ 的方向

出口相对速度 $\vec{w}_2$ 的方向角 β_2，按转轮叶片为无限多、无限薄的假定，可以近似地认为等于叶片出口安放角 β_{2e}，即 $\beta_2=\beta_{2e}$。

根据上述已知条件，即可绘制混流式水轮机转轮叶片进、出口水流速度三角形。例如低比转速混流式水轮机转轮叶片进口水流速度三角形的绘制方法为：在转轮进口处 A 点，按已知进口圆周速度的方向和大小作 $\vec{u}_1$，如图 2-6 所示。自 A 点作绝对速度 $\vec{v}_1$ 的方向角 $\alpha_1=\alpha_0$，连接 A 点与轴心 O，在轴面上由 A 点截取轴面速度 $\vec{v}_{m1}$，并作 $\vec{u}_1$ 的平行线，与 $\vec{v}_1$ 方向线相交得到 $\vec{v}_1$ 的数值，最后连接 $\vec{u}_1$ 与 $\vec{v}_1$ 末端的两点即为相对速度 $\vec{w}_1$ 的方向和大小。由 $\vec{v}_1$、$\vec{u}_1$、$\vec{w}_1$ 构成的三角形就是转轮叶片进口水流速度三角形。

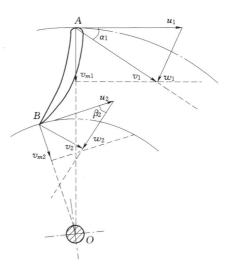

图 2-6　转轮进、出口水流
速度三角形绘制

2.2.2.2　轴流式水轮机转轮叶片进、出口水流速度三角形

如图 2-7 所示，水流通过轴流式水轮机转轮叶片时，轴向流入轴向流出。因此假定水流是沿着以水轮机主轴轴线为中心的圆柱面流动，且各圆柱层上水流质点没有相互作用，即绝对速度 $\vec{v}$ 的径向分速度 $\vec{v}_r=0$，轴面分速度 $\vec{v}_m$ 与水轮机轴线平行。

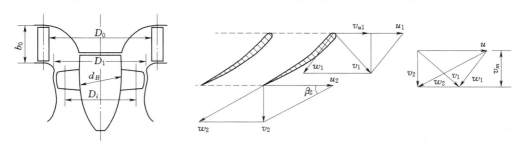

图 2-7　轴流式转轮的进、出口水流速度三角形

绘制轴流式水轮机转轮叶片进、出口某一点的水流速度三角形的已知条件如下。

1. $\vec{u}_1$ 和 $\vec{u}_2$ 的大小和方向

由于流线与水轮机主轴轴线平行，因此对于在同一流线上叶片进、出口两点的水流圆

周速度相等，即

$$u_1 = u_2 = \frac{\pi D_i n}{60} \qquad (2-15)$$

式中：D_i 为同一流面上的转轮叶片进、出口计算点所在圆的直径（即该圆柱形流面的直径），m。

$\vec{u}_1$ 和 $\vec{u}_2$ 的方向分别为转轮进口和出口计算点处的圆周切线方向。

2. $\vec{v}_{m1}$ 和 $\vec{v}_{m2}$ 的大小和方向

假设轴面分速度在轴面上均匀分布，即位于不同半径的各轴面上的轴面流速均相等，则

$$v_{m1} = v_{m2} = \frac{Q}{\frac{\pi}{4}(D_1^2 - d_B^2)} \qquad (2-16)$$

式中：D_1 为转轮公称直径，m；d_B 为转轮中转轮体直径，m。

$\vec{v}_{m1}$ 和 $\vec{v}_{m2}$ 的方向与主轴轴线平行。

3. $\vec{v}_{u1}$ 的大小和方向及 $\vec{w}_2$ 的方向

与混流式水轮机转轮相同，$\vec{v}_{u1}$ 的大小见式（2-14），方向与 $\vec{u}_1$ 方向相同；$\vec{w}_2$ 的方向角 $\beta_2 = \beta_{2e}$。

根据上述已知条件，即可绘制轴流式水轮机转轮叶片进、出口水流速度三角形（图2-7）。

2.3 水轮机的效率和基本方程式

2.3.1 水轮机的能量损失和效率

式（2-3）表明，水轮机输出功率恒小于输入功率，这是因为水流在通过水轮机进行能量转换的过程中，会产生各种能量损失。水轮机能量损失包括 3 部分：水力损失、容积损失和机械损失。水轮机的效率等于输出功率与输入功率的比值，因此损失越大则效率越低。这些损失可分别用水力效率 η_h、容积效率 η_v 和机械效率 η_m 来衡量。

2.3.1.1 水力损失和水力效率

水轮机工作时，水流流经它的过水部件，如蜗壳、导水机构、转轮及尾水管等，会产生摩擦、撞击、涡流、脱流及尾水管出口（速度水头）等损失，统称为水力损失。它包括两部分：①管流损失，即水流流经过水部件时产生的沿程损失、局部损失，以及出口的流速损失等；②撞击损失和涡流损失，即水流进入和流出水轮机转轮时与叶片发生碰撞和脱流，离开转轮时在尾水管中产生真空涡带造成的损失等。水力损失与水流流速的大小、过流部件的表面形状和粗糙度及水轮机的工作状况有关。

设 H 为水轮机的工作水头，$\sum h$ 为从水轮机进口至出口的水头损失，则水轮机的有效水头 H_e 为 $H - \sum h$，水轮机的水力效率 η_h 为有效水头与工作水头之比，即

$$\eta_h = \frac{H - \sum h}{H} = \frac{H_e}{H} \qquad (2-17)$$

2.3.1.2 容积损失和容积效率

在水轮机运行的过程中,有一小部分流量 $\sum q$ 未能对转轮做功而造成的能量损失称为容积损失。这部分流量包括从水轮机转动部件和固定部件之间的缝隙漏掉的流量以及水斗式水轮机未冲击到水斗上的流量等。设进入水轮机的流量为 Q,则实际对转轮做功的有效流量 Q_e 为 $Q - \sum q$,水轮机的容积效率 η_v 为

$$\eta_v = \frac{Q - \sum q}{Q} = \frac{Q_e}{Q} \qquad (2-18)$$

2.3.1.3 机械损失和机械效率

考虑水力损失、容积损失之后,水流作用在水轮机转轮上的有效功率 P_e(kW) 为

$$P_e = 9.81(Q - \sum q)(H - \sum h) = 9.81QH\eta_h\eta_v \qquad (2-19)$$

这部分能量仍然不能全部传递到水轮机轴上输出,因为其中有一小部分要消耗在轴承和止漏装置等处的摩擦上,这些摩擦损失总称为机械损失。机械损失的功率用 ΔP_m 表示,则水轮机的机械效率 η_m 为

$$\eta_m = \frac{P_e - \Delta P_m}{P_e} \qquad (2-20)$$

故水轮机的输出功率 P(kW) 为

$$P = P_e - \Delta P_m = P_e\eta_m = 9.81QH\eta_h\eta_v\eta_m \qquad (2-21)$$

所以水轮机的总效率(简称水轮机效率) η 为

$$\eta = \eta_h\eta_v\eta_m \qquad (2-22)$$

由上面的分析可知,水轮机的效率随水轮机的型式、尺寸及工作状况的不同而不同。现有的理论公式只能提供定性分析水轮机效率的参数,定量地确定 3 种效率必须通过模型试验,然后将模型试验所得的效率利用相似理论换算到原型水轮机上。

根据水轮机试验资料,对于一定的转轮直径 D、转速 n 和工作水头 H 的某一具体水轮机,当流量变化时,水轮机效率与输出功率的关系曲线如图 2-8 所示。从图 2-8 中可看出,当 D、n、H 一定时,容积损失和机械损失基本上是不变的,只有水力损失随水轮机工况的改变有较大的变化且占总损失的绝大部分,其中管流损失随流量(功率)的增加而增加,撞击损失及涡流损失随流量的增加而减小。

图 2-9 为不同类型的水轮机的效率与输出功率的关系曲线(或称水轮机工作特性曲线),横坐标的功率 P 采用与最大输出功率的相对百分数表示。可以看出,现代大型水轮机的最高效率可达 $90\% \sim 95\%$。轴流转桨式水轮机因转轮叶片可以转动以适应工况的变化,故高效率区比较宽;轴流定桨式水轮机的转轮叶片固定不功,偏离最优工况后效率迅速降低;而水斗式水轮机的最高效率与其他机型相比虽然最低,但高效率区却最宽,这是由它的构造特点决定的。各类型水轮机的最高效率点都不是对应最大功率,而在最大功率的 $85\% \sim 90\%$ 左右。

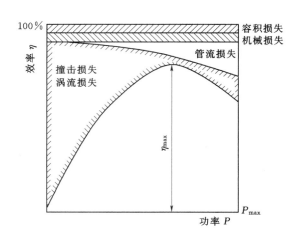

图 2 - 8　水轮机效率与输出功率关系曲线

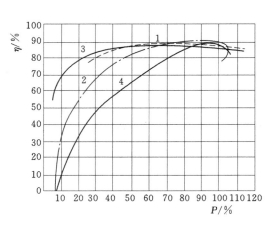

图 2 - 9　大型水轮机工作特性比较
1—轴流转桨式 $n_s=625$；2—混流式 $n_s=300$；
3—水斗式 $n_s=20$；4—轴流定桨式 $n_s=570$

2.3.2　反击式水轮机的基本方程式

由动量矩定理可知，在单位时间内水流质点绕主轴动量矩的变化，就等于该水流质点所受的外力矩，而水流质点所受的外力矩恰是水流质点在水轮机转轮叶片上的反作用力对主轴的作用力矩。若用 L 表示动量矩，用 M_a 表示转轮对水流质点的作用力矩，则动量矩定律可用下式表示：

$$\frac{\mathrm{d}L}{\mathrm{d}t}=M_a \tag{2-23}$$

下面根据式（2-23）推求水轮机的基本方程式。

1. 单位时间内水流通过转轮时动量矩的变化

在反击式水轮机转轮水流绝对速度的正交分解中（图 2-4），径向分速度 $\vec{v}_r$ 通过轴心，轴向分速度 $\vec{v}_z$ 与主轴平行，所以两者都不对主轴产生动量矩，只有圆周切向分速度 $\vec{v}_u$ 对主轴产生动量矩。

根据水流连续定律，进入转轮和流出转轮的流量不变，均为有效流量 Q_e。因此单位时间内进入和流出转轮的水流质量为 $\dfrac{\gamma Q_e}{g}$，其中 γ 为水的容重，g 为重力加速度。

当水轮机正常运行时，转轮中的水流可认为是恒定流。因此只有转轮叶片进、出口两部分产生动量矩变化。即

$$\frac{\mathrm{d}L}{\mathrm{d}t}=\frac{\gamma Q_e}{g}(v_{u2}r_2-v_{u1}r_1) \tag{2-24}$$

2. 水流所受的外力矩 M_a

水轮机转轮结构是轴对称的，其进、出口断面的动水压力及上冠、下环内表面对水流的压力，都由于轴对称而相互抵消，只有叶片对水流的作用力矩构成了 M_a。根据式（2-23）和式（2-24）可得

$$M_a=\frac{\mathrm{d}L}{\mathrm{d}t}=\frac{\gamma Q_e}{g}(v_{u2}r_2-v_{u1}r_1) \tag{2-25}$$

由于 M_a 与水流对叶片的反作用力矩 M 大小相等、方向相反，即 $M=-M_a$。则

$$M=\frac{\gamma Q_e}{g}(v_{u1}r_1-v_{u2}r_2)\qquad(2-26)$$

式 (2-26) 给出了水轮机将水能转变为机械能的概念。它说明了水流在转轮中交换能量是由于动量矩的改变，而转换能量的大小则取决于水流在转轮进、出口处速度的大小，也取决于转轮流道的形状和叶片的翼型。

3. 水轮机基本方程式

由于水轮机的输出功率等于水流对转轮叶片的反作用力矩 M 与转轮的旋转角速度 ω 的乘积，则

$$P=M\omega=\frac{\gamma Q_e}{g}(v_{u1}r_1\omega-v_{u2}r_2\omega)=\frac{\gamma Q_e}{g}(v_{u1}u_1-v_{u2}u_2)\qquad(2-27)$$

水流通过水轮机转轮时，输出功率还可近似表示为

$$P=\gamma Q_e H\eta_h\qquad(2-28)$$

式中：H 为水轮机工作水头，m；η_h 为水轮机的水力效率。

将式 (2-28) 代入式 (2-27) 则可得到水轮机的基本方程式为

$$H\eta_h=\frac{\omega}{g}(v_{u1}r_1-v_{u2}r_2)\qquad(2-29)$$

或

$$H\eta_h=\frac{1}{g}(v_{u1}u_1-v_{u2}u_2)\qquad(2-30)$$

也可写为

$$H\eta_h=\frac{1}{g}(u_1v_1\cos\alpha_1-u_2v_2\cos\alpha_2)\qquad(2-31)$$

式 (2-29)～式 (2-31) 均称为水轮机工作的基本方程式，只是表达的形式有所不同，均表明了水轮机的有效水头与转轮叶片进、出口水流速度矩的变化之间的关系。因此水轮机基本方程式给出了水轮机能量参数与运动参数的关系。

水轮机基本方程式还可用环量的形式表示，即

$$H\eta_h=\frac{\omega}{2\pi g}(C_1-C_2)\qquad(2-32)$$

式中：C_1 为转轮进口处的水流速度环量，$C_1=2\pi r_1 v_{u1}$；C_2 为转轮出口处的水流速度环量，$C_2=2\pi r_2 v_{u2}$。

此外，由转轮叶片进、出口水流速度三角形得

$$w_1^2=u_1^2+v_1^2-2u_1v_1\cos\alpha_1=u_1^2+v_1^2-2u_1v_{u1}\qquad(2-33)$$

$$w_2^2=u_2^2+v_2^2-2u_2v_2\cos\alpha_2=u_2^2+v_2^2-2u_2v_{u2}\qquad(2-34)$$

将式 (2-33) 和式 (2-34) 代入式 (2-30) 得

$$H\eta_h=\frac{v_1^2-v_2^2}{2g}+\frac{u_1^2-u_2^2}{2g}+\frac{w_2^2-w_1^2}{2g}\qquad(2-35)$$

式 (2-35) 给出了水轮机有效水头与转轮叶片进、出口水流速度三角形中各项速度之间的关系。

总之，式 (2-29)～式 (2-32) 及式 (2-35) 均是水轮机基本方程式的不同表达形式，均是针对某一流线导出的，如果用于整个转轮，方程式右侧的各参数均为断面平均

值。水轮机基本方程式表明了水轮机水力效率、工作水头和转轮进出口速度矩的变化之间的关系，是水轮机制造厂家进行转轮设计的主要依据。它既适用于反击式水轮机，也适用于冲击式水轮机。

2.3.3　水斗式水轮机的基本方程式

水斗式水轮机的转轮在空气中旋转，自喷嘴喷射出来的射流以很大的绝对速度 $\vec{v_0}$ 射向运动着的转轮，如图 2-10 所示，$\vec{v_0}$ 可由下式求得

$$v_0 = \mu \sqrt{2gH} \qquad\qquad (2-36)$$

式中：μ 为喷嘴射流的流速系数，一般取 $0.97 \sim 0.98$；H 为自喷嘴中心起算的水轮机额定水头，m。

在选定喷嘴数目 z_0 之后，则通过 z_0 个喷嘴的流量 Q 为

$$Q = \frac{\pi}{4} d_0^2 \mu \sqrt{2gH} z_0 \qquad\qquad (2-37)$$

式中：d_0 为射流的直径，m。

由于流速系数 μ 的变化很小，可以认为在喷针的所有开度下，射流速度 $\vec{v_0}$ 的大小和方向均保持不变。

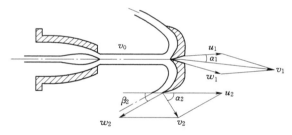

图 2-10　水斗式水轮机水流速度三角形

如图 2-10 所示的水斗式水轮机进、出口水流速度三角形，当以速度为 $\vec{v_0}$、直径为 d_0 的射流在以 D_1 为直径的圆周上冲击水斗时，水流在水斗进口处的绝对速度 $\vec{v_1}$ 实际上就等于射流速度 $\vec{v_0}$，即 $v_1 = v_0$。假定射流在水斗进口和出口的位置距旋转轴的距离相等，则

$$u_1 = u_2 = u \qquad\qquad (2-38)$$

在水斗进口的速度三角形中，绝对速度的方向角 α_1 非常小，可以认为 $\alpha_1 = 0$，故

$$w_1 = v_0 - u$$
$$v_1 \cos\alpha_1 = v_1 = v_0 \qquad\qquad (2-39)$$

忽略水斗表面的摩擦损失之后，可认为水斗内表面各点处水流的相对速度大小不变，则 $w_2 = w_1 = v_0 - u$。由出口速度三角形的几何关系可知

$$v_2 \cos\alpha_2 = u_2 - w_2 \cos\beta_2 = u - (v_0 - u)\cos\beta_2 \qquad\qquad (2-40)$$

将式（2-38）～式（2-40）代入式（2-31）式得

$$H\eta_h = \frac{1}{g}\{uv_0 - u[u - (v_0 - u)\cos\beta_2]\}$$

或

$$H\eta_h = \frac{1}{g}[u(v_0 - u)(1 + \cos\beta_2)] \qquad\qquad (2-41)$$

式（2-41）即为基本方程式在水斗式水轮机上的表达形式，它给出了水斗式水轮机将水能转换为旋转机械能的基本平衡关系。

2.4 水轮机的最优工况

水轮机在运行过程中，随着外界条件（水头和负荷）的变化，水轮机的工作状况（可由工作参数表示）发生变化，其流道中的水流流态（可由速度三角形表示）也随之改变。水轮机的工作状况简称工况，其中效率最高的工况称为水轮机的最优工况，其余工况均称为水轮机的非最优工况。

2.4.1 反击式水轮机的最优工况

由于能量损失越大，水轮机的效率越低，因此水轮机在最优工况下运行时，能量损失最小。由图 2-8 中可以看出，在水轮机的三种损失中水力损失是主要的，容积损失和机械损失都比较小而且基本上保持不变。而在水力损失中，撞击损失和涡流损失所占的比重较大，尤其是当水轮机在以较小负荷工作时，因此下面将研究撞击、涡流损失产生的情况及相应得出的反击式水轮机最优工况。

水轮机的撞击损失主要发生在转轮叶片进口处。对于形状和尺寸都已确定的水轮机，在正常运行时转速 n 不变，因而进口速度三角形中圆周速度 u_1 的大小和方向是一定的，而绝对速度 $\vec{v}_1$ 和相对速度 $\vec{w}_1$ 的大小和方向取决于水轮机的流量 Q 和相应的导叶开度。当某一工况下转轮进口水流相对速度 $\vec{w}_1$ 的方向角 β_1 与转轮叶片的进口安放角 β_{1e} 相一致，即 $\beta_1 = \beta_{1e}$ 时，水流平行于叶片的骨线紧贴叶片表面进入转轮而不发生撞击和脱流现象，如图 2-11（b）所示，从而使进口处水力损失最小、水力效率最高，此工况称为无撞击进口工况。当 $\beta_1 \neq \beta_{1e}$ 时，水流不能平顺地进入转轮，在转轮进口处将产生撞击和脱流，即造成撞击损失，从而降低了水轮机的水力效率，如图 2-11（a）、（c）所示。β_1 与 β_{1e} 相差越大，撞击损失越大，效率也越低。

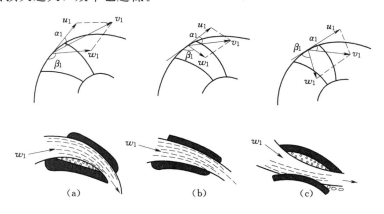

图 2-11 转轮进口处的水流运动
(a) $\beta_1 > \beta_{1e}$；(b) $\beta_1 = \beta_{1e}$；(c) $\beta_1 < \beta_{1e}$

水轮机的涡流损失主要发生在转轮叶片出口处。同样，当某一工况下转轮出口水流绝对速度 $\vec{v}_2$ 垂直于圆周速度 $\vec{u}_2$，即绝对速度 $\vec{v}_2$ 的方向角 $\alpha_2 = 90°$ 时，绝对速度 $\vec{v}_2$ 的圆周切向分速度 $v_{u2} = 0$，水流沿着轴面离开转轮而没有旋转，不产生涡流现象和涡流损失，从而提高了水轮机的水力效率，这一工况称为法向出口工况，如图 2-12 中 $\vec{v}_2$ 所示方向。对于一般结构的尾水管，轴面水流的动能比较容易恢复，而旋转水流的动能却难以回收。法向出口工况下，尾水管对转轮出口动能的恢复利用最充分，尾水管出口的动能损失最小。法向出口工况也可以通过水轮机的基本方程式（2-31）得出，当 $\alpha_2 = 90°$ 时，转轮出口水流的圆周切向分速度 $v_{u2} = v_2\cos\alpha_2 = 0$，方程式右端为最大，所以水力效率 η_h 最高。当 $\alpha_2 \neq 90°$ 时，$v_{u2} \neq 0$，此时转轮出口水流将在尾水管中发生旋转引起涡流损失，使水力效率下降。α_2 偏离 90° 越多，涡流损失越严重，水力效率也就越低。当偏离到一定程度时，尾水管中还会出现真空涡带，不仅降低效率，还会使水轮机空蚀增

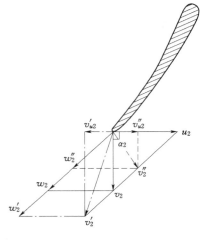

图 2-12 转轮出口速度三角形

加、引起较大的水流压力脉动与机组振动等。因此必须对运行工况进行限制，并装设补气阀来减小涡流损失。

综上所述，当水轮机同时具备水流在转轮进口无撞击、在转轮出口法向流出，即在同时满足 $\beta_1 = \beta_{1e}$ 和 $\alpha_2 = 90°$ 的工况下工作时，水轮机的效率最高，所以将这一工况称为水轮机的最优工况。

水轮机在实际运行中，由于自然条件和负荷经常发生变化，工作水头和流量将随着改变，不可避免偏离最优工况。例如，当水电站水头不变，水轮机输出功率增加（或减小）时，调速器自动改变导叶开度调节流量，加大（或减小）导叶出口角度 α_0，这时水轮机转轮进口绝对速度 $\vec{v}_1$ 和相对速度 $\vec{w}_1$ 的大小和方向都发生了变化，如图 2-13 所示，因不满足无撞击进口，而增加了水力损失。同时转轮出口处由于相对速度的 w_2 的增加（或减

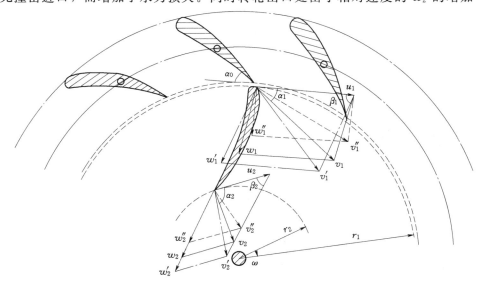

图 2-13 最优工况及非最优工况时转轮进、出口速度三角形

小），使绝对速度 $\vec{v}_2$ 的方向角 $\alpha_2 > 90°$（或 $\alpha_2 < 90°$），破坏了法向出口而增加了水力损失。在这些情况下，$\beta_1 \neq \beta_{1e}$，$\alpha_2 \neq 90°$，水力损失增加，水力效率降低，这些工况称为水轮机的非最优工况。

对于轴流转桨式和斜流式水轮机，由于转轮叶片可以转动，因此在不同工况下工作时，自动调速器将同时调节导叶开度和转轮叶片的转角使水轮机仍能达到或接近于无撞击进口和法向出口的最优工况，故轴流转桨式和斜流式水轮机都具有较宽的高效率工作区。

2.4.2　水斗式水轮机的最优工况

水斗式水轮机的最优工况可通过基本方程式（2-41）得出。当水轮机工作水头 H 一定时，理论上水力效率 η_h 最大的条件为：

（1）$u(v_0 - u)$ 为最大，则 $\dfrac{\mathrm{d}[u(v_0 - u)]}{\mathrm{d}u} = 0$，即 $u = \dfrac{1}{2} v_0$，水流的圆周速度为射流速度的一半。

（2）$1 + \cos\beta_2$ 为最大，则 $\beta_2 = 0$，即水流从水斗进口至出口转角为 $180°$。

也就是说水流的圆周速度 u 等于射流速度的一半，并且水斗出口水流相对速度的方向角 $\beta_2 = 0$ 时，水轮机的水力效率最大。

但实际上，射流在水斗内表面上的流动是扩散的，各点的圆周速度 u 并不是均匀分布的，而且由于摩擦损失使 w_2 并不等于 w_1，因此最大效率并不发生在 $u = \dfrac{1}{2} v_0$ 的情况下。根据试验，$\dfrac{u}{v_0}$ 的最优比值约在 $0.46 \sim 0.49$ 之间。同时为了使水斗出口的水流不回射到下一个水斗的背面，造成水流干扰，所以 β_2 不能等于零，一般采用 $\beta_2 = 4° \sim 5°$。

2.5　水轮机尾水管的作用和效率

2.5.1　尾水管的作用

反击式水轮机为了更好地利用水流能量，总是希望减小转轮出口的水能。尾水管的作用就是使水轮机转轮出口处的水流能量有所降低，回收一部分水流能量。注意尾水管不能创造能量，只是回收利用一部分原来被舍去的能量。

为了减小水电站厂房的基础开挖，方便水轮机安装检修，应将水轮机尽可能地安装在较高的位置。当水轮机安装在下游水位以上时，如果没有安装尾水管，则转轮出口的压能 $\dfrac{p_2}{\gamma}$ 等于大气压力 $\dfrac{p_a}{\gamma}$，那么，转轮出口的动能 $\dfrac{\alpha_2 v_2^2}{2g}$ 和转轮出口至下游尾水位之间的位能都全部损失掉了。反击式水轮机转轮出口的流速，在低水头电站上约为 $3 \sim 6 \mathrm{m/s}$，水头较大时可达 $8 \sim 12 \mathrm{m/s}$。说明水流离开水轮机转轮时仍具有较大的动能，其数值对于水头较高的混流式水轮机常达总水头的 $5\% \sim 10\%$；对于低水头的轴流式水轮机甚至可达总水头的 $30\% \sim 40\%$。如果水流离开转轮直接泄入下游，这部分动能就白白浪费了。

如图 2-14 所示的转轮安装在下游尾水位以上的水轮机，无论是否设置尾水管，转轮所利用的水流单位能量 E 均为 1—1 断面及 2—2 断面（转轮出口）的能量差。如果以 0—0 断面为基准面，且忽略 1—1 断面的流速水头，则可表示为

$$E = E_1 - E_2 = \left(Z_2 + H_1 + \frac{p_a}{\gamma} \right) - \left(Z_2 + \frac{p_2}{\gamma} + \frac{\alpha_2 v_2^2}{2g} \right) - h_{1-2}$$

$$= \left(H_1 + \frac{p_a}{\gamma} \right) - \left(\frac{p_2}{\gamma} + \frac{\alpha_2 v_2^2}{2g} \right) - h_{1-2} \tag{2-42}$$

式中：H_1 为转轮出口（2—2 断面）处的静水头，m；α_2 为转轮出口处的流速不均匀系数；v_2 为转轮出口处的流速，m/s；h_{1-2} 为 1—1 断面至 2—2 断面（即引水系统中）的水头损失，m。

对于不设尾水管和设置尾水管两种情况下，转轮出口处压力 p_2 和水流速度 v_2 不同，从而使转轮所利用的单位能量发生变化。

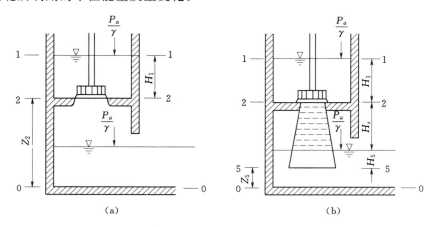

图 2 - 14　尾水管回收能量示意图
（a）无尾水管；（b）设置尾水管

1. 水轮机不设尾水管

如图 2 - 14（a）所示，将 $\frac{p_2}{\gamma} = \frac{p_a}{\gamma}$ 代入式（2 - 42）可得转轮所利用的单位能量为

$$E_n = E_1 - E_2 = H_1 - \frac{\alpha_2 v_2^2}{2g} - h_{1-2} \tag{2-43}$$

由此可见，不设尾水管时水轮机仅利用了水电站总水头中上游水位至转轮间的落差 H_1，其他能量全损失了。

2. 水轮机设置尾水管

如果转轮出口装有均匀扩散的尾水管，如图 2 - 14（b）所示，转轮出口至下游水位之间形成了有压流动，此时，转轮出口 2—2 断面，即尾水管的进口断面处的压力 p_2 就不再是大气压力，其压力值可通过列出 2—2 断面与尾水管出口 5—5 断面间的伯努利方程式求得，即

$$Z_2 + \frac{p_2}{\gamma} + \frac{\alpha_2 v_2^2}{2g} = Z_5 + \frac{p_a}{\gamma} + H_5 + \frac{\alpha_5 v_5^2}{2g} + h_{2-5} \tag{2-44}$$

由于 $Z_5 + H_5 = Z_2 - H_s$，代入式（2 - 44）化简得

$$\frac{p_2}{\gamma} = \frac{p_a}{\gamma} - H_s - \frac{\alpha_2 v_2^2 - \alpha_5 v_5^2}{2g} + h_{2-5} \tag{2-45}$$

式中：H_s 为转轮出口至下游水面的高程差，m；α_5 为尾水管出口（5—5 断面）处的流速不均匀系数；v_5 为尾水管出口处的流速，m/s；h_{2-5} 为尾水管进口至出口（即尾水管中）的水头损失，m。

式（2-45）说明，在设置尾水管后，转轮出口处的压力低于大气压力而出现负压，即出现了真空现象。尾水管中的真空值主要由两部分组成：一部分由高程差 H_s 形成，称为静力真空，其大小主要取决于水轮机的安装高程，与尾水管的性能无直接关系；另一部分是由尾水管进、出口动能差 $\dfrac{\alpha_2 v_2^2 - \alpha_5 v_5^2}{2g}$ 形成，称为动力真空，它是由于尾水管对水流的扩散作用使转轮出口流速减小而形成的。

将式（2-45）代入式（2-42）即可得到水轮机具有扩散形尾水管后转轮所利用的单位能量，即

$$E_d = (H_1 + H_s) - \left(\frac{\alpha_5 v_5^2}{2g} + h_{1-2} + h_{2-5} \right) \qquad (2-46)$$

3. 尾水管的作用

用式（2-46）减去式（2-43）可以得出尾水管的实际能量效益，即设置尾水管后水轮机可以多利用的能量 ΔE 为

$$\Delta E = E_d - E_n = H_s + \frac{\alpha_2 v_2^2 - \alpha_5 v_5^2}{2g} - h_{2-5} \qquad (2-47)$$

式（2-47）表明，尾水管的存在使水轮机多利用了静力真空 H_s；且由于出口动能损失的减少而多利用了数值为 $\dfrac{\alpha_2 v_2^2 - \alpha_5 v_5^2}{2g}$ 的动能，这部分能量被称为转轮出口处的附加动力真空。当然，此时也增加了尾水管本身的水头损失，所以实际在转轮出口处所恢复的动能为 $\dfrac{\alpha_2 v_2^2 - \alpha_5 v_5^2}{2g} - h_{2-5}$，比式（2-45）中定义的动力真空值减少了尾水管中的损失 h_{2-5}。

综上所述，尾水管的作用归纳如下：

（1）以附加动力真空的方式使水轮机回收并利用了转轮出口水流的大部分动能。

（2）当转轮安装于下游尾水位以上时，以静力真空的方式使水轮机利用了转轮出口至下游水位间的势能。

（3）将转轮出口处的水流引向下游。

2.5.2 尾水管的效率

反击式水轮机尾水管对转轮出口能量的恢复利用是很有效的，它所恢复利用的能量中，静力真空 H_s 仅与水轮机安装高程有关，只有动力真空与尾水管的扩散作用、内部损失等关系密切。所以将尾水管对转轮出口动能的恢复程度，作为衡量其性能的指标，即尾水管效率 η_d，也称为尾水管动能恢复系数。它是尾水管实际恢复的动能与转轮出口动能的比值，即

$$\eta_d = \frac{\dfrac{\alpha_2 v_2^2 - \alpha_5 v_5^2}{2g} - h_{2-5}}{\dfrac{\alpha_2 v_2^2}{2g}} = 1 - \frac{\dfrac{\alpha_5 v_5^2}{2g} + h_{2-5}}{\dfrac{\alpha_2 v_2^2}{2g}} \qquad (2-48)$$

水流流经尾水管总的水力损失 h_d 为内部水头损失与出口动能损失之和，即

$$h_d = h_{2-5} + \frac{\alpha_5 v_5^2}{2g}$$

尾水管总水力损失与转轮出口动能比值称为尾水管水力损失系数，用 ζ_d 表示，即

$$\zeta_d = \frac{\frac{\alpha_5 v_5^2}{2g} + h_{2-5}}{\frac{\alpha_2 v_2^2}{2g}}$$

则

$$\eta_d = 1 - \zeta_d \tag{2-49}$$

式（2-48）和式（2-49）表明，尾水管水力损失系数越小（即尾水管出口流速和内部水头损失越小），尾水管效率越高、性能越好。为此应尽可能增大尾水管出口断面尺寸，同时减小尾水管中的水头损失。但过分加大出口断面尺寸，将因扩散角过大使水流条件复杂，因此要采用合理的扩散角。在一定扩散角度下，为获得较大的出口断面，尾水管的长度将增加，引起水下开挖量的增加，因此除小型水轮机外，一般的大中型立式水轮机都采用弯肘形尾水管。

尾水管效率 η_d 的大小不完全反映水轮机效率提高的多或少，因为不同型式的水轮机转轮出口动能（即 $\frac{\alpha_2 v_2^2}{2g}$）占水轮机工作水头 H 的比重不同。低水头水轮机（高比转速）转轮出口的动能可高达总水头的 40% 左右，而高水头水轮机（低比转速）转轮出口的动能最低甚至还不到总水头的 1%。为此，对低水头、大流量的高比转速水轮机，提高尾水管效率具有非常重要的意义。

2.6　水轮机的空化和空蚀

水轮机空化是水轮机在能量转换过程中一种常见的现象，过去我国也常称之为气蚀或汽蚀。水轮机发生空化后，会引起噪音和机组的振动，空泡溃灭打击到流道表面时会造成空蚀。有的空化虽然不会造成空蚀损害，但可能造成很大的水压脉动而引起水力不稳定。因此水轮机的空化性能，是标志水轮机性能优劣的重要指标。它直接关系到水电站的土建投资、机组使用寿命和运行安全。

2.6.1　空化和空蚀的机理

2.6.1.1　空化的机理

日常生活中的沸腾是液体汽化的一种形式。沸腾的发生主要取决于液体内部温度的变化，同时也与液体表面压力有关。例如在一个标准大气压（1 标准大气压＝101325Pa）下，水温达到 100℃时，水开始沸腾；在海拔 2200m 的高程上，大气压力为 80kPa，水在 93℃沸腾；如果绝对压力降低到 2kPa，水温低于 20℃时，水就会沸腾。通常情况下，把水在衡定的压力下加热，当温度高于某一温度，开始汽化形成气泡的现象称为沸腾。而把温度不变，由于压力降低到某一临界压力，水发生汽化或溶解于水中的空气发育形成空穴的现象称为空化现象。水在一定温度下开始空化的临界压力称为汽化压力。表 2-1 给出了水的汽化压力与温度的关系。

表 2-1　　　　　　　　　　　　水在各种温度下的汽化压力

温度/℃	0	10	20	30	40	50	60	70	80	90	100
汽化压力/mH_2O	0.06	0.12	0.24	0.43	0.75	1.26	2.03	3.18	4.83	7.15	10.33

我们以前通常所说的气蚀现象，实际上包括了空化和空蚀两个过程。在进入水轮机的水中，存在大量的亚微观尺寸的小泡（$10^{-3} \sim 10^{-4}$ mm），泡中包含着不溶于水的永久性气体或蒸汽，或者同时包含着气体和蒸汽。这种小泡称为气核。关于气核的内部构造和它长期存在于水体中的原因等尚没有统一认识，但这种微团一致被认为是液体产生空化的内因。

水轮机中水流的平均温度变化不大，但随着水轮机运行工况的变化，过流通道内部的压力是经常变化的。当水轮机流道中的某些部位由于某种原因（如流速过大）引起压力降低，并低于水的汽化压力时，水开始汽化不断放出水蒸气。这些蒸气逐渐向气核里扩散，使其体积变大形成可见的气泡，从而使液相流体的连续性遭到破坏。这个气泡也称为空泡，这个过程称为空化初生。

当继续降压时，这些气泡由初生不断长大。当气泡随水流进入压力高于汽化压力的区域时，气泡中的蒸汽迅速凝结成水珠，它占据的空间被气泡中原有的气体扩散充满，密度减小，压力降低。于是周围的高压水流质点便以极高的速度向气泡中心冲击，形成了巨大的冲击压力。气泡在这个压力下被压缩，直到气泡内气体的弹性压力大于冲击压力时，这种压缩才被阻止。接着气泡由于反作用力而产生膨胀，被强烈碰撞的水质点又以较高的速度向外冲击，从而使气泡周围的压力急剧降低。这样如此反复，气泡经过几次的压缩与回弹，每次都出现变形与收缩，或者分裂，以致逐渐溃灭而消失，使水流的连续性得以恢复。综上所述，我们把在流道中水流局部压力下降到临界压力（一般接近汽化压力）时，水流中气核成长、聚积、流动、分裂、溃灭过程的总称，称为空化。空化包括了空泡的初生、发育成长到溃灭的整个过程。

2.6.1.2　空蚀的机理

空化过程可以发生在液体内部，也可以发生在固体边界上。当发生在固体边界附近时，会对固体边界造成空蚀。空蚀就是指由于空泡的溃灭，而引起过流表面的材料损坏。空蚀是空化的直接后果，它只发生在固体边界上。

空蚀机理是一个复杂的问题，空蚀可能是空泡溃灭过程中多种因素共同作用的结果。

多数学者一致认为空泡溃灭的机械作用是空蚀的主要原因，其中又有两种观点。一种观点认为，破坏是由空泡溃灭回弹过程中从空泡中心辐射出来的冲击压力产生的，即冲击压力波模式。此时溃灭空泡位于固体边界附近，其冲击压力波从气泡中心射到边界上，在边壁会形成一个球面凹形蚀坑。另一种观点认为，空蚀是由微型射流所造成的。空泡溃灭时发生变形，这种变形会促成流速很大的微型液体射流，该射流将在空泡溃灭结束前的瞬间穿透空泡的内部，如果溃灭地点离固体边界相当近，则该射流会射向固体边界造成空蚀。

除此之外，当空泡高速受压后，由于体积缩小和水流质点的相互撞击及对金属表面的撞击，会放出大量的热，促使金属表面氧化造成损坏，并在金属晶格中形成热电偶和电位差，从而形成电流，对金属表面产生电解作用而造成破坏。

2.6.2　空化和空蚀的类型

水轮机的空化和空蚀习惯上按其发生的部位不同分为翼型、间隙、局部、空腔空化和空蚀 4 种类型。

2.6.2.1　翼型空化和空蚀

翼型空化和空蚀是由反击式水轮机转轮叶片翼型引起的。水流进入反击式水轮机转轮绕流翼型时，转轮叶片的正面与背面之间存在压力差。若以大气压力作比较，一般情况下，叶片正面为正压力，背面为负压力。当叶片背面的负压力低于水的汽化压力时，翼型空化和空蚀就可能发生，如图 2-15 (a) 所示。

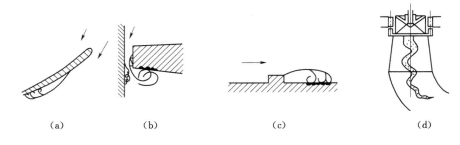

图 2-15　水轮机空化和空蚀的类型

(a) 翼型空化和空蚀；(b) 间隙空化和空蚀；(c) 局部空化和空蚀；(d) 空腔空化和空蚀

翼型空化和空蚀是反击式水轮机主要的空化和空蚀类型。随着转轮叶片的几何形状和水轮机的运行工况不同，其空蚀区位于叶片的不同部位。在大多数的情况下，靠近叶片出水边的背面负压最大，在此最容易发生空蚀破坏。图 2-16 (a) 示出了混流式水轮机转轮产生翼型空蚀的主要部位，即转轮叶片背面下半部出水边（A 区），叶片背面与下环、上冠的交界处（B 区、D 区）和下环内表面（C 区）。轴流式水轮机转轮的翼型空蚀主要发生在靠叶片进口的地方和叶片背面出水边，如图 2-16 (b) 所示。

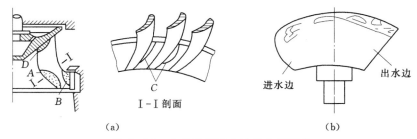

图 2-16　水轮机翼型空蚀的主要部位

(a) 混流式；(b) 轴流式

2.6.2.2　间隙空化和空蚀

间隙空化和空蚀是水流通过水轮机某些狭小的通道或间隙时，由于出现局部的流速增加和压力降低而产生的，如图 2-15 (b) 所示。

轴流式水轮机以间隙空化和空蚀最为突出，发生在转轮叶片外缘与转轮室之间以及叶片根部与转轮体之间（对于转桨式水轮机）的间隙附近，如图 2-17 (a) 所示。对于混流式水轮机，主要在导叶上下端面及在顶盖、底环上相当于导叶全关位置的区域［图2-17（b）］上出现间隙空化和空蚀，这是由于导叶关闭时漏水的缘故。另外，在止漏环［图2-17（b）］、上冠减压孔的后侧［图2-17（c）］等处也常有空蚀出现。水斗式水轮机则主要在喷嘴和喷针之间发生间隙空化和空蚀［图2-17（d）］。

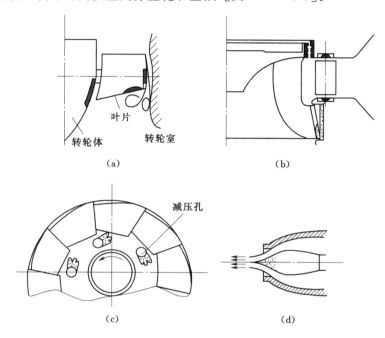

（a）

（b）

减压孔

（c）

（d）

图2-17　水轮机间隙空蚀
（a）转桨式水轮机；（b）混流式水轮机止漏环、导叶；（c）混流式
转轮上冠减压孔；（d）水斗式水轮机喷嘴和喷针

2.6.2.3　局部空化和空蚀

局部空化和空蚀是由于水轮机过流表面凹凸不平引起脱流而产生的，如图2-15（c）所示，多由水轮机铸造和加工缺陷以及局部结构不光滑引起，如桨叶、减压孔、限位销、螺钉孔等部位。

2.6.2.4　空腔空化和空蚀

当反击式水轮机偏离最优工况运行时，转轮出口水流的绝对速度存在圆周切向分量，该圆周切向分速度会使水流旋转，在转轮出口处出现一条螺旋形状、中间含有蒸汽和其他气体的大空腔，并以某种频率在尾水管圆锥段部分摆动，称之为涡带，如图2-15（d）所示。涡带中心的压力较低（真空度很高），当低于汽化压力时就会发生空腔空化。这种周期性摆动的真空涡带将造成尾水管中的流速场和压力场也发生周期性的变化，并周期性地碰撞尾水管进口段边壁，从而产生空蚀并引起机组的振动和噪音，严重时将使机组产生过大的振动和功率摆动，以致影响机组运行的稳定性。

2.6.3　空化和空蚀的危害及防护措施

2.6.3.1　空化和空蚀的危害

空化和空蚀现象是水力机械设计和运行中必须重视的问题，其所造成的危害已引起了普遍关注。水轮机空化和空蚀所造成的危害主要包括以下几个方面。

1. 破坏水轮机的过流部件

空化和空蚀对水轮机过流部件的侵蚀破坏有个发展过程：开始是金属表面失去光泽而变暗，接着变得毛糙而出现麻点状和蜂窝状；发展到比较严重时，在较薄的部位将会穿孔，甚至整块脱落。

2. 降低水轮机的功率和效率

空化和空蚀对水轮机过流部件的损坏发展到一定程度，将使叶片绕流受力情况变坏，能量损失急剧增加，使水轮机的功率和效率大幅度降低。

3. 引起噪音和振动

水轮机在产生空化和空蚀的某些工况运行时，过流部件会产生较大的压力脉动，甚至使机组发生强烈的噪音和振动，严重时还会引起厂房结构同时发生周期性的振动。因此，必要时应对水轮机采取补气措施或避开这种运行工况。

综上所述，水轮机的空化和空蚀不仅降低了它的使用寿命，而且增加了机组运行的困难。所以，防止空化和空蚀，尽可能减小其破坏作用，以及提高水轮机的抗空蚀性能，对电力生产和水电站建设是非常有意义的。

2.6.3.2　空化和空蚀的防护措施

影响水轮机空化和空蚀的因素比较多，为了防止空化和空蚀的发生，减少空化和空蚀的危害，应该从多方面着手共同采取措施来达到这一目的。

水轮机设计制造部门应该努力研究改进水轮机本身的水力性能和材料。例如，精心地研制转轮的型式、叶片翼型形状尺寸和数目以减小翼型空化；尽可能采用小而均匀的间隙以减小间隙空化；通过加长尾水管圆锥段部分和加大扩散角以及加长泄水锥能有效地控制尾水管中的空腔空化；提高加工工艺水平，力求过流部件表面光滑，翼型符合流线。又如采用优良抗蚀材料（不锈钢），提高水轮机抗空蚀破坏的能力；或在容易发生空蚀的部位铺焊一定厚度的不锈钢板；或在过流表面加设化学保护层，使气泡的破坏作用不致靠近过流表面，减少剥蚀后果等。

水轮机在运行中几乎无法避免空化和空蚀的发生，但是为了尽可能减少空化和空蚀的出现，水电站设计、运行部门应该针对其产生的条件采取相应的防范措施，关键是保证水流内部的压力不低于水的汽化压力。为此，水电站设计部门应该正确地选择水轮机型号（即比转速），合理地确定其安装高程（即吸出高度），以防止翼型空蚀和空腔空蚀。运行部门尽量避开或缩短不利的运行工况；或采用向尾水管进口补入空气的工程措施，改善空腔空化和空蚀；对出现的空蚀破坏及时进行检修，以免空蚀破坏的扩大。

2.7　水轮机的空化系数、吸出高度和安装高程

2.7.1　反击式水轮机的空化系数

反击式水轮机以翼型空化为主，转轮工作时叶片正面大部分为正压力（即高于大气压力），背面几乎全部为负压力，如图 2-18 所示。叶片背面 K 点的压力最低。如果 K 点压力 p_K 大于水的汽化压力 p_v，翼型空化就不会发生。因此，称 K 点为水轮机空化最危

险点。

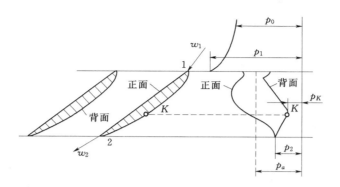

图 2-18 叶片正、背面压力分布

图 2-19 示出某一水流质点由混流式
水轮机进口点 1，经空化最危险点 K、转
轮出口点 2，并通过尾水管移动至下游水
面点 a 的示意图。在水轮机转轮中，该
质点以相对速度 w 对转轮作相对运动，
同时以角速度 ω 随转轮作圆周运动，也
就是说，水流质点不仅受重力作用，同
时还受离心力的作用。引用"水力学"
分析水力机械中液体流动的能量方程，
即同时考虑重力作用和离心力作用的相
对伯努利方程，可列出 K 点和 2 点之间
关系式（忽略流速不均匀系数）为

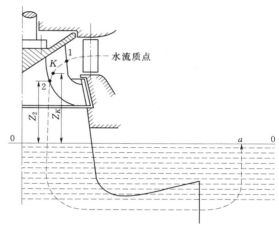

图 2-19 混流式水轮机流道示意图

$$\frac{p_K}{\gamma}+Z_K+\frac{w_K^2}{2g}-\frac{u_K^2}{2g}=\frac{p_2}{\gamma}+Z_2+\frac{w_2^2}{2g}-\frac{u_2^2}{2g}+h_{K-2} \qquad (2-50)$$

式中：h_{K-2} 为水流质点由 K 点至 2 点的水头损失，m。

由于 K 点和 2 点相距很近，因此可以认为 $u_K \approx u_2$，$h_{K-2} \approx 0$。则式（2-50）可写成

$$\frac{p_K}{\gamma}=\frac{p_2}{\gamma}+Z_2-Z_K-\left(\frac{w_K^2}{2g}-\frac{w_2^2}{2g}\right) \qquad (2-51)$$

为了求得转轮出口点的压力 $\frac{p_2}{\gamma}$，列出 2 点和下游出口 a 点间的绝对运动的伯努利
方程：

$$\frac{p_2}{\gamma}+Z_2+\frac{v_2^2}{2g}=\frac{p_a}{\gamma}+Z_a+\frac{v_a^2}{2g}+h_{2-a} \qquad (2-52)$$

式中：h_{2-a} 为水流质点由 2 点至 a 点的水头损失，m。

由于下游水位的行进流速很小，可以认为 $v_a \approx 0$，则式（2-52）可以写成

$$\frac{p_2}{\gamma}+Z_2=\frac{p_a}{\gamma}+Z_a+h_{2-a}-\frac{v_2^2}{2g} \qquad (2-53)$$

将式（2-53）代入式（2-51）得

$$\frac{p_K}{\gamma} = \frac{p_a}{\gamma} - (Z_K - Z_a) - \left(\frac{w_K^2 - w_2^2}{2g} + \frac{v_2^2}{2g} - h_{2-a} \right) \tag{2-54}$$

令 $H_s = Z_K - Z_a$，称为吸出高度，即为空化最危险点 K 点与下游水位之间的高程差，则 K 点的真空值可写成

$$\frac{p_a}{\gamma} - \frac{p_K}{\gamma} = H_s + \left(\frac{w_K^2 - w_2^2}{2g} + \frac{v_2^2}{2g} - h_{2-a} \right) \tag{2-55}$$

上式中的 h_{2-a} 即为尾水管总的水力损失，可用式（2-56）表示：

$$h_{2-a} = \zeta_d \frac{v_2^2}{2g} \tag{2-56}$$

式中：ζ_d 为尾水管水力损失系数；v_2 为尾水管进口流速（认为等于转轮出口流速），m/s。

由此，式（2-55）右侧括号内的表达式可写为

$$\frac{w_K^2 - w_2^2}{2g} + \frac{v_2^2}{2g} - h_{2-a} = \frac{w_K^2 - w_2^2}{2g} + (1 - \zeta_d) \frac{v_2^2}{2g} = \frac{w_K^2 - w_2^2}{2g} + \eta_d \frac{v_2^2}{2g} \tag{2-57}$$

式中：η_d 为尾水管效率，$\eta_d = 1 - \zeta_d$。

将式（2-57）代入式（2-55）得

$$\frac{p_a}{\gamma} - \frac{p_K}{\gamma} = H_s + \left(\frac{w_K^2 - w_2^2}{2g} + \eta_d \frac{v_2^2}{2g} \right) \tag{2-58}$$

分析式（2-58）可知，转轮中空化最危险点的真空值由两部分组成：H_s 为吸出高度，其大小仅与水轮机安装高程有关，与水轮机性能无关，故称为静力真空；另一部分称作动力真空，其值与水轮机转轮的几何形状、尾水管型式及尺寸、运行工况等因素有关。同一水轮机，工作水头不同时动力真空值不同；不同的水轮机，工作水头相同时动力真空值也不同。为了确切表达和比较水轮机的空化性能，用水头的相对值 σ 表示水轮机的动力真空，称 σ 为水轮机空化系数，即

$$\sigma = \frac{w_K^2 - w_2^2}{2gH} + \eta_d \frac{v_2^2}{2gH} \tag{2-59}$$

将 σ 代入式（2-58）并进行变换后得

$$\frac{p_K}{\gamma} = \frac{p_a}{\gamma} - H_s - \sigma H \tag{2-60}$$

式（2-60）两端各减去汽化压力 $\dfrac{p_v}{\gamma}$，并除以水头 H 后得

$$\frac{p_K - p_v}{\gamma H} = \frac{\dfrac{p_a}{\gamma} - \dfrac{p_v}{\gamma} - H_s}{H} - \sigma \tag{2-61}$$

令 $\sigma_p = \dfrac{\dfrac{p_a}{\gamma} - \dfrac{p_v}{\gamma} - H_s}{H}$，称为电站空化系数（过去称为"装置气蚀系数"或"电站装置气蚀系数"）。

则式（2-61）可写成

$$\frac{p_K - p_v}{\gamma H} = \sigma_p - \sigma \tag{2-62}$$

σ 是一个无因次的量，是评定水轮机空化性能好坏的指标，其值与转轮翼型参数、运

行工况及尾水管动力特性有关。几何形状相似（同一系列）的水轮机，工况相似时 σ 值相同；不同类型、不同系列的水轮机，在某一相同工况下的空化系数 σ 越大，其空化性能越差，即越容易产生空化。对于某一水轮机，在确定的某一工况下，其 σ 值是定值。

影响水轮机空化系数的因素比较复杂，σ 值很难直接用理论计算求得或直接在叶片上测得，目前主要通过水轮机模型试验方法（空化试验）间接求得。水轮机空化试验不仅能测得水轮机流道中发生空化的部位，而且能获得两种空化系数：初生空化系数 σ_i 和临界空化系数 σ_c。初生空化系数 σ_i 是在水轮机模型试验中，目测到转轮 3 个叶片上同时开始产生气泡时的空化系数。临界空化系数 σ_c 是在模型空化试验中用能量法确定的临界状态的空化系数。我国水轮机模型综合特性曲线上的空化系数 σ 即为临界空化系数 σ_c。

由式（2-62）可知，当 K 点的压力降至相应温度的汽化压力时，水轮机的空化处于临界状态，此时 $\sigma_p = \sigma$；当 $\sigma_p > \sigma$ 时，转轮中最低压力点（空化最危险点）$p_K > p_v$，则转轮中不会发生空化；当 $\sigma_p < \sigma$ 时，$p_K < p_v$，转轮中将出现空化。通过上述的分析可知，对于某一系列的水轮机在相似工况下，水轮机的空化系数 σ 是个常数，而电站空化系数 σ_p 则取决于吸出高度 H_s 的大小。因此可通过选择适当的 H_s 值来保证水轮机在无空化的条件下运行。

试验和理论分析可以证明，空化系数 σ 随着比转速 n_s 的增大而增加。因此，目前利用提高比转速减小水轮机尺寸和重量，以提高单机容量的办法受到了空化条件的限制。

2.7.2 反击式水轮机的吸出高度

反击式水轮机转轮叶片不发生翼型空化的条件是压力最低点 K 的压力不小于水的汽化压力，即 $\dfrac{p_K}{\gamma} \geqslant \dfrac{p_v}{\gamma}$。将此式代入式（2-60）得

$$\frac{p_a}{\gamma} - H_s - \sigma H \geqslant \frac{p_v}{\gamma} \qquad (2-63)$$

则

$$H_s \leqslant \frac{p_a}{\gamma} - \frac{p_v}{\gamma} - \sigma H \qquad (2-64)$$

已知标准海平面的平均大气压力为 $10.33 \text{mH}_2\text{O}$，随着海拔高程的升高，大气压力有所降低。一般当海拔高程在 3000m 以下时，每升高 900m，大气压力降低 $1 \text{ mH}_2\text{O}$。若水轮机安装处的海拔高程为 ∇ m（初步计算时可采用下游平均水位高程）时，则该处的大气压力应为 $\dfrac{p_a}{\gamma} = 10.33 - \dfrac{\nabla}{900}$。水轮机正常运行时，流过水轮机的水温一般为 $5 \sim 20℃$，其相应的汽化压力 $\dfrac{p_v}{\gamma}$ 为 $0.09 \sim 0.24 \text{ mH}_2\text{O}$，则式（2-64）可写成

$$H_s \leqslant 10.33 - \frac{\nabla}{900} - (0.09 \sim 0.24) - \sigma H \qquad (2-65)$$

为了尽可能地将水轮机装置在较高的位置以减小水电站厂房的基础开挖，并考虑到由于气候的变化，实际的大气压力有时比平均值还要有所降低。由此可将式（2-65）写为

$$H_s \leqslant 10 - \frac{\nabla}{900} - \sigma H \qquad (2-66)$$

由于通过水轮机模型试验确定的空化系数 σ 受模型制造工艺偏差、相似条件、试验精度及量测手段等影响而存在误差，所以应用式（2-66）计算水轮机的吸出高度 H_s 时，需对空化系数进行修正。目前主要采用以下两种方法对空化系数进行修正。

（1）在水轮机模型综合特性曲线上查到相似工况点的空化系数后，再增加一个安全裕量 $\Delta\sigma$，也称为空化系数修正值。则式（2-66）可写为

$$H_s = 10 - \frac{\nabla}{900} - (\sigma + \Delta\sigma)H \qquad (2-67)$$

式中：空化系数修正值 $\Delta\sigma$ 与水轮机工作水头 H 有关，可从图 2-20 中查得。

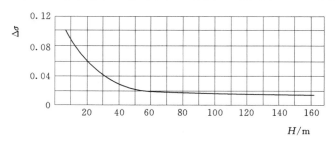

图 2-20 空化系数修正曲线

（2）对模型临界空化系数乘以一个空化安全系数 K_σ，则式（2-66）可写为

$$H_s = 10 - \frac{\nabla}{900} - K_\sigma \sigma H \qquad (2-68)$$

K_σ 值可根据水电站的运行水质条件、水轮机模型临界空化系数的确定方法、水轮机工作水头和材质分别选取。对于清水条件下运行的水轮机，$K_\sigma = 1.1 \sim 1.6$；对于多泥沙水流条件下运行的水轮机，$K_\sigma = 1.3 \sim 1.8$。当 σ 采用初生空化系数 σ_i 时，可以不用乘 K_σ。

为了保证水轮机在各种运行工况下都不发生空化，反击式水轮机的吸出高度 H_s 应该采用各特征水头（如最大水头、额定水头、最小水头等）及其相应的空化系数分别进行计算，并选用其中的最小值。如果计算出的 H_s 为正值，水轮机转轮将安装在下游水位之上；如果为负值，水轮机转轮将低于下游水位。显然，当 H_s 为负值时，实质上已不起"吸出"作用，转轮出口也就不存在静力真空了。

从式（2-67）和式（2-68）可以看出，反击式水轮机的吸出高度 H_s 随着空化系数 σ 与工作水头 H 乘积的增加而减小。因此，高水头水电站应该采用空化系数小的水轮机，低水头水电站才能采用空化系数大的水轮机。2.7.1 节讲过，空化系数 σ 随着比转速 n_s 的增大而增加，从而说明了为什么低水头水电站总是采用高比转速的水轮机，而中、高水头水电站通常采用低比转速的水轮机。

反击式水轮机的吸出高度 H_s 是从下游水面到转轮叶片上压力最低点 K 的垂直高度，但工程实际中 K 点的准确位置很难确定，同时随着工况的变化 K 点的位置也随着变化。为了计算、测量和安装方便，工程实践中将水轮机吸出高度定义为水轮机转轮规定的空化基准面至下游水位的垂直距离。对不同类型和不同装置方式的反击式水轮机转轮空化基准面的规定如下：立轴轴流转桨式水轮机为转轮叶片轴线处高程 [图 2-21（a）]；立轴斜

流转桨式水轮机为转轮叶片轴线与转轮叶片外缘交点处高程；立轴轴流定桨式和斜流定桨式水轮机为转轮叶片出水边外缘处高程；立轴混流式水轮机为导叶中心线高程［图2-21（b）］；卧轴反击式水轮机为转轮叶片最高点处的高程［图2-21（c）、（d）］。

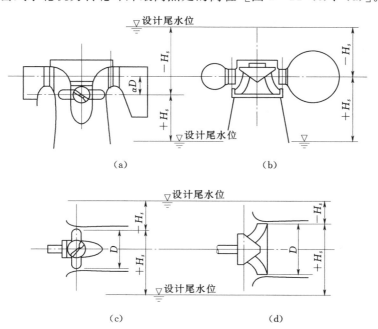

图2-21 反击式水轮机吸出高度和安装高程示意图
（a）立轴轴流转桨式；（b）立轴混流式；（c）卧轴轴流式；（d）卧轴混流

通过上面的分析可以看出，吸出高度 H_s 越小，水轮机的抗空化能力越强，但水轮机安装得越低，水电站厂房的开挖深度和开挖量越大，即水电站厂房的基建投资越大。因此合理地确定吸出高度是水电站设计时需重点考虑的问题之一，需结合具体电站的情况进行分析和比较论证。

2.7.3 水轮机的安装高程

水轮机的安装高程是指水轮机安装时作为基准的某一水平面的海拔高程，用 Z 表示，单位为m。立轴反击式水轮机安装时的基准为导叶中心高程；立轴冲击式水轮机安装时的基准为喷嘴中心线高程；卧轴水轮机安装时的基准为主轴中心高程，如图2-21和图2-22所示。

反击式水轮机安装高程应根据水轮机各种运行工况下必要的吸出高度 H_s 及相对应的下游尾水位，经技术经济比较后合理选定。反击式水轮机安装高程 Z 的计算公式如下。

1. 立轴混流式水轮机

$$Z=Z_w+H_s \tag{2-69}$$

式中：Z_w 为水电站设计尾水位，m。

2. 立轴轴流式水轮机

$$Z=Z_w+H_s+\alpha D \tag{2-70}$$

51

式中：D 为水轮机转轮直径，m；α 为轴流式水轮机高度系数，即空化基准面到导叶中心高程的距离与转轮直径之比，由水轮机制造厂家提供。对于轴流转桨式水轮机，一般为 $\alpha=0.38\sim0.46$，初步计算时可取 $\alpha=0.41$。

3. 卧轴反击式水轮机

$$Z=Z_w+H_s-\frac{D}{2} \tag{2-71}$$

水斗式水轮机的转轮是在大气中工作的，空化和空蚀主要发生在喷嘴、喷针等部位，以间隙空蚀为主。因此，其安装高程的确定原则应该是充分利用水头，在保证排入下游的水流所激起的浪花不影响转轮工作而造成附加损失的前提下，力求减小水轮机的排出高度 h_p。

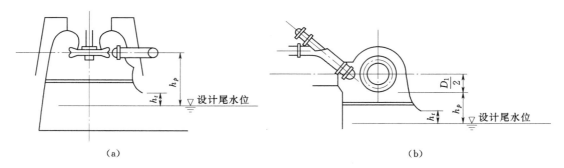

图 2-22 水斗式水轮机安装高程示意图
(a) 立轴；(b) 卧轴

对于立轴水斗式水轮机，排出高度是指转轮节圆平面（喷嘴中心平面）到设计尾水位之间的高度，如图 2-22 (a) 所示，因此其安装高程计算公式为

$$Z=Z_w+h_p \tag{2-72}$$

对于卧轴水斗式水轮机，排出高度是指转轮节圆直径 D_1 最低点到设计尾水位之间的高度，如图 2-22 (b) 所示，因此其安装高程计算公式为

$$Z=Z_w+h_p+\frac{D_1}{2} \tag{2-73}$$

根据试验和实际资料统计，$h_p=(1.0\sim1.5)D_1$，对于立轴机组取较大值，对于卧轴机组取较小值。

在确定水斗式水轮机的排出高度时，为了使机壳内保持正常的大气压，在排水边的机壳底座对于下游水面也应保持足够的通气高度 h_t（图 2-22），以避免在尾水渠中产生严重的涌浪和涡流，使机组产生严重振动和功率摆动。一般 h_t 不宜小于 0.4m。

关于确定水轮机安装高程时水电站设计尾水位 Z_w 的选取，应综合考虑水库运行方式、水电站的运行功率范围、尾水位与流量关系特性、初期发电要求及下游梯级电站的运行水位等因素。在初步计算反击式水轮机安装高程中，设计尾水位 Z_w 一般可按水轮机过流流量选取：当装有 1~2 台机组时，设计尾水位宜采用 1 台水轮机 50% 额定流量所对应的下游尾水位；当装有 3~6 台机组时，设计尾水位宜采用 1~2 台机组额定流量或按水电站接近保证出力运行所对应的下游尾水位；当装有 6 台以上机组时，设计尾水位可采用

2～3台机组额定流量或按水电站接近保证出力运行所对应的下游尾水位。此外，选定的反击式水轮机安装高程还应满足水轮机允许运行范围内，尾水管（或尾水隧洞）出口上沿的最小淹没深度不小于 0.5m 的要求。选定水斗式水轮机安装高程时设计尾水位 Z_w 应选用发电的下游最高尾水位。

水轮机安装高程的确定是水电站设计中比较重要的环节，直接影响到水电站的开挖工程量和水轮机空化性能。对于大中型水电站，必须通过选择若干方案进行动能经济比较才能最后确定。

习 题 与 思 考 题

2-1 水轮机的工作参数有哪些？各工作参数的特征值有哪些？

2-2 试述混流式水轮机转轮叶片进、出口的速度三角形的绘制方法。

2-3 ZZ560-LH-550 水轮机轮毂比 $d_B/D_1=0.4$，导叶相对高度 $b_0/D_1=0.4$，流量 $Q=250\text{m}^3/\text{s}$，转速 $n=107.1\text{r/min}$，导叶的出口安放角 $\alpha_0=40°$，转轮叶片出口安放角 $\beta_{2e}=30°$，试求在 $D_i=3.87\text{m}$ 的圆柱层上转轮叶片进、出口速度三角形中的 v_1、u_1、β_1、v_2、w_2、α_2，并绘出转轮叶片进、出口速度三角形。

2-4 简述水轮机能量损失的种类。

2-5 简述水轮机基本方程式的含义及各种类型水轮机的最优工况。

2-6 什么是水轮机的空化、空蚀？水轮机为什么会发生空化和空蚀？

2-7 简述空化和空蚀的类型、危害及防护措施。

2-8 简述水轮机空化系数和电站空化系数的关系及区别。

2-9 简述各种类型水轮机安装高程的确定方法。

第 3 章　水轮机的动力特性和选型

3.1　水轮机相似理论及比转速

由于水轮机流道中水流的流动过程非常复杂，目前人们尚未完全掌握这种规律，不可能通过纯理论计算方法得到水轮机的完美设计，于是各国多采用试验研究和理论分析计算相结合的方法来进行其过流部件的设计。

水轮机的试验研究可分为原型试验和模型试验两种。但由于原型水轮机是一种大型机器，尺寸一般都比较大，进行试验困难较多，同时也不经济，因此不可能预先进行原型试验来检验设计正确与否，只能将原型水轮机按比例缩小为模型，在试验室条件下进行水力模型试验。由于模型水轮机的尺寸较小，试验水头较低，因此模型试验既可保证制造加工的速度快、费用低、试验测量方便且准确，同时还可以通过改变参数进行几个不同方案的试验比较研究，取其最优方案。所以水轮机模型试验是进行水轮机水力设计的一种重要手段。为了正确进行模型试验，必须建立模型水轮机和原型水轮机之间的相似关系，以及它们工作性能的换算关系，这就是水轮机的相似理论。表示水轮机水力特性的主要参数包括水头 H、流量 Q、转速 n、功率 P、效率 η 及空化系数 σ 等，运用相似理论不仅可确定模型水轮机的尺寸及试验条件，还可以比较准确地将这些参数由模型试验结果换算到原型上去。

3.1.1　水轮机的相似条件

两个水轮机（以下着重讨论原型水轮机与模型水轮机）相似，主要是指两水轮机的水流运动相似，则必须要满足以下 3 个相似条件。

3.1.1.1　几何相似

几何相似是指两个水轮机的几何形状相似，也就是原、模型水轮机对应各部分尺寸成比例，所有对应角相等，且过流表面的相对糙度相等，即

$$\frac{D_P}{D_M}=\frac{b_{0P}}{b_{0M}}=\frac{a_{0P}}{a_{0M}}=\cdots \tag{3-1}$$

$$\beta_{1eP}=\beta_{1eM}；\beta_{2eP}=\beta_{2eM}；\varphi_P=\varphi_M；\cdots \tag{3-2}$$

$$\frac{\Delta_P}{D_P}=\frac{\Delta_M}{D_M} \tag{3-3}$$

式中：D、b_0 和 a_0 分别为水轮机转轮公称直径、导叶高度和导叶开度，m；β_{1e}、β_{2e} 和 φ 分别为水轮机转轮叶片的进口安放角、出口安放角和转角，（°）；Δ 为水轮机过流表面的绝对糙度；下标 "P" 代表原型水轮机；下标 "M" 代表模型水轮机。

故只有同一系列的水轮机才有可能建立起相似关系。

3.1.1.2 运动相似

运动相似是指两个水轮机的流动场相似，即水流在原、模型水轮机流道中对应点的速度方向相同，速度大小成比例。在水轮机转轮中则应是对应点的水流速度三角形相似，即

$$\frac{v_P}{v_M} = \frac{u_P}{u_M} = \frac{w_P}{w_M} = \cdots \tag{3-4}$$

$$\alpha_P = \alpha_M \; ; \beta_P = \beta_M \tag{3-5}$$

几何相似是运动相似的必要条件，但几何相似的水轮机不一定是运动相似，因为水轮机有各种不同的运行工况。

3.1.1.3 动力相似

动力相似是指两个水轮机的水流中对应点上所受的作用力（如惯性力、压力、重力和黏性力等）个数相同，同名力的方向相同，大小成比例。为了保持运动相似，必须满足动力相似。因此如果能严格保证几何相似和运动相似，则必然存在动力相似。

由于几何相似是运动相似和动力相似的前提条件，因此可以把原、模型水轮机看做是同一系列的两台水轮机。

满足水轮机相似条件的水轮机工况称为相似工况，也称为等角工况。

在进行模型试验时，要完全满足上述 3 个相似条件是很困难的，因此应该抓住主要矛盾，忽略某些次要因素，如相对糙度，水流的重力和黏性力等，得出近似的相似公式，然后由模型换算到原型时，再进行适当的修正。

3.1.2 水轮机的相似率

水轮机的工作参数是表征水轮机工作特性的主要特征值，两相似水轮机（即原型和模型水轮机在相似工况下）工作参数之间的固定关系称为水轮机的相似率（或相似公式）。根据这些关系就可以进行原、模型水轮机之间的参数换算。

3.1.2.1 转速相似率

由于原、模型水轮机运动相似，即转轮进、出口的速度三角形相似，因此存在下列比例关系：

$$\frac{v_{u1P}}{v_{u1M}} = \frac{u_{1P}}{u_{1M}} = \frac{v_{u2P}}{v_{u2M}} = \frac{u_{2P}}{u_{2M}} = K$$

将上面比例关系代入水轮机基本方程式 $H\eta_h = \frac{1}{g}(v_{u1}u_1 - v_{u2}u_2)$，可得

$$\frac{H_P \eta_{hP}}{H_M \eta_{hM}} = K^2 \tag{3-6}$$

根据 $u_1 = \frac{\pi D_1 n}{60}$，可得 $\frac{u_{1P}}{u_{1M}} = \frac{D_{1P} n_P}{D_{1M} n_M} = \frac{D_P n_P}{D_M n_M} = K$，代入式（3-6）得

$$\frac{H_P \eta_{hP}}{H_M \eta_{hM}} = \left(\frac{n_P D_P}{n_M D_M}\right)^2$$

则

$$\frac{n_P}{n_M} = \frac{D_M \sqrt{H_P \eta_{hP}}}{D_P \sqrt{H_M \eta_{hM}}} \tag{3-7}$$

假定 $\eta_{hP} = \eta_{hM}$，可得

$$\frac{n_P}{n_M} = \frac{D_M \sqrt{H_P}}{D_P \sqrt{H_M}} \tag{3-8}$$

式（3-8）即为转速相似率（或相似公式），它表明原、模型水轮机（几何相似的水轮机）在相似工况下，其转速与转轮直径成反比，与水头的平方根成正比。

3.1.2.2　流量相似率

通过原、模型水轮机的有效流量分别为

$$Q_{eP} = Q_P \eta_{vP} = v_{mP} F_P$$

$$Q_{eM} = Q_M \eta_{vM} = v_{mM} F_M$$

则

$$\frac{Q_P \eta_{vP}}{Q_M \eta_{vM}} = \frac{v_{mP} F_P}{v_{mM} F_M} \tag{3-9}$$

式中：v_m 为垂直于导叶出口的水流速度，m/s；F 为导叶出口的过水断面面积，m^2。

由于运动相似，根据式（3-6）可得

$$\frac{v_{mP}}{v_{mM}} = \frac{\sqrt{H_P \eta_{hP}}}{\sqrt{H_M \eta_{hM}}} \tag{3-10}$$

反击式水轮机导水机构导叶出口的过水断面面积可以认为近似等于 $\pi b_0 D_1$，其中 b_0 为导叶高度，其相对值为 $f = b_0/D_1$，则 $F = \pi f D_1^2$。由于几何相似，则 $f_P = f_M$，因此可得

$$\frac{F_P}{F_M} = \frac{D_{1P}^2}{D_{1M}^2} = \frac{D_P^2}{D_M^2} \tag{3-11}$$

将式（3-10）和式（3-11）代入式（3-9）可得

$$\frac{Q_P \eta_{vP}}{Q_M \eta_{vM}} = \frac{D_P^2 \sqrt{H_P \eta_{hP}}}{D_M^2 \sqrt{H_M \eta_{hM}}} \tag{3-12}$$

假定 $\eta_{hP} = \eta_{hM}$，$\eta_{vP} = \eta_{vM}$，可得

$$\frac{Q_P}{Q_M} = \frac{D_P^2 \sqrt{H_P}}{D_M^2 \sqrt{H_M}} \tag{3-13}$$

式（3-13）即为流量相似率（或相似公式），它表明原、模型水轮机（几何相似的水轮机）在相似工况下，其流量与转轮直径的平方成正比，与水头的平方根成正比。

3.1.2.3　功率（出力）相似率

原、模型水轮机的输出功率（出力）分别为

$$P_P = 9.81 Q_P H_P \eta_P$$

$$P_M = 9.81 Q_M H_M \eta_M$$

则

$$\frac{P_P}{P_M} = \frac{Q_P H_P \eta_P}{Q_M H_M \eta_M} \tag{3-14}$$

假定 $\eta_P = \eta_M$，并将式（3-13）代入式（3-14）可得

$$\frac{P_P}{P_M} = \frac{D_P^2 H_P^{3/2}}{D_M^2 H_M^{3/2}} \tag{3-15}$$

式（3-15）即为功率相似率（或相似公式），它表明原、模型水轮机（几何相似的水

轮机）在相似工况下，其功率（出力）与转轮直径的平方成正比，与水头的 1.5 次方成正比。

由于式（3-8）、式（3-13）和式（3-15）是在假定原、模型水轮机水力效率 η_h、容积效率 η_v 和机械效率 η_m 相等，即总效率 η 相等的前提下得出的，因此也称它们为一次近似相似率（或相似公式）。

3.1.3 水轮机单位参数

3.1.2 节所得出的水轮机相似律的公式在应用上还存在一个问题：在进行水轮机模型试验时，由于各试验研究单位的条件和要求不同，所使用的模型直径和试验水头也不一样，因此模型试验得出的参数也不统一，根据试验所得数据绘制的同一型号水轮机的特性曲线将会数量繁多，这样既不便于应用，同时也不便于对不同系列水轮机进行比较。为此，常常采用将模型试验所得参数按照相似率换算为转轮直径 $D=1\mathrm{m}$、工作水头 $H=1\mathrm{m}$ 的标准情况下水轮机的参数。

把转轮直径为 1m，工作水头为 1m 时水轮机的参数称为单位参数。单位参数包括单位转速 n_{11}、单位流量 Q_{11} 和单位功率 P_{11}。

将 $D_M=1\mathrm{m}$、$H_M=1\mathrm{m}$ 代入式（3-8）、式（3-13）和式（3-15）得

$$\begin{cases} n_M = \dfrac{n_P D_P}{\sqrt{H_P}} \\[2mm] Q_M = \dfrac{Q_P}{D_P^2 \sqrt{H_P}} \\[2mm] P_M = \dfrac{P_P}{D_P^2 H_P^{3/2}} \end{cases} \qquad (3-16)$$

则单位参数公式为

$$\begin{cases} n_{11} = \dfrac{nD}{\sqrt{H}} \\[2mm] Q_{11} = \dfrac{Q}{D^2 \sqrt{H}} \\[2mm] P_{11} = \dfrac{P}{D^2 H^{3/2}} \end{cases} \qquad (3-17)$$

式（3-17）表明，几何相似的水轮机在相似工况下，其 $\dfrac{nD}{\sqrt{H}}$、$\dfrac{Q}{D^2 \sqrt{H}}$、$\dfrac{P}{D^2 H^{3/2}}$ 值对应相同，分别等于 n_{11}、Q_{11}、P_{11}。由于是在假定效率相等的前提下得出的，因此它们是单位参数的一次近似值。

将式（3-17）变换后得

$$\begin{cases} n = \dfrac{n_{11}\sqrt{H}}{D} \\[2mm] Q = Q_{11} D^2 \sqrt{H} \\[2mm] P = P_{11} D^2 H^{3/2} \end{cases} \qquad (3-18)$$

当模型某一工况的单位参数 n_{11}、Q_{11} 和 P_{11} 由试验得到后，即可根据式（3-18）求出

原型的 n、Q 和 P。

从式（3-17）可以看出，对一定的水轮机（D 和 n 已定），n_{11} 和 Q_{11} 是随工作状况 H、Q 的变动而变动的。当 n_{11} 和 Q_{11} 一定时，它的工况也就一定。因此单位参数 n_{11} 和 Q_{11} 可以作为表征工况的参数，或称之为工作状态参数。这样，对某一系列的水轮机通过模型试验确定出不同工况的单位参数 n_{11} 和 Q_{11} 后，利用式（3-17）或式（3-18），即可对同一系列中某一已定 D 和 n 的水轮机，求出相应于任一工况的 H、Q（即特性曲线的换算）；或者在已知水轮机的工况 H 和 Q 的情况下，根据相应于某一工况下的 n_{11} 和 Q_{11} 值，来选择 D 和 n（即水轮机的选择）。

由式（3-17）可知，水轮机的单位转速 n_{11}、单位流量 Q_{11} 和单位功率 P_{11} 决定了水轮机在一定的水头 H 和相同的转轮直径 D 条件下，水轮机的实际转速 n、实际通过的流量 Q 和实际输出功率 P。在水头和转轮直径相同的条件下，单位转速越高的水轮机系列，其水轮机采用的实际转速也越高，而提高转速可以减小水轮发电机的尺寸和重量，从而降低发电机的造价。同样，在水头和转轮直径相同的条件下，单位流量越高的水轮机系列，其水轮机能通过的流量越多，也就是过水能力越大，相应地必然能发出更多的功率或在规定的功率下减小水轮机的直径和造价。综上所述，在水头和转轮直径相同的条件下，具有较大的 n_{11} 和 Q_{11} 的水轮机系列是优越的。所以可用单位转速 n_{11} 和单位流量 Q_{11} 作为衡量水轮机技术水平高低的指标。

3.1.4　水轮机的效率修正和单位参数修正

在推导水轮机的相似公式和单位参数公式时，曾假定原型水轮机和模型水轮机在相似工况下的效率相等。而实际上是不相等的，总是原型水轮机的效率高于模型水轮机的效率，即 $\eta_P > \eta_M$。主要原因是进行模型试验时，由于原型和模型水轮机尺寸相差较大，两者不可能保持相对糙度和相对黏性力的相似性，因此水力损失也不相似，直径大的原型水轮机的水力损失比直径小的模型水轮机的要小得多。因此，必须对按一次近似的模型水轮机试验所得出的效率和单位参数进行修正，从而得到原型水轮机的数据。

3.1.4.1　反击式水轮机的效率修正

由于影响反击式水轮机效率的因素复杂，到目前为止，尚未研究出比较完整的计算方法。下面给出《水轮机基本技术条件》（GB/T 15468—2006）附录 A 中建议的 3 种计算方法。

1. 第一种方法

混流式：

$$\Delta\eta = K(1 - \eta_{maxM})\left[1 - (D_M/D_P)^{0.2}\right] \tag{3-19}$$

轴流式：

$$\Delta\eta = K(1 - \eta_{maxM})\left[0.7 - 0.7(D_M/D_P)^{0.2}(H_M/H_P)^{0.1}\right] \tag{3-20}$$

式中：$\Delta\eta$ 为模型效率换算为原型效率的修正值，即 $\eta_P = \eta_M + \Delta\eta$；$\eta_{maxM}$ 为模型水轮机的最高效率；K 为系数，$K = 0.5 \sim 0.7$（改造机组取小值，新机组取大值）；D_M 为模型水轮机转轮公称直径，m；D_P 为原型水轮机转轮公称直径，m；H_M 为模型水轮机试验水头，m；H_P 为原型水轮机水头，m。

对转桨式水轮机，当转轮叶片的转角 φ 不同时，对应的最优效率也不同，因此效率的

修正值 $\Delta\eta$ 随着转角 φ 的改变而改变，原型水轮机进行效率修正时应对不同的叶片转角分别进行。

这个方法的效率修正值对一般工况采用了简化方法，即认为任一工况的效率修正值均与最优工况时的效率修正值相同。实际上，当水轮机偏离最优工况运行时，水流流态比较复杂，涡流损失较大，按最优工况的效率修正值进行效率修正时，修正后的原型效率会偏高。

2. 第二种方法

IEC60193 推荐的反击式水轮机效率修正计算公式为

$$\Delta\eta_h = \delta_{ref}\left[\left(\frac{Re_{uref}}{Re_{uM}}\right)^{0.16} - \left(\frac{Re_{uref}}{Re_{uP}}\right)^{0.16}\right] \tag{3-21}$$

$$\delta_{ref} = \frac{1 - \eta_{hoptM}}{\left(\dfrac{Re_{uref}}{Re_{uoptM}}\right)^{0.16} + \dfrac{1 - V_{ref}}{V_{ref}}} \tag{3-22}$$

式中：$\Delta\eta_h$ 为模型效率换算为原型效率的修正值；δ_{ref} 为标准的可换算为原型效率的修正值；Re_{uref} 为标准的雷诺数；Re_{uM} 为计算点模型雷诺数；Re_{uP} 为计算点原型雷诺数；Re_{uoptM} 为模型最优效率点雷诺数；η_{hoptM} 为模型最优效率；V_{ref} 为标准的损失分布系数（轴流转桨、斜流转桨和贯流转桨式水轮机取 0.8，混流和轴流定桨、斜流定桨、贯流定桨式水轮机取 0.7）。

3. 第三种方法

对过去已有的模型试验曲线和注明雷诺数与水温的模型试验资料，建议按式（3-23）计算：

$$\Delta\eta_h = (1 - \eta_{hoptM})V_M\left[1 - \left(\frac{Re_{uM}}{Re_{uP}}\right)^{0.16}\right] \tag{3-23}$$

$$V_M = V_{optM} = V_{ref} \tag{3-24}$$

$$Re_{uM} = Re_{uref} = 7\times10^6 \tag{3-25}$$

式中：V_M 为模型的损失分布系数（轴流转桨、斜流转桨和贯流转桨式水轮机取 0.8，混流和轴流定桨、斜流定桨、贯流定桨式水轮机取 0.7）；V_{optM} 为模型最优效率点的损失分布系数。

3.1.4.2 单位参数的修正

当不考虑容积效率和机械效率，并把水力效率当做总效率时，即 $\eta_v=1$、$\eta_m=1$、$\eta=\eta_h$ 时，可由式（3-7）和式（3-12）得出

$$\frac{n_P D_P}{\sqrt{H_P\eta_P}} = \frac{n_M D_M}{\sqrt{H_M\eta_M}}$$

$$\frac{Q_P}{D_P^2\sqrt{H_P\eta_P}} = \frac{Q_M}{D_M^2\sqrt{H_M\eta_M}}$$

根据单位参数的定义可得

$$n_{11P} = n_{11M}\sqrt{\frac{\eta_P}{\eta_M}}$$

$$Q_{11P} = Q_{11M} \sqrt{\frac{\eta_P}{\eta_M}}$$

则单位转速修正值 Δn_{11} 和单位流量的修正值 ΔQ_{11} 为

$$\Delta n_{11} = n_{11P} - n_{11M} = n_{11M} \sqrt{\frac{\eta_P}{\eta_M}} - n_{11M} = n_{11M} \left(\sqrt{\frac{\eta_P}{\eta_M}} - 1 \right) \tag{3-26}$$

$$\Delta Q_{11} = Q_{11P} - Q_{11M} = Q_{11M} \sqrt{\frac{\eta_P}{\eta_M}} - Q_{11M} = Q_{11M} \left(\sqrt{\frac{\eta_P}{\eta_M}} - 1 \right) \tag{3-27}$$

在实际中，修正值 Δn_{11} 和 ΔQ_{11} 先根据最优工况确定，再引用到其他工况中。因此可用式（3-28）和式（3-29）代替，即

$$\Delta n_{11} = n_{110M} \left(\sqrt{\frac{\eta_{\max P}}{\eta_{\max M}}} - 1 \right) \tag{3-28}$$

$$\Delta Q_{11} = Q_{110M} \left(\sqrt{\frac{\eta_{\max P}}{\eta_{\max M}}} - 1 \right) \tag{3-29}$$

式中：n_{110M}、Q_{110M} 分别为最优工况下模型水轮机的单位转速和单位流量；$\eta_{\max P}$、$\eta_{\max M}$ 分别为最优工况下原型和模型水轮机的最高效率。

根据式（3-28）和式（3-29）得出修正值后，便可求得原型水轮机的单位转速和单位流量，即

$$n_{11P} = n_{11M} + \Delta n_{11} \tag{3-30}$$

$$Q_{11P} = Q_{11M} + \Delta Q_{11} \tag{3-31}$$

应当指出，一般情况下，ΔQ_{11} 对于 Q_{11} 的影响很小，特别对大型水轮机相对很小，故通常可不予以修正；而当 $\Delta n_{11} < 3\% n_{11M}$ 时，n_{11} 也可不予以修正，即将模型水轮机的 n_{11M} 直接作为原型水轮机的 n_{11P}。同时，当 $\eta < 72\% \sim 75\%$ 时，上述修正公式的误差较大，但是对于大中型水轮机一般工况很少在 $\eta < 72\% \sim 75\%$ 范围运行。

3.1.5　水轮机的比转速

由 1.3.1 节可知，同系列各几何相似的水轮机在 1m 工作水头下发出 1kW 功率时的转速，称为比转速，用 n_s 表示，单位为 m·kW，公式见式（1-7）。

从式（3-17）的上式和下式中消去 D，可得

$$n_{11} \sqrt{P_{11}} = \frac{n \sqrt{P}}{H^{5/4}} \tag{3-32}$$

根据式（1-7）和式（3-32）可得比转速用单位参数的表示式：

$$n_s = n_{11} \sqrt{P_{11}} = n_{11} \sqrt{\frac{P}{D^2 H^{3/2}}} = n_{11} \sqrt{\frac{9.81 QH\eta}{D^2 H^{3/2}}} = 3.13 n_{11} \sqrt{\frac{Q\eta}{D^2 H^{1/2}}} = 3.13 n_{11} \sqrt{Q_{11}\eta} \tag{3-33}$$

由式（3-33）可见：

（1）凡几何相似，工况相似的水轮机，其 n_{11} 和 Q_{11} 值相同，其比转速 n_s 值也必相同。反之，不同系列的水轮机具有不同的 n_{11} 和 Q_{11} 值，也必具有不同的 n_s 值。

（2）具有较大的过水能力（即 Q_{11} 大）及较高转速（即 n_{11} 大）的水轮机系列，其比转速 n_s 也较高。从这一点来说，比转速较高的水轮机，在同等功率条件下其尺寸较小，造

价降低。因此，提高比转速对机组的动能经济技术指标是有利的，尤其对大型机组尤为显著。但是随着比转速的提高，水轮机的空化系数也随之增大。对于地下厂房，由于增加吸出高度并不增加更多的开挖费用，因此对于地下厂房的大型机组，比转速可以选得更高些。

总之，比转速 n_s 是代表水轮机质量的综合指标。所以，可以用对水轮机 n_s 的比较分析，来替代对水轮机 n_{11}、Q_{11} 和 η 的比较分析。

3.2　水轮机的模型试验和特性曲线

3.2.1　水轮机的模型试验

水轮机模型试验是根据水轮机相似理论，用将原型水轮机按一定比例缩小的模型水轮机在专门的试验台上进行的，以确定原型水轮机的各种参数和性能的试验工作。对水轮机的基本要求是，具有较好的能量特性 η 和空化特性 σ。水轮机的理论计算还不足以精确地考虑影响水轮机工作性能的各种因素。因此，必须依靠试验研究和理论计算相结合的方法。

原型水轮机的单机容量大、尺寸大、重量大，进行试验既不经济，又不方便。模型水轮机是将原型水轮机按一定比例缩小而成的，因此其尺寸小，投资少，试验方便，且可对不同方案作比较。只要根据模型试验得出的结果运用相似公式换算，便可知道同一系列各种尺寸水轮机的工作性能，并绘制出以单位转速 n_{11} 为纵坐标、单位流量 Q_{11} 为横坐标的水轮机模型综合特性曲线（见 3.2.3 节）。

按试验的性质模型试验可分成研制新型号水轮机的开发试验、对制造厂提出的模型进行的验收试验以及对水轮机各种问题开展专门研究的研究试验等。这与制造、设计和运行部门都有密切的关系。

水轮机制造部门可通过进行模型试验优选性能良好的水轮机，改进原型水轮机的水力设计，为制造效率高、空化系数小的原型水轮机提供依据，并向用户提供水轮机的各种保证参数。

水电站设计部门可根据模型试验资料，合理地对原型水轮机进行选型设计，选择效率高、空化系数小的水轮机，并绘制水轮机的运行特性曲线，为机组运行提供参考。

水电厂运行部门可根据模型试验资料，分析水轮机的运行特性，拟定合理的水轮机运行方式，使机组经济而可靠地运行。当水轮机在运行过程中出现问题或需要改变原有运行方式时，可根据模型试验资料分析问题的原因，或重新进行模型试验后改造原型水轮机。

模型试验根据其目的不同主要有能量试验（测水轮机效率等）、空化试验（测水轮机空化系数）、飞逸试验（测飞逸转速）和尾水管压力脉动试验（测流道中压力脉动幅值和频率）等，此外还包括水流作用在转轮上的轴向水推力测量、作用在转轮叶片及导水叶上的水压力和水力矩测量、蜗壳压差与过流量关系的测量、顶盖压力测量以及水泵水轮机的水轮机工况和水泵工况的各项性能试验等。近代水轮机的能量、空化、飞逸、压力脉动等特性的试验往往都要求在水头和精度较高的同一座试验台上，即空化试验台上进行，一些大型水轮机试验台往往同时还具有双向可逆试验的功能，即同时能进行水泵水轮机的特性试验。

　　模型试验按其精度要求的不同分为比较性试验和精确性能鉴定试验。比较性试验的目的是对若干模型设计方案进行比选，因此模型转轮尺寸较小，试验精度较低。精确性能鉴定试验是用户要求制造部门为确定模型的性能参数保证值及详细的特性而进行的，对试验的结果用户要作验收，因此试验要求在精度较高的试验台上进行，模型的尺寸要尽量大一些。比较性试验模型转轮的直径通常采用 $D_M = 250\text{mm}$，精确性能鉴定试验常采用 $D_M = 350\text{mm}$、400mm、460mm。

　　在水电站正常运行中，水轮机的转速保持为额定转速 n 不变，水轮机的运行工况随着工作水头 H 和流量 Q 的变化而变化。但在进行模型试验时，若采取这种方法改变工况，需大幅度改变试验水头 H_M，将会使试验装置变得很复杂，有时很难实现。所以在模型试验中，通常采用不变水头 H_M，而改变转速 n_M 和流量 Q_M 进而改变单位转速 n_{11} 和单位流量 Q_{11} 的办法达到改变工况的目的。一般能量试验的水头为 2～7m，空化试验水头为 20～60m；模型试验的流量一般不大于 $2\text{m}^3/\text{s}$；模型正常转速一般不超过 1500 r/min。

　　由于篇幅所限，本节只介绍反击式水轮机的能量试验方法。

3.2.2　反击式水轮机的能量试验

　　反击式水轮机能量试验的主要测试内容为：对模型水轮机在不同开度下的流量和效率进行测定。对转桨式水轮机，则需在各种叶片角度下分别进行测定。

3.2.2.1　试验装置

　　水轮机能量试验的装置如图 3-1 所示，它主要由上游压力水箱、模型水轮机、下游尾水箱、测流槽及集水池等组成。水泵 1 自集水池 15 向压力水箱 2 供水，压力水箱的水流通过模型水轮机 6 后流至尾水箱 8，再经测流槽 11 而泄回集水池，经稳定后，再由水泵抽至压力水箱，形成试验过程中往复循环的水流。

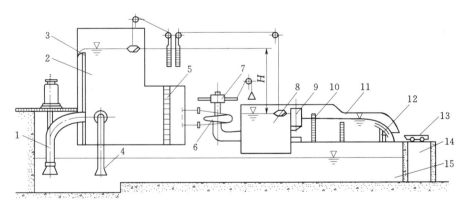

图 3-1　反击式水轮机能量试验装置示意图

1—水泵；2—压力水箱；3—溢流板；4—旁通阀；5、10—稳流栅；6—模型水轮机；
7—测功器；8—尾水箱；9—调节栅；11—测流槽；12—测流堰板；13—截流小车；
14—流量率定槽；15—集水池

　　压力水箱 2 是一个容积很大且具有自由水面的蓄水箱，其作用是在试验过程中保持一定的上游水位以形成试验水头，它相当于实际水电站的上游水库。为了保证压力水箱中的水位保持恒定，在压力水箱上部侧面装置溢流板 3，下部装置旁通阀 4，将多余的水流经溢流板及旁通阀排至集水池 15。又为了保证进入模型水轮机的水流流速分布均匀与稳定，在箱内出水部分还设置了稳流栅 5。

模型水轮机 6 主轴的顶端一般装有测功器 7 和测速器，分别用来测量模型水轮机的输出轴旋转力矩和转速。

尾水箱 8 设在尾水管出口后，它相当于实际水电站的尾水渠。为了保持下游水位在试验过程中为一恒定值，在尾水箱的侧面也装置了溢流板，同时在后部设置调节栅 9，试验时通过改变调节栅开口来改变流量大小。

通过溢流板及调节栅的水流均汇到测流槽 11。测流槽的作用是为了测定模型水轮机的流量，为此要求槽身必须有足够的长度并在槽的入口处设置稳流栅 10 以稳定水流。为了对测流槽的测流堰板 12 在使用前和必要时进行校正，专门设置了流量率定槽 14。如果采用在将压力水箱中的水引入水轮机蜗壳中的引水管道上安装电磁流量计的方法测量水轮机的流量，则可以不设置测流槽，通过尾水箱的水流直接泄回集水池。

3.2.2.2 试验方法

水轮机能量试验的主要目的是确定各种工况下水轮机的效率，根据式（2-2）～式（2-5），可得模型水轮机的效率为

$$\eta_M = \frac{P_M}{P_{inM}} = \frac{M\omega}{9.81 Q_M H_M \times 1000} = \frac{M \frac{2\pi n_M}{60}}{\gamma Q_M H_M} = \frac{M\pi n_M}{30\gamma Q_M H_M} \tag{3-34}$$

式中：γ 为水的容重，kN/m^3。

从式（3-34）可看出，为了求得水轮机效率，需测量的参数有：工作水头 H_M、流量 Q_M、轴旋转力矩 M 和转速 n_M。如果忽略上游压力水箱和下游尾水箱中的流速水头差值，则模型水轮机的工作水头 H_M 等于上游压力水箱和下游尾水箱的水位差。通过模型水轮机的流量 Q_M 通常采用率定过的测流堰板（三角堰或矩形堰）或电磁流量计进行测量。模型水轮机的轴旋转力矩 M 和转速 n_M 通过与轴相连的测功器和测速器进行测量。测功器常采用机械测功器或电磁测功器；测速器目前多采用感应式或光电式的电磁测速器。

在水轮机每一稳定工况下，测出 H_M、Q_M、M、n_M 后，即可根据式（3-34）计算出该工况下的效率 η_M。相应于此效率的工况用单位转速 n_{11} 和单位流量 Q_{11} 表示，即

$$\left. \begin{aligned} n_{11} &= \frac{n_M D_M}{\sqrt{H_M}} \\ Q_{11} &= \frac{Q_M}{D_M^2 \sqrt{H_M}} \end{aligned} \right\} \tag{3-35}$$

试验中，模型转轮直径 D_M 为常值，工作水头 H_M 基本保持不变，通过用导叶开度 a_0 改变流量 Q_M 和用测功器改变转速 n_M 来达到改变工况的目的。

一般的试验程序为：

（1）调整上、下游水箱中水位使其稳定于给定的模型试验水头 H_M。

（2）为了求得模型水轮机全部工作范围内的能量特性，在水轮机导叶开度 a_0 范围内，取 8～10 个试验开度，从小开度做起一直到满开度。

（3）在某一定开度下，不加负荷，水轮机所达到的最大转速即为该开度的飞逸转速 n_{runM}。同时记录水头 H_M、流量 Q_M、转速 n_M 值。

（4）保持此开度，用测功器降低转轮的转速 n_M，一般以转速间隔约 100r/min 作为一个试验工况点，至少 5～10 个工况点。

（5）每次调整，待转速稳定后，同时记录 a_0、n_M、H_M、Q_M 和 M 于表 3 - 1 中，然后利用式（2 - 2）、式（2 - 5）、式（3 - 34）、式（3 - 35）计算 P_{inM}、P_M、η_M、n_{11} 和 Q_{11}，并填入表 3 - 1 中。

对于转桨式水轮机，还需选定几个叶片角度，在各叶片角度下按上述程序进行能量试验。

最后，将试验数据整理后绘成模型综合特性曲线（见 3.2.3 节）。

表 3 - 1　　　　　　　　　　　　水轮机能量试验记录计算表

$a_0=$　　　mm　　　$\varphi=$　　　（°）

工况	试验测量数据				计算数据				
	转速 n_M /(r·min^{-1})	水头 H_M /m	流量 Q_M /(m³·s^{-1})	轴力矩 M /(N·m)	单位转速 n_{11} /(r·min^{-1})	单位流量 Q_{11} /(m³·s^{-1})	输入功率 P_{inM}/kW	输出功率 P_M/kW	效率 η_M /%
1									
2									
⋮									

3.2.3　水轮机特性曲线

水轮机的特性是指水轮机在各种运行工况下具有的性能和状态特征。水轮机特性包括能量特性、空化特性、力特性、飞逸特性、稳定性和过渡过程等。目前，这些特性还难以通过理论公式进行全面的、精确的计算，只能通过模型试验或现场试验获得。将试验获得的水轮机特性参数间的变化关系绘制成不同形式的曲线图，即为水轮机特性曲线。

水轮机特性曲线分为线性特性曲线和综合特性曲线两大类。前者把一些参数固定，单独考虑两个参数之间的关系，用一条曲线表示，包括水轮机工作特性曲线、转速特性曲线和水头特性曲线；后者综合考虑水轮机多个参数之间的关系，把各种性能曲线绘于同一幅图上，包括水轮机模型综合特性曲线和运转综合特性曲线。

水轮机工作特性曲线是表示水轮机在工作水头 H 和转速 n 为常数时，水轮机的效率 η、流量 Q、导叶开度 a_0 与功率 P 两两之间关系的特性曲线。它反映了原型水轮机在实际运行时的工作情况。混流式水轮机 $\eta=f(P)$ 和 $Q=f(P)$ 的工作特性曲线如图 3 - 2 所示。图 3 - 2 中 a 点为水轮机空载运行工况点（$n=n_r,P=0$），对应的流量 Q_0 为空载流量；c 点为最高效率点；d 点为最大功率点。

转速特性曲线是表示水轮机导叶开度 a_0 和工作水头 H 为常数时，水轮机的效率 η、流量 Q、功率 P 与转速 n 之间关系的特性曲线。

水头特性曲线是表示水轮机导叶开度 a_0 和转速 n 为常数时，水轮机的效率 η、流量 Q、功率 P 与工作水头 H 之间关系的特性曲线。

下面主要介绍一下模型综合特性曲线、$\eta=f(P)$ 的原型工作特性曲线及运转综合特性

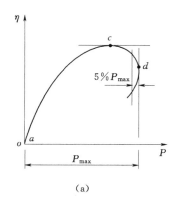 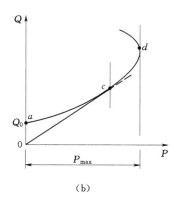

(a)　　　　　　　　　　　　　　(b)

图 3-2　混流式水轮机工作特性曲线

(a) $\eta = f(P)$ 工作特性曲线；(b) $Q = f(P)$ 工作特性曲线

曲线及其它们的绘制方法。

3.2.3.1　水轮机的模型综合特性曲线

1. 混流式水轮机

根据相似理论可知，同一系列水轮机在相似工况下其单位转速 n_{11} 和单位流量 Q_{11} 保持不变，一定的 n_{11} 和 Q_{11} 值就决定了一个相似工况。因此，可以在以单位转速 n_{11} 为纵坐标、单位流量 Q_{11} 为横坐标的直角坐标系中，同时绘制等效率线 $\eta = f(n_{11}, Q_{11})$、等开度线 $a_0 = f(n_{11}, Q_{11})$ 和等空化系数线 $\sigma = f(n_{11}, Q_{11})$，以表示同系列水轮机在所有运行工况下的 η、a_0 和 σ 等的变化情况。对于转桨式水轮机还绘出了叶片等转角线 $\varphi = f(n_{11}, Q_{11})$。这些等值线表示出了同系列水轮机的各种主要性能，故称之为水轮机的综合特性曲线。由于这种综合特性曲线是根据模型试验资料绘制而成的，所以又称为模型综合特性曲线。该图是模型水轮机的特性曲线图，但为了方便，图中各参数的符号就不再加注脚标"M"。

混流式水轮机模型综合特性曲线图（图 3-3）中的等效率线 $\eta = f(n_{11}, Q_{11})$、等开度线 $a_0 = f(n_{11}, Q_{11})$ 是根据能量试验的成果绘制而成的，而等空化系数线 $\sigma = f(n_{11}, Q_{11})$ 是根据空化试验的成果绘制而成的。此外，混流式水轮机模型综合特性曲线上还标有5％功率限制线（右边有阴影线），也称为5％功率储备线，它是模型水轮机不同单位转速下最大单位功率 P_{11max} 的95％相应的各工况点的连线。水轮机在运行过程中，达到最大功率后，若导叶开度继续增大，流量会相应增大，但由于此时水轮机中水流条件恶化造成水力损失急剧增加，使水轮机效率下降，其对功率的影响超过了流量增加对功率的影响，从而使功率不但不增加反而减小，以致造成水轮机运行的不稳定（图 3-2）。为了避免发生这种情况，并保证有一定的安全储备，采用限制工况的方法，规定水轮机只能在95％P_{11max} 的范围内工作，即只能在模型综合特性曲线中5％功率限制线的左侧工作。

混流式水轮机模型综合特性曲线图中，最内圈等效率线所围图形几何中心点对应的效率最高，因此该点相应的工况即为模型水轮机的最优工况。最优工况对应的单位转速称为最优单位转速，用 n_{110} 表示；最优工况对应的单位流量称为最优单位流量，用 Q_{110} 表示。以最优单位转速 n_{110} 为常数作与 Q_{11} 轴平行的水平线与5％功率限制线的交点对应的工况称为模型水轮机的限制工况。

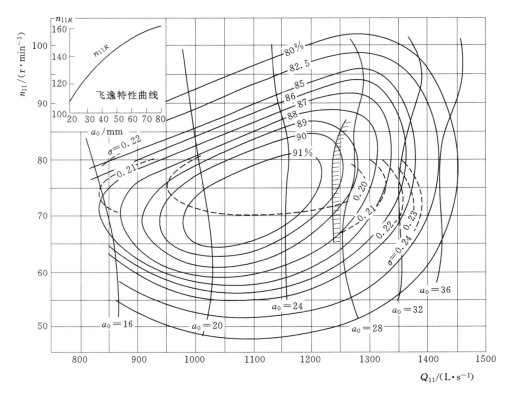

图 3-3　混流式水轮机模型综合特性曲线图

2. 轴流式水轮机

轴流定桨式水轮机及其他固定叶片的反击式水轮机，在某一叶片装置角 φ 的情况下，其模型综合特性曲线的形式与混流式水轮机的相同。

转桨式水轮机的转轮叶片可以转动，当水轮机工作水头或机组负荷发生变化时，自动调速器在调节导叶开度 a_0 的同时也通过协联机构使叶片的转角 φ 作相应的改变，使水轮机在该工况点的效率最优。在模型试验中，先进行叶片不同转角 φ 下的定桨式水轮机试验，绘出各 φ 角下的模型综合特性曲线，再以此为基础作出转桨式水轮机的模型综合特性曲线。转桨式水轮机模型综合特性曲线（图 3-4）上除包括等效率线、等开度线、等空化系数线外，还包含等叶片转角线。等叶片转角线是同一叶片转角 φ 下各单位转速所对应的最高效率点的连线。等效率线是不同固定叶片转角 φ 下的等效率线（同定桨式水轮机等效率线）的包络线。等开度线是各等叶片转角线与各 φ 角下的模型综合特性曲线的等开度线相交，相同开度交点的连线。等空化系数线是各等叶片转角线与各 φ 角下的模型综合特性曲线的等空化系数线相交，相同空化系数交点的连线。

轴流式水轮机也可绘出 5% 功率限制线，但在该线上不仅效率偏低而且空化系数较大，不宜作为限制条件，所以不在图上绘出。通常轴流式水轮机主要是按选定的较小的空化系数来确定限制工况的。

3. 水斗式水轮机

水斗式水轮机的模型综合特性曲线（图 3-5）由等效率线和等开度线（喷针行程 S 为

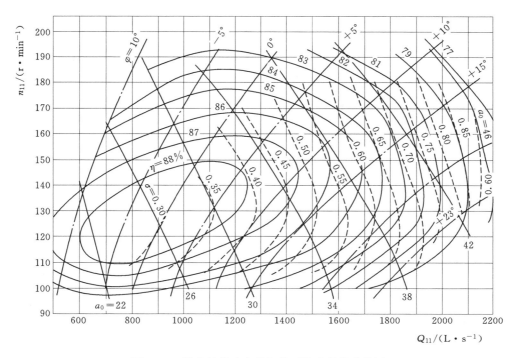

图 3-4 轴流转桨式水轮机模型综合特性曲线图

常数，也称等行程线）组成。等效率线为扁宽形状，说明水斗式水轮机适宜于在水头比较固定而负荷变化较大的情况下工作；而且当喷针开度很大时，仍不会出现单位流量增加而功率减小的情况，因此一般不标功率限制线。由于水斗式水轮机的流量只与喷针的位置有关，而与转速无关，因此其等开度线是与 Q_{11} 坐标轴垂直的直线。由于水斗式水轮机转轮是在大气压力下工作，其空化机理与反击式水轮机不同，无法用空化系数表示水斗式水轮机的空化性能，因此水斗式水轮机模型综合特性曲线上无等空化系数线。

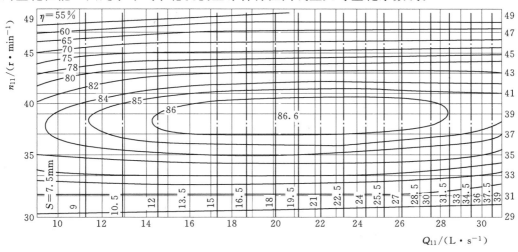

图 3-5 水斗式水轮机模型综合特性曲线图

每个模型综合特性曲线表示一个系列水轮机的工作性能。目前制造厂的产品目录中和有关水轮机的手册中所采用的都是这类特性曲线，以供用户用来进行水轮机的对比、选型和绘制原型水轮机的特性曲线。此外在每个模型综合特性曲线的旁边还绘有模型转轮的直径和包括蜗壳、尾水管在内的水轮机尺寸图形。

3.2.3.2　$\eta = f(P)$ 的水轮机工作特性曲线

$\eta = f(P)$ 的水轮机工作特性曲线是指一定工作水头下，水轮机（直径和转速已定）效率与功率之间的关系曲线。工作特性曲线是原型水轮机的特性曲线图，为了方便，图中各参数的符号就不再加注脚标"P"，运转综合特性曲线相同。

1. 混流式水轮机 $\eta = f(P)$ 曲线的绘制

首先求出效率修正值 $\Delta\eta$ 和单位转速修正值 Δn_{11}。混流式水轮机的效率修正和单位转速修正采用等值修正法，即所有工况的效率换算和单位转速换算采用同一效率修正值和单位转速修正值，计算公式见式（3-19）和式（3-28）。

然后针对一定的工作水头 H，求出对应模型水轮机的单位转速 $n_{11M} = \dfrac{nD}{\sqrt{H}} - \Delta n_{11}$，在相应的模型综合特性曲线图上作该 n_{11M} 为常数的水平线，与等效率曲线相交于许多点，记录各点上对应的模型效率 η_M 和单位流量 Q_{11} 值，则可按式（3-36）和式（3-37）计算求得各点相应的原型效率 η 和原型功率 P。根据计算结果便可绘制出水轮机的工作特性曲线 $\eta = f(P)$，如图 3-2（a）所示。

$$\eta = \eta_M + \Delta\eta \tag{3-36}$$

$$P = 9.81QH\eta = 9.81Q_{11}D^2H^{3/2}\eta \tag{3-37}$$

最后根据 n_{11M} 水平线与 5% 功率限制线交点处的 η_M 和 Q_{11} 值求出相应的 η 和 P 后，即可标出 $\eta = f(P)$ 曲线上 5% 功率限制线的位置。

2. 其他类型水轮机 $\eta = f(P)$ 曲线的绘制

各种定桨式水轮机和水斗式水轮机 $\eta = f(P)$ 的工作特性曲线绘制方法与混流式水轮机除了不绘制 5% 功率限制线外，其他相同。

转桨式水轮机 $\eta = f(P)$ 的工作特性曲线的绘制方法则有所不同。由于转桨式水轮机在运行中，转轮叶片的转角 φ 随着负荷的变化而变化，因此应按不同的 φ 角计算效率修正值 $\Delta\eta_\varphi$；同时在模型综合特性曲线上按 n_{11M} 为常数作水平线后，应选取与等 φ 线相交处的 η_M 和 Q_{11} 值，其中 η_M 由内插确定。此外也不需绘制 5% 功率限制线。

3.2.3.3　水轮机运转综合特性曲线

水轮机模型综合特性曲线给出了该系列水轮机效率和空化系数与单位转速、单位流量之间的关系。但它不能具体说明某一原型水轮机在实际运行情况下，各工作参数之间的关系。因此，为了拟定原型水轮机的运行方式以及考察水轮机的动力特性，需把模型综合特性曲线按相似公式换算成原型水轮机的综合特性曲线，即水轮机运转综合特性曲线。水轮机运转综合特性曲线是指以工作水头 H 为纵坐标，功率 P 为横坐标，综合反映各运行工况下工作水头 H、功率 P、效率 η 和吸出高度 H_s 等参数之间关系的曲线。在曲线图上包括等效率线 $\eta = f(H, Q)$、5% 功率限制线和等吸出高度线 $H_s = f(H, Q)$，如图 3-6 所示。

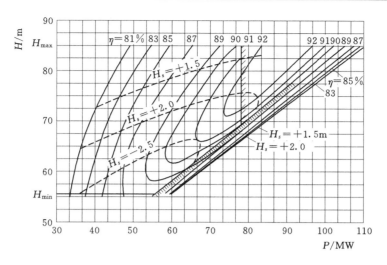

图 3-6 水轮机运转综合特性曲线

3.2.3.3.1 混流式水轮机运转综合特性曲线的绘制

1. 等效率线的绘制

在水轮机的工作水头范围 $H_{min}\sim H_{max}$ 内，取若干个间隔较均匀的水头（其中应包括有 H_{min}、H_r、H_{max} 在内，一般 4～5 个），并绘制每个水头下的工作特性曲线 $\eta=f(P)$，如图 3-7（a）所示。

以功率 P 为横坐标，水头 H 为纵坐标作 H-P 坐标系，并在其中绘出以所选水头值为常数的水平线。在图 3-7（a）上以某一效率值（如 $\eta=90\%$）为常数作水平线，它与诸曲线相交并记录下各交点上的 H、P 值。将这些点的 H、P 值分别点落在 H-P 坐标系里，并把它们连接成光滑的曲线，如图 3-7（b）所示，即得出该效率值（$\eta=90\%$）的等效率线。同样，也可作出其他效率值的等效率线。

为了计算和作图上的方便，可按表 3-2 格式进行列表计算。

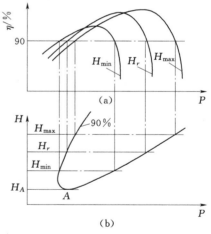

图 3-7 等效率线的绘制

表 3-2   混流式水轮机等效率线计算表

	H_{max}			H_r	H	H_{min}
	$n_{11M}=\dfrac{nD}{\sqrt{H_{max}}}-\Delta n_{11}$ $P=9.81Q_{11}D^2H_{max}^{3/2}\eta$					
η_M	Q_{11}	η	P			
$\vdots$						
			在 5%功率限制线上			

69

2. 功率限制线的绘制

原型水轮机的功率限制线表示水轮机在不同水头下可以发出或允许发出的最大功率。由于水轮机与发电机配套运行，因此其功率要受到发电机额定功率和水轮机 5% 功率限制线的限制。

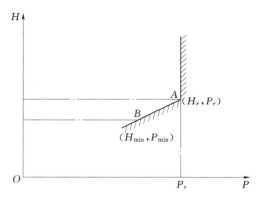

图 3-8　原型水轮机的功率限制线

发电机额定功率的限制表现在水轮机运转综合特性曲线图上即是水轮机额定功率的限制。水轮机的额定功率指在额定水头、额定流量和额定转速下水轮机能连续发出的功率，因此它为一定值，在 $H - P$ 坐标系里表现为一过点 $A(H_r, P_r)$ 的垂直线，如图 3-8 所示。当 $H \geqslant H_r$ 时，水轮机的工作受其额定功率的限制。

由于水轮机的额定水头是水轮机在额定转速下，发出额定功率时所需的最小工作水头。因此当 $H < H_r$ 时，水轮机功率小于额定功率，水轮机则受到水轮机 5% 功率限制线的限制，这可在表 3-2 最下行对限制线上的各点分别予以计算，得出最小水头 H_{min} 时相应于 5% 功率限制线上的功率 P_{min}，然后在 $H - P$ 坐标系中作点 $B(H_{min}, P_{min})$ 并与点 $A(H_r, P_r)$ 连成直线，即得出 $H < H_r$ 时的功率限制线，如图 3-8 所示。

3. 等吸出高度线的绘制

等吸出高度线表明了水轮机在其工作范围内各运行工况下的最大允许吸出高度，它对水轮机方案的比较和安装高程的确定有很大的作用。等吸出高度线是根据模型综合特性曲线上的等空化系数线换算而来的，可按下列步骤计算和绘制：

（1）根据等效率线计算表 3-2 中的 Q_{11} 和 P 作不同水头下 $Q_{11} = f(P)$ 的辅助曲线，如图 3-9 所示。

（2）在相应的模型综合特性曲线上，作以各水头下 n_{11M} 为常数的水平线，它与等空化系数线分别相交于许多点，记下各点的 σ 和 Q_{11} 值，并将其列入表 3-3 中。

（3）根据各 Q_{11} 值查 $Q_{11} = f(P)$ 辅助曲线可得相应的 P 值，并记入表 3-3 中。

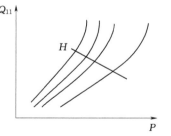

图 3-9　$Q_{11} = f(P)$ 辅助曲线

（4）根据 $H_s = 10 - \dfrac{\nabla}{900} - (\sigma + \Delta\sigma)H$ 计算出各 σ 值对应的吸出高度 H_s，并列入表 3-3 中，其中 $\Delta\sigma$ 值可由 H 在图 2-20 上查得。

（5）根据表 3-3 中对应的 H_s 和 P 作各水头下的 $H_s = f(P)$ 的辅助曲线，如图 3-10（a）所示。

（6）在 $H_s = f(P)$ 的辅助曲线图上，取某一 H_s 值（如 $H_s = -3m$）作水平线与该辅助曲线相交，记录下各交点上的 H、P 值，并分别点落在 $H - P$ 坐标系里后连接成光滑的曲线，即为该吸出高度（$H_s = -3m$）的等吸出高度线，如图 3-10（b）所示。同样，也可得出 H_s 为其他值时的等吸出高度线。

表 3 - 3 混流式水轮机等吸出高度线计算表

	H_{max}	H_r	H	H_{min}
	$n_{11M} = \dfrac{nD}{\sqrt{H_{max}}} - \Delta n_{11}$ $\Delta \sigma =$ $H_s = 10 - \dfrac{\nabla}{900} - (\sigma + \Delta\sigma) H_{max}$			
σ	Q_{11} $\quad$ P $\quad$ H_s			
⋮				

3.2.3.3.2 轴流转桨式水轮机运转综合特性曲线的绘制

由于轴流转桨式水轮机在运行中，当负荷变化时，叶片的转角 φ 随着导叶开度 a_0 的变化而变化，因此其运转综合特性曲线的绘制方法与混流式水轮机的有所不同，现就这些不同之处分述如下：

1. 等效率线的绘制

按不同的 φ 角计算效率修正值 $\Delta \eta_\varphi$；同时在模型综合特性曲线上按 n_{11M} 为常数作水平线后，应选取与等叶片转角线相交处的 η_M 和 Q_{11} 值，其中 η_M 由内插法确定。其计算可按表 3 - 4 的格式进行。

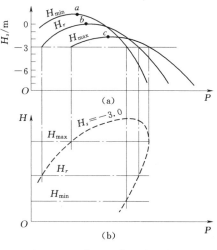

图 3 - 10 等吸出高度线的绘制

表 3 - 4 轴流转桨式水轮机等效率线计算表

叶片转角	效率修正值		H_{max}			H_r	H	H_{min}
			$n_{11M} = \dfrac{nD}{\sqrt{H_{max}}} - \Delta n_{11}$ $P = 9.81 Q_{11} D^2 H_{max}^{3/2} \eta$					
φ	$\Delta \eta_\varphi$	η_M	Q_{11}	η	P			
⋮								

2. 功率限制线的绘制

轴流转桨式水轮机在模型综合特性曲线上一般不标 5% 功率限制线，但其最大功率通常也受到发电机额定功率及水轮机过流能力的限制。当 $H \geqslant H_r$ 时，水轮机的最大功率也受发电机额定功率的限制，所以在运转综合特性曲线图上其限制线也为过点 $A(H_r, P_r)$ 的垂直线。当 $H < H_r$ 时，水轮机的功率受到最大过水能力的限制，可以认为是由导叶最大开度 a_{0max} 限制的。

由于水轮机导叶的最大开度 a_{0max} 是额定水头下水轮机发出额定功率时的开度，因此是由工况点 $A(H_r, P_r)$ 所确定的，如图 3 - 11 （b）所示。若该工况点在运转综合特性曲线图上对应的效率为 η，则此工况下相应的模型单位参数为

$$n_{11M} = \frac{nD}{\sqrt{H_r}} - \Delta n_{11}$$

$$Q_{11} = \frac{P_r}{9.81 D^2 H_r^{3/2} \eta}$$

根据 n_{11M}、Q_{11} 值便可在水轮机的模型综合特性曲线图上找到其相应的工况点 A' 和通过该点的以最大开度 a_{0maxM} 为常数的等开度线，如图 3-11（a）所示。

确定最小水头 H_{min} 对应的水轮机的最大功率时，在模型综合特性曲线图上作以相应于 H_{min} 的 n_{11M} 为常数的水平线，它与 a_{0maxM} 的等值线相交于 B' 点，如图 3-11（a）所示。可查得 B' 点上相应的 Q_{11}、φ 和 η_M 值，同时用内插法求出该 φ 角所对应的效率修正值 $\Delta\eta_\varphi$，由此便可求得原型水轮机在 H_{min} 时的最大功率 P_{min} 为

$$P_{min} = 9.81 Q_{11} D^2 H_{min}^{3/2} (\eta_M + \Delta\eta_\varphi)$$

在水轮机的运转综合特性曲线图上，过 $A(H_r, P_r)$、$B(H_{min}, P_{min})$ 两点连接直线，便可得出水轮机在 $H < H_r$ 时的功率限制线，如图 3-11（b）所示。

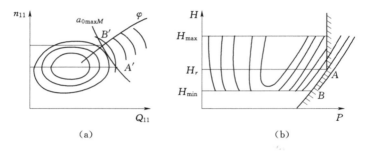

（a）　　　　　　　　　　　　　（b）

图 3-11　轴流转桨式水轮机功率限制线的绘制

3. 等吸出高度线的绘制

其绘制方法与混流式水轮机相同。

3.3　水 轮 机 的 选 择

合理地选择水轮机是水电站设计中的一项重要任务，对水电站的工程投资、建设速度、可靠和经济运行以及对水能资源的利用程度都有重要的影响。

3.3.1　水轮机选择的内容、原则和所需资料

水轮机的选择应根据水电站枢纽布置方案、装机容量、水头范围、水轮机的制造、运输、安装和运行维护等方面的情况，先初步拟定几个可能的水轮机备选方案，再对各个方案进行动能经济指标比较和综合分析，从而选出技术可靠、经济合理的水轮机。

3.3.1.1　水轮机选择的内容

（1）确定水轮发电机组的台数和单机容量。

（2）选择水轮机的型号及装置方式。

（3）选择水轮机的主参数（转轮直径及转速等）。

（4）确定水轮机的吸出高度及安装高程。

（5）绘制水轮机的运转综合特性曲线。

（6）确定蜗壳、尾水管的型式及主要尺寸。

（7）选择调速器及油压装置（见第 4 章）。

（8）选择水轮发电机的型号并估算其外形尺寸和质量（本书略）。

3.3.1.2 水轮机选择的原则

（1）充分考虑水电站特点（水文地质和水资源条件、电力系统构成，电站枢纽布置，电力电量），保证水轮机有足够的额定功率和较高的效率。

（2）尽量降低水电站的投资和运行费用，缩短建设期。

（3）所选水轮机应与制造厂的设计制造水平相适应，运输和现场安装方便。

（4）所选水轮机运行稳定可靠，有良好抗空蚀性能，无过大振动和噪声，便于管理、检修、维护。

（5）水轮机的选择应适应水电厂计算机监控和无人值班少人值守的要求。

（6）水轮机的选择应便于水电站建筑物的布置。

当进行水轮机选择时，上述各原则可能有冲突，这时应根据具体要求抓住主要矛盾进行合理选择。

3.3.1.3 水轮机选择所需的基本资料

1. 水电站技术资料

（1）水电站类型及厂房形式、水库参数和调节性能、枢纽布置方案、水文地质情况、装机容量等。

（2）水电站的特征水头：包括最大水头 $H_{\max}$、最小水头 $H_{\min}$、加权平均水头 H_w、额定水头 H_r 等。

水轮机加权平均水头 H_w 是指在规定的运行条件下，考虑功率和工作历时的水轮机工作水头的加权平均值，是运行期间出现次数最多、历时最长的水头，可按式（3-38）确定：

$$H_w = \frac{\sum P_i t_i H_i}{\sum P_i t_i} \qquad (3-38)$$

式中：P_i、t_i 分别为水头 H_i 时相应的功率和持续时间。

水轮机额定水头 H_r 是指水轮机在额定转速下发出额定功率时所需的最小工作水头。额定水头一般略低于加权平均水头 H_w，一般可按下述关系进行估算：

对于河床式水电站　　　　　　　　$H_r = 0.90 H_w$

对于坝后式水电站　　　　　　　　$H_r = 0.95 H_w$

对于引水式水电站　　　　　　　　$H_r = H_w$

在初步计算，缺乏资料时，可近似用 $\overline{H}$（$H_{\max}$ 和 $H_{\min}$ 的数学平均值）代替 H_w。

（3）水电站的特征流量：包括最大流量 $Q_{\max}$、额定流量 Q_r 和空载流量 Q_0。

（4）下游水位与流量关系等。

2. 水轮机设备技术资料

水轮机设备技术资料包括现行水轮机系列型谱，水轮机模型综合特性曲线，水轮机制造厂设备生产情况及产品技术资料，国内外已投入运行或正在研制水轮机的基本参数、性能及特性，相似水电站的运行经验和问题等。

3. 水电站运输和设备安装方面资料

水电站运输和设备安装方面资料包括水陆交通情况（如铁路、公路、水路及港口的运载能力等）、设备现场安装水平和能力等。

4. 水电站有关经济资料

水电站有关经济资料包括有关机电设备造价、厂房投资和年运行费用、投资与回报的经济分析等。

3.3.2　水轮发电机组台数的选择

机组的单机容量等于水电站的装机容量除以机组台数。装机容量确定后，机组台数不同，则单机容量也不同，相应地转轮直径、转速、效率和吸出高度等也不相同，从而引起电站的投资和运行情况等发生变化。因此机组台数的选择需进行技术经济比较，应考虑的影响因素如下。

3.3.2.1　水电站运行效率

当机组台数不同时，水电站的运行平均效率是不同的。机组台数越多，单机容量越

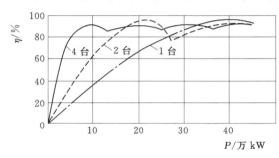

图 3-12　采用不同机组台数时水电站工作特性

小，单机效率越低。但当水电站负荷变动较大时，机组台数越多，可用不同机组台数满足不同负荷的要求，使每台机组都在较高效率区运行，从而电站的平均效率较高。图 3-12 为 3 种不同机组台数方案（装机容量相同）下水轮机的工作特性曲线 $\eta = f(P)$。从图 3-12 中可以看出，当选用 1 台机组时，只有在满负荷条件下运行时水轮机的效率最高，其他负荷条件

下效率较低；当选用 2 台机组时，虽然最高效率有所降低，但在满负荷和半负荷运行时水轮机效率均能达到最高，从而使水电站的平均效率有所提高；当选用 4 台机组时，运行效率比较平稳，在 25%、50%、75% 负荷和满负荷情况下运行时效率均能达到最高。因此可得出，较多的机组台数能使水电站保持较高的平均效率。但当机组台数达到一定数目再增加时，水电站平均效率不再显著增加。

当水电站在电力系统中担任基荷工作时，由于负荷比较固定，选择较少的机组台数，可提高机组的最高效率，并使水轮机在较长时间内均以最高效率运行，使水电站保持有较高的平均效率。当水电站担任系统尖峰负荷时，由于负荷经常以较大幅度变化，为使在所有负荷条件下机组都能以较高效率工作，就需要选择较多的机组台数。

机组台数对水电站运行效率的影响还与水轮机的类型有关。轴流转桨式水轮机由于其具有比较宽广的高效率区，故机组台数的增减对水电站的平均效率影响不大。但轴流定桨式水轮机由于高效率区较窄，当负荷变化时效率变化就比较剧烈，因此为了提高水电站的平均效率，就必须增加机组台数。

3.3.2.2　水电站投资

当水电站装机容量一定时，机组台数越多，机组单机容量越小，制造和运输越方便，但耗费材料多，加工量大，机组单位千瓦的造价较高。同时，机组台数越多，附属设备的

套数越多,电气接线也较复杂,设备投资越大。相应地,厂房占地面积越大,土建投资越大。所以一般都希望选用较大容量的机组,减少机组台数。另一方面,机组单机容量越小,厂房的起重能力、安装场地及机坑开挖量均可减小,因而又可减少一些水电站的投资。总的来说,减少机组台数是比较经济的。

3.3.2.3 水电站运行管理

机组台数越多,水电站运行方式越灵活可靠,事故后产生的影响越小,单机检修也越容易安排。但由于运行操作次数也越多,使事故率随之增高。同时增加机组台数,也将增加管理人员和运行费用,因此不宜选择过多的机组台数。

3.3.2.4 其他方面

为了使水电站的运行灵活和可靠,机组台数一般不宜少于两台。大中型水电站机组常采用扩大单元接线方式,为了满足电气主接线的要求,大多数情况选偶数台机组。为了制造、安装、运行维护和备件供应等的方便,在一个水电站内应尽可能地选用同型号的机组。

由于影响因素是多方面的,互相联系又互相矛盾,因此选择机组台数时应根据设计水电站的具体条件,拟定几个方案进行技术经济分析比较,择优选择较理想的机组台数方案。我国已建成的大、中型水电站一般选用2、4、6、8等偶数台机组;而百万千瓦以上巨型电站机组台数则受到机组制造水平(最大单机容量)的限制,可选择较多的机组台数。

3.3.3 水轮机型号的选择方法

水轮机型号的选择是在已知机组单机容量和各种特征水头的情况下进行的。随着计算机技术大量引入水轮机设计领域,我国的水轮机选型工作已经从套用、按型谱选用发展到按水轮机比转速 n_s 和比转速系数 K 通过统计分析进行选择。

3.3.3.1 采用套用法选择

根据国内设计、施工和已运行的水电站资料,在设计水头接近,机组容量适当,经济技术指标相近的情况下,可优先选用已经生产过且运行良好的机组套用。这种方法多用于小型水电站设计,可以使设计工作大为简化。

3.3.3.2 根据水轮机系列型谱选择

水轮机的型谱是为了水轮机设备的系列化、通用化和标准化而建立的,其为每一个水头段配置了一种或几种水轮机转轮系列,并给出了各系列水轮机的一些基本参数(附录A)和模型综合特性曲线(附录B),根据水电站的水头变幅可直接从型谱表中查找出合适的水轮机型号。水轮机型谱为水轮机的选择提供了便利,但要注意不可局限于已制定的水轮机型谱。当型谱中所列转轮的性能不适用于设计电站时,应与生产厂家协商,设计、制造出符合要求的新转轮。

3.3.3.3 按比转速选择

按比转速选择水轮机的优点是不受水轮机型谱中水头段对应的转轮的限制,而是根据水电站的水头、功率等条件选择合适的转轮,真正做到"量体裁衣",也促进了水轮机水力设计的发展。它是以国内外丰富的实践经验和大量模型转轮为基础,根据水电站的水头范围、单机容量(功率)、枢纽布置要求、运行工况、地质、地形、水质、制造能力和运输能力等多种因素运用数理统计和类比的方法,选择水轮机的参数。在上述各种因素中,最基本的是水头和功率,可根据它们首先确定水轮机的比转速,再根据比转速计算水轮机

的 D、n 及 H_s 等。

在同样的水头和功率下，高比转速的水轮机转速高、尺寸小，因此造价低；但容易发生空化和空蚀，所以要求较大的吸出高度。此外高比转速转轮的高度较高，叶片较少，转轮结构较单薄，其使用水头受强度限制而较低。而低比转速的水轮机则正好相反。一个好的转轮应该是比转速高，空化系数不仅小而且变化规律合理，效率不仅高而且高效率范围广，水力稳定性能好，稳定范围广，特别是高水头部分负荷时的稳定性要好，飞逸转速要低，允许使用的水头要高。在设计选择水轮机时，要达到上述所有要求是困难的，通常在考虑相关各因素基础上采用比转速方法，通过设定的额定水头和水轮机功率，可较快地选择出符合技术发展又能兼顾各种因素、性能较好的转轮。随着设计、试验、制造、材料等技术的进步，尤其是近些年来电子计算机技术的推广应用，我国水轮机转轮的性能已大大提高，模型转轮设计、试验的进程也大大加快。现在已可以根据水电站特点和对水轮机性能的要求，用计算机数值计算的方法，对水轮机的能量特性参数进行计算预估，优选设计方案，减少模型试验工作量。

根据我国已建、在建的大中型及部分小型水电站的混流式、轴流式水轮机的额定水头 H_r 和额定比转速 n_{sr} 绘制的分布图如图 3-13 和图 3-14 所示。图中曲线 1 大致反映我国当前反击式水轮机的最大工作水头 H_{max} 和额定比转速 n_{sr} 的关系，曲线 2 和曲线 3 分别为大型和中小型水轮机额定水头和额定比转速的关系。

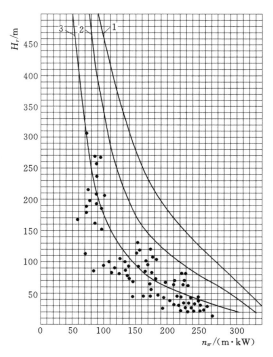

图 3-13　我国混流式水轮机的额定水头
和额定比转速的分布图

1—$n_{sr}=f(H_{max})$ 曲线；2—大型水轮机的
$n_{sr}=f(H_r)$ 曲线；3—中、小型水轮机的
$n_{sr}=f(H_r)$ 曲线

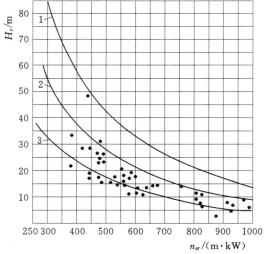

图 3-14　我国轴流式水轮机的额定水头
和额定比转速的分布图

1—$n_{sr}=f(H_{max})$ 曲线；2—大型水轮机的
$n_{sr}=f(H_r)$ 曲线；3—中、小型水轮机的
$n_{sr}=f(H_r)$ 曲线

选择比转速时，大型水轮机用额定水头 H_r 参照图 3-13 或图 3-14 中曲线 2 初选额定比转速 n_{sr}，中小型水轮机用额定水头 H_r 参照曲线 3 初选额定比转速 n_{sr}。如河水水质好，又允许采用较低的安装高程，也可选用较高的 n_s 但不宜超过用最大水头 H_{max} 按曲线 1 得出的额定比转速 n_{sr}。

我国冲击式水轮机额定水头 H_r 和额定单喷嘴比转速 n_{sr1}（$n_{sr1}=n_{sr}/\sqrt{z_0}$，$z_0$ 为一台水轮机的喷嘴数）的分布如图 3-15 所示。图中，曲线 1 为冲击式水轮机单喷嘴比转速 n_{sr1} 的上限；由于转轮的应力普遍较高，都需采用高强度不锈钢制造，曲线 2 和曲线 3 分别为我国当前冲击式水轮机单喷嘴比转速的中等、下限水平；图 3-15 中阴影范围的水轮机效率较高。

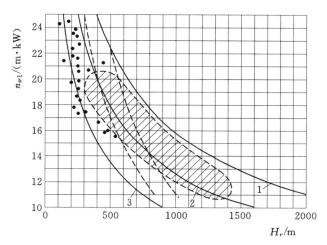

图 3-15 我国冲击式水轮机的额定水头和额定比转速的分布图
1—$n_{sr1max}=f(H_r)$ 曲线；2—$n_{sr1}=f(H_r)$ 曲线的中等水平；
3—$n_{sr1}=f(H_r)$ 曲线的下限水平

上述曲线反映了我国当前水轮机在各种水头下额定比转速的范围，随着科学技术的发展比转速的范围还将有所提高。

选择比转速的同时还应注意吸出高度 H_s 是否满足要求。我国混流式水轮机 5％功率限制线点的比转速 n_s 和临界空化系数 σ_c 的分布如图 3-16 所示。图 3-16 中还表示了临界空化系数 σ_c 和电站空化系数 σ_p 的平均值，并可得出混流式转轮 n_s 和 σ_p 的关系如下：

当 $n_s<256(m \cdot kW)$ 时，$\sigma_p=10.8\times10^{-5}n_s^{1.333}$

当 $n_s\geqslant256(m \cdot kW)$ 时，$\sigma_p=5.9\times10^{-7}n_s^{2.273}$

我国轴流式转轮推荐采用的 n_s 和 σ_p 的关系如下：

当 $300<n_s<647(m \cdot kW)$ 时，$\sigma_p=19\times10^{-5}n_s^{1.333}$

当 $647\leqslant n_s<1000(m \cdot kW)$ 时，$\sigma_p=7\times10^{-6}n_s^{1.843}$

在根据水头初选额定比转速之后，一般还要考虑其他各种因素，经技术经济比较后才能选定比转速。

选定了比转速就是选定了转速，水轮机的空化系数、吸出高度以及发电机的尺寸、重

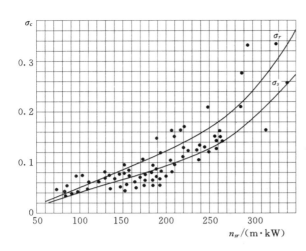

图 3-16　我国混流式水轮机转轮 5％功率限
制点的比转速和临界空化系数的分布图

量等也大致确定了。但单位转速和单位流量还可在一定范围内变化，理论和实践都表明在效率不变的前提下，采用单位流量较大、单位转速较低的转轮可减小水轮机的尺寸、重量和转轮圆周速度，对降低水轮机造价、减轻止漏环的磨蚀破坏都有好处，值得在转轮设计和转轮选择中参考。

如第 1 章所述，不同类型水轮机的适用水头范围有一定的交叉。把可适用在技术或经济方面均具有被选条件的两种不同类型水轮机的水头，称作交界水头。在交界水头范围内选择水轮机要相对复杂一些，需将两种类型水轮机均列为待定方案，并对机组台数进行校核（因机型影响台数），进而选定不同类型、不同台数的几个方案的转轮基本参数，最后再进行方案间的分析、比较，选出最优方案。

3.3.4　反击式水轮机主要参数的选择

本节介绍了利用水轮机型谱参数和模型综合特性曲线，根据相似理论选择反击式水轮机的主要参数。为了方便，原型水轮机各参数的符号就不再加注脚标"P"。

3.3.4.1　选择转轮公称直径 D

根据式（3-37）可得出水轮机额定功率为 $P_r = 9.81 Q_{11} D^2 H_r^{3/2} \eta$，则转轮公称直径的计算公式为

$$D = \sqrt{\frac{P_r}{9.81 Q_{11} H_r^{3/2} \eta}} \qquad (3-39)$$

式中各项的取值方法如下：

（1）P_r 为水轮机的额定功率，kW。可按式（3-40）求得：

$$P_r = \frac{P_g}{\eta_g} \qquad (3-40)$$

式中：P_g 为发电机的额定功率（单机容量），kW；η_g 为发电机的效率，一般取 0.95～0.98。

（2）H_r 为水轮机的额定水头，m。

（3）Q_{11} 为水轮机的单位流量，m^3/s。对混流式水轮机，查模型综合特性曲线图上最优单位转速 n_{110M}（或略高于 n_{110M}）与 5％功率限制线的交点（限制工况点）；对轴流式水轮机，采用转轮型谱表中推荐的最大值（限制工况值），或根据允许吸出高度 H_{sp} 计算出允许空化系数 σ_{sp} 后，查模型综合特性曲线图上 σ_{sp} 线与最优单位转速 n_{110M} 的交点（电站开挖深度受限制时）。根据 H_{sp} 计算 σ_{sp} 的公式为

$$\sigma_{sp}=\frac{10-\dfrac{\nabla}{900}-H_{sp}}{K_{\sigma}H_{r}}\qquad(3-41)$$

或

$$\sigma_{sp}=\frac{10-\dfrac{\nabla}{900}-H_{sp}}{H_{r}}-\Delta\sigma\qquad(3-42)$$

允许吸出高度 H_{sp} 的选取，应根据工程地质条件、下游水位变幅、厂房布置及电站对外交通等具体情况，加以确定。

（4） η 为原型水轮机的效率，%，它等于模型效率 η_M 加上效率修正值 $\Delta\eta$，即 $\eta=\eta_M+\Delta\eta$。在 D 确定之前，无法计算 $\Delta\eta$，因此先假定 $\Delta\eta=2\%\sim3\%$，在求出 D 之后再进行修正。 η_M 取上述 Q_{11} 限制工况点的效率，即通过查模型综合特性曲线图上 n_{110M} 与 Q_{11} 的交点求得。

计算出 D 后，根据转轮标准直径系列（表 3-5）选取转轮公称直径，一般选取接近计算值偏大的标准直径作为公称直径。这样一方面可以减小受阻功率；另一方面可以增加季节性电能。但当根据选用的标准直径计算出的水轮机参数明显不合理时，可直接采用计算值作为公称直径。

表 3-5　　　　　　　　　　反击式水轮机转轮标准直径系列　　　　　　　　单位：mm

250	300	350	(400)	420	500	600	710	(800)
840	1000	1200	1400	1600	1800	2000	2250	2500
2750	3000	3300	3800	4100	4500	5000	5500	6000
6500	7000	7500	8000	8500	9000	9500	10000	10500

注　括号中的数字仅适用于轴流式水轮机。

3.3.4.2　计算效率修正值 $\Delta\eta$ 和单位转速修正值 Δn_{11}

根据 3.1.4 节中给出的公式计算 $\Delta\eta$ 和 Δn_{11}，从而获得原型水轮机的效率 η 和单位转速 n_{11}，并复核计算转轮公称直径 D 时假定的 $\Delta\eta$ 是否合适，若相近则 D 正确，否则需重新计算 D。

对于轴流转桨式水轮机，效率修正值应该针对不同的叶片转角 φ 分别进行计算，而单位转速修正值可根据最优转角的最高效率值进行计算。

3.3.4.3　选择额定转速 n

根据式（3-18）可知水轮机转速随单位转速和水头的变化而变化。为了使水轮机在经常出现的水头——加权平均水头下效率最高，因此计算时水头取加权平均水头 H_w，缺乏资料时可近似采用额定水头；单位转速采用原型最优单位转速 n_{110}， $n_{110}=n_{110M}+\Delta n_{11}$；转轮直径采用选定的转轮公称直径。则可得转速的计算公式为

$$n=\frac{n_{110}\sqrt{H_w}}{D}\qquad(3-43)$$

计算出 n 后，选取与计算值最为接近的发电机标准同步转速（表 3-6）作为机组的额定转速。如果计算值介于两个标准转速之间，一般选大值。因为这样可以减少发电机磁极对数，降低造价。

表 3 - 6 发电机的同步转速推荐值　　　　　　单位：r/min

极对数	3	4	5	6	7	8	9	10	11	12
同步转速	1000	750	600	500	428.6	375	333.3	300	273	250
极对数	14	16	18	20	22	24	26	28	30	32
同步转速	214.3	187.5	166.7	150	136.4	125	115.4	107.1	100	93.8
极对数	34	36	38	40	42	44	46	48	50	52
同步转速	88.2	83.3	79	75	71.4	68.2	65.2	62.5	60	57.7

3.3.4.4　检验所选 D 和 n 是否合适

由于所选 D 和 n 均为标准值，与计算值略有差异，因此需检验所选定水轮机参数是否能保证水轮机在最优效率区工作。包括以下两方面。

1. 检验单位转速范围

按加权平均水头 H_w、额定水头 H_r、最大水头 H_{max}、最小水头 H_{min} 以及 D、n 分别计算出对应的模型单位转速 n_{11uM}、n_{11rM}、n_{11minM} 和 n_{11maxM}，即

$$n_{11uM} = \frac{nD}{\sqrt{H_w}} - \Delta n_{11} \tag{3-44}$$

$$n_{11rM} = \frac{nD}{\sqrt{H_r}} - \Delta n_{11} \tag{3-45}$$

$$n_{11minM} = \frac{nD}{\sqrt{H_{max}}} - \Delta n_{11} \tag{3-46}$$

$$n_{11maxM} = \frac{nD}{\sqrt{H_{min}}} - \Delta n_{11} \tag{3-47}$$

将 n_{11uM}（或 n_{11rM}）值与模型最优单位转速 n_{110M} 值比较，若相差不大，则说明水轮机在大部分时间内运行在高效率区。再在模型综合特性曲线上标出 $n_{11minM} \sim n_{11maxM}$ 的范围，此范围应包含最优效率区，否则应调整 D 和 n。

2. 检验额定单位流量 Q_{11r}

按水轮机的额定水头 H_r 和选定的直径 D 根据式（3-48）可计算出水轮机以额定功率 P_r 工作时的额定单位流量 Q_{11r}。

$$Q_{11r} = \frac{P_r}{9.81 D^2 H_r^{3/2} \eta_r} \tag{3-48}$$

式中：η_r 为原型水轮机额定工况点（Q_{11r}，n_{11r}）的效率，可通过试算求得。

在模型综合特性曲线上检查此 Q_{11r} 是否超过了 5% 功率限制线或型谱中建议的数值。若超过则说明 D 选得太小，若没超过且差值较大则说明 D 选得太大。

3.3.4.5　计算吸出高度 H_s

吸出高度的计算可采用式（2-67）或式（2-68）。初步计算时，空化系数 σ 可采用额定水头 H_r 下的额定工况点（Q_{11r}，n_{11r}）对应的 σ；详细计算时，选择 H_{max}、H_r、H_{min} 分别计算 H_s，取最小值；其中 σ 应采用该水头所对应的限制工况点（Q_{11}，n_{11}）对应的 σ。

3.3.5 反击式水轮机选择的实例

3.3.5.1 混流式水轮机选择实例

1. 已知条件

某水电站装机容量 400MW，机组 4 台，单机容量 100MW；最大水头 $H_{max}=91m$，最小水头 $H_{min}=57m$，加权平均水头 $H_w=76.8m$，额定水头 $H_r=73m$；水轮机安装处海拔高程$\nabla=325m$。

2. 水轮机型号的选择

根据水头范围，在混流式转轮型谱表（附表 A.1）中查得可选用 HL220 型转轮。

3. 水轮机主要参数的选择

（1）选择转轮公称直径 D。

水轮机额定功率 $\qquad P_r=\dfrac{P_g}{\eta_g}=\dfrac{100000}{0.98}=102000(kW)$

在 HL220 转轮模型综合特性曲线图上查得最优单位转速 $n_{110M}=70r/min$ 与 5% 功率限制线交点对应的限制工况单位流量 $Q_{11}=1.15m^3/s$，模型效率 $\eta_M=89\%$。初步假定限制工况原型效率 $\eta=91\%$，则转轮公称直径为

$$D=\sqrt{\frac{P_r}{9.81Q_{11}H_r^{3/2}\eta}}=\sqrt{\frac{102000}{9.81\times1.15\times73^{3/2}\times0.91}}=3.99(m)$$

计算值处于标准值 3.8m 和 4.1m 之间，选用与之接近并偏大的标准直径 $D=4.1m$。

（2）计算效率修正值 $\Delta\eta$ 和单位转速修正值 Δn_{11}。

1）计算效率修正值。对于混流式水轮机，按式（3-19）计算效率修正值 $\Delta\eta$，即

$$\Delta\eta=K(1-\eta_{maxM})\left[1-\left(\frac{D_M}{D_P}\right)^{0.2}\right]=0.7\times(1-0.91)\times\left[1-\left(\frac{0.46}{4.1}\right)^{0.2}\right]=0.022=2.2\%$$

则原型水轮机的最高效率为

$$\eta_{max}=\eta_{maxM}+\Delta\eta=0.91+0.022=0.932=93.2\%$$

原型水轮机在限制工况下的效率为

$$\eta=\eta_M+\Delta\eta=0.89+0.022=0.912=91.2\%（与原来假定的数值接近,不修正）$$

2）计算单位转速修正值。

$$\Delta n_{11}=n_{110M}\left(\sqrt{\frac{\eta_{maxP}}{\eta_{maxM}}}-1\right)=n_{110M}\left(\sqrt{\frac{0.932}{0.91}}-1\right)=0.012n_{110M}<0.03n_{110M}$$

则 Δn_{11} 可忽略不计，即单位转速可不用修正。同样单位流量也不需修正。

（3）选择额定转速 n。

$$n=\frac{n_{110}\sqrt{H_w}}{D}=\frac{70\times\sqrt{76.8}}{4.1}=149.6(r/min)$$

选取与之接近的标准同步转速 $n=150r/min$。

（4）检验所选 D 和 n 是否合适。

1）单位转速范围。

$$n_{11uM}=\frac{nD}{\sqrt{H_w}}-\Delta n_{11}=\frac{150\times4.1}{\sqrt{76.8}}=70.2(r/min)$$

$$n_{11rM} = \frac{nD}{\sqrt{H_r}} - \Delta n_{11} = \frac{150 \times 4.1}{\sqrt{73}} = 72.0\,(\text{r/min})$$

$$n_{11minM} = \frac{nD}{\sqrt{H_{max}}} - \Delta n_{11} = \frac{150 \times 4.1}{\sqrt{91}} = 64.5\,(\text{r/min})$$

$$n_{11maxM} = \frac{nD}{\sqrt{H_{min}}} - \Delta n_{11} = \frac{150 \times 4.1}{\sqrt{57}} = 81.5\,(\text{r/min})$$

2）额定单位流量 Q_{11r}。

$$Q_{11r} = \frac{P_r}{9.81 D^2 H_r^{3/2} \eta_r} = \frac{102000}{9.81 \times 4.1^2 \times 73^{3/2} \times 0.926} = 1.07\,(\text{m}^3/\text{s}) < 1.15\,(\text{m}^3/\text{s})$$

从 HL220 转轮模型综合特性曲线图可看出，n_{11uM} 值与模型最优单位转速 n_{110M} 值基本相同，说明水轮机在大部分时间内运行在高效率区；n_{11minM}、n_{11maxM} 及 Q_{11r} 所形成的水轮机运行范围基本包含了高效率区，说明所选转轮直径 $D = 4.1\text{m}$ 和转速 $n = 150\text{r/min}$ 是合适的。

则水轮机的额定流量 Q_r 为

$$Q_r = Q_{11r} D^2 \sqrt{H_r} = 1.07 \times 4.1^2 \times \sqrt{73} = 153.68\,(\text{m}^3/\text{s})$$

（5）计算吸出高度 H_s。

由额定工况点（$Q_{11r} = 1.07\text{m}^3/\text{s}$，$n_{11r} = 72\text{r/min}$）在 HL220 转轮模型综合特性曲线图可查得相应的空化系数 $\sigma = 0.123$；根据额定水头 $H_r = 73\text{m}$ 查图 2 - 20 可得空化系数修正值 $\Delta\sigma = 0.019$，则水轮机在额定水头下的吸出高度为

$$H_s = 10 - \frac{\nabla}{900} - (\sigma + \Delta\sigma)H = 10 - \frac{325}{900} - (0.123 + 0.019) \times 73 = -0.73\,(\text{m})$$

3.3.5.2　轴流转桨式水轮机选择实例

1. 已知条件

某水电站装机容量 144MW，机组 4 台，单机容量 36MW；最大水头 $H_{max} = 35\text{m}$，最小水头 $H_{min} = 22\text{m}$，加权平均水头 $H_w = 29.5\text{m}$，额定水头 $H_r = 28\text{m}$；水轮机安装处海拔高程 $\nabla = 1384\text{m}$；允许吸出高度 $H_{sp} = -4.5\text{m}$。

2. 水轮机型号的选择

根据水头范围，在轴流式转轮型谱表（附表 A.2）中查得可选用 ZZ440 型转轮。

3. 水轮机主要参数的选择

（1）选择转轮公称直径 D。

水轮机额定功率　　　　$P_r = \dfrac{P_g}{\eta_g} = \dfrac{36000}{0.96} = 37500\,(\text{kW})$

水轮机转轮型谱表中推荐 ZZ440 转轮在限制工况下的 $Q_{11} = 1.65\text{m}^3/\text{s}$，在模型综合特性曲线图上查得最优单位转速 $n_{110M} = 115\text{r/min}$ 与其交点对应的限制工况下的空化系数 $\sigma = 0.72$。而当允许吸出高度 $H_{sp} = -4.5\text{m}$ 时，相应的空化系数：

$$\sigma_{sp}=\frac{10-\dfrac{\nabla}{900}-H_{sp}}{H_r}-\Delta\sigma=\frac{10-\dfrac{1384}{900}+4.5}{28}-0.043=0.42<0.72$$

式中：$\Delta\sigma$ 为空化系数修正值，可根据额定水头查图 2-20 得到。

因此限制工况点为 $n_{110M}=115\text{r/min}$，$\sigma_{sp}=0.42$，在 ZZ440 转轮模型综合特性曲线图上该点对应的 $Q_{11}=1.15\text{m}^3/\text{s}$，$\eta_M=86.7\%$。初步假定限制工况原型效率 $\eta=90\%$，则转轮公称直径为

$$D=\sqrt{\frac{P_r}{9.81Q_{11}H_r^{3/2}\eta}}=\sqrt{\frac{37500}{9.81\times1.15\times28^{3/2}\times0.90}}=4.99(\text{m})$$

选用与之接近的标准直径 $D=5\text{m}$。

（2）计算效率修正值 $\Delta\eta$ 和单位转速修正值 Δn_{11}。

1）计算效率修正值。对于轴流式水轮机，按式（3-20）计算效率修正值 $\Delta\eta$，即

$$\Delta\eta=K(1-\eta_{maxM})\left[0.7-0.7\left(\frac{D_M}{D_P}\right)^{0.2}\left(\frac{H_M}{H_P}\right)^{0.1}\right]$$
$$=0.7(1-\eta_{maxM})\left[0.7-0.7\times\left(\frac{0.46}{5}\right)^{0.2}\times\left(\frac{3.5}{28}\right)^{0.1}\right]$$
$$=0.243(1-\eta_{maxM})$$

由于转轮叶片在不同转角 φ 时，对应的 η_{maxM} 不同，因此需对每个叶片转角分别进行修正，计算结果见表 3-7。

表 3-7   **ZZ440 型水轮机效率修正值**

叶片转角 $\varphi/(°)$	-10	-5	0	5	10	15
$\eta_{maxM}/\%$	84.9	88	88.8	88.3	87.2	86.0
$\Delta\eta/\%$	3.7	2.9	2.7	2.8	3.1	3.4

由附表 A.5 查得 ZZ440 转轮模型最高效率为 $\eta_{maxM}=89\%$，且接近 $\varphi=0°$ 的等转角线，因此采用 $\Delta\eta=2.7\%$ 作为其效率修正值，从而得原型水轮机的最高效率为

$$\eta_{max}=\eta_{maxM}+\Delta\eta=0.89+0.027=0.917=91.7\%$$

由于限制工况点（$n_{110M}=115\text{r/min}$，$Q_{11}=1.15\text{m}^3/\text{s}$）非常接近于 $\varphi=10°$ 的等转角线，因此该点的效率修正值 $\Delta\eta=3.1\%$。则原型水轮机在限制工况下的效率为

$$\eta=\eta_M+\Delta\eta=0.867+0.031=0.898(\text{与原来假定的数值接近，不修正})$$

2）计算单位转速修正值。

$$\Delta n_{11}=n_{110M}\left(\sqrt{\frac{\eta_{maxP}}{\eta_{maxM}}}-1\right)=n_{110M}\left(\sqrt{\frac{0.917}{0.89}}-1\right)=0.015n_{110M}<0.03n_{110M}$$

则 Δn_{11} 可忽略不计，即单位转速可用不修正。同样单位流量也不需修正。

（3）选择额定转速 n。

$$n=\frac{n_{110}\sqrt{H_w}}{D}=\frac{115\times\sqrt{29.5}}{5}=124.9(\text{r/min})$$

选取与之接近的标准同步转速 $n=125\text{r/min}$。

（4）检验所选 D 和 n 是否合适。

1）单位转速范围。

$$n_{11uM} = \frac{nD}{\sqrt{H_w}} - \Delta n_{11} = \frac{125 \times 5}{\sqrt{29.5}} = 115.1(\text{r/min})$$

$$n_{11rM} = \frac{nD}{\sqrt{H_r}} - \Delta n_{11} = \frac{125 \times 5}{\sqrt{28}} = 118.1(\text{r/min})$$

$$n_{11minM} = \frac{nD}{\sqrt{H_{max}}} - \Delta n_{11} = \frac{125 \times 5}{\sqrt{35}} = 105.6(\text{r/min})$$

$$n_{11maxM} = \frac{nD}{\sqrt{H_{min}}} - \Delta n_{11} = \frac{125 \times 5}{\sqrt{22}} = 133.3(\text{r/min})$$

2）额定单位流量 Q_{11r}。

$$Q_{11r} = \frac{P_r}{9.81 D^2 H_r^{3/2} \eta_r} = \frac{37500}{9.81 \times 5^2 \times 28^{3/2} \times 0.898} = 1.15(\text{m}^3/\text{s})$$

从 ZZ440 转轮模型综合特性曲线图可看出，n_{11uM} 值与模型最优单位转速 n_{110M} 值基本相同，说明水轮机在大部分时间内运行在高效率区；n_{11minM}、n_{11maxM} 及 Q_{11r} 所形成的水轮机运行范围包含了高效率区，说明所选转轮直径 $D = 5\text{m}$ 和转速 $n = 125\text{r/min}$ 是合适的。

水轮机的额定流量 Q_r 为

$$Q_r = Q_{11r} D^2 \sqrt{H_r} = 1.15 \times 5^2 \times \sqrt{28} = 152.1(\text{m}^3/\text{s})$$

（5）计算吸出高度 H_s。

由额定工况点（$Q_{11r} = 1.15\text{m}^3/\text{s}$，$n_{11r} = 118.1\text{r/min}$）在 ZZ440 转轮模型综合特性曲线图可查得相应的空化系数 $\sigma = 0.41$，则水轮机在额定水头下的吸出高度为

$$H_s = 10 - \frac{\nabla}{900} - (\sigma + \Delta\sigma)H = 10 - \frac{1384}{900} - (0.41 + 0.043) \times 28 = -4.22(\text{m}) > -4.5(\text{m})$$

满足要求。

3.3.6　不同水轮机选择方案的比较分析

对拟定的不同机型和台数的各方案进行上述计算后，还应进行分析比较，并选择出最优方案。

3.3.6.1　汇总并分析计算结果和有关资料

将各方案模型转轮主要性能和计算得出的原型水轮机参数汇总起来（可采用类似于表 3-8 的格式），并加以分析、评价。当各项目间的优劣情况存在矛盾时，应分清主次，全面分析。

表 3-8　　　　　　　　　　　　　　水轮机方案参数比较表

序号	项　目		待定方案			分析评价
			一	二	三	
1	模型转轮参数	推荐使用水头范围/m				
2		最优单位转速 $n_{110M}/(\text{r} \cdot \text{min}^{-1})$				
3		最优单位流量 $Q_{110M}/(\text{L} \cdot \text{s}^{-1})$				
4		限制工况单位流量 $Q_{11LM}/(\text{L} \cdot \text{s}^{-1})$				
5		最高效率 $\eta_{maxM}/\%$				
6		限制工况空化系数 σ_L				

续表

序号	项 目		待定方案			分析评价
			一	二	三	
7	原型水轮机参数	工作水头范围				在推荐使用水头范围内或相近
8		最高效率 $\eta_{\max}$/%				高效率为优
9		计算点效率 η/%				高效率为优
10		运行范围工作效率情况	差	好	中	运行范围处高效率区为优，分等评价
11		转轮公称直径 D/m				小者有利
12		转速 n/(r·min^{-1})				大者有利
13		额定单位流量 Q_{11r}/(L·s^{-1})				小于并更接近于限制工况为优
14		额定水头时空化系数 σ				小者为优
15		吸出高度 H_s/m				大者为优

3.3.6.2 进行方案的动能经济比较

1．多年平均发电量

通过绘制各方案的水电站运转综合特性曲线图，可方便地计算出各方案的水轮机平均效率及相应的多年平均发电量。

2．水电站投资

水轮机选定后，即可选配发电机及附属机电设备，并按单价估算设备投资。

根据水轮机转轮直径可确定进、出水设备的外形轮廓尺寸，从而初步确定厂房的平面尺寸；根据水轮机安装高程可推求厂房各主要控制性高程。根据厂房平面尺寸和各高程即可初步拟定厂房布置方案，从而估算出土建工程量及其所需投资额。

3．水电站年运行管理费用

分析各方案运行、管理方面的特点，初估水电站运行管理费用。

上述动能经济指标确定以后，即可根据一定的经济准则进行动能经济比较。

最后，综合分析水轮机选择过程中各种计算结果和技术经济指标，并顾及水轮机制造厂家的生产能力和技术水平，考虑通往电站的水、陆运输条件，经过全面论证，择优选定水轮机的型号、台数、转轮直径及额定转速等，并定出合理的机组装置方式和水轮机安装高程。

3.3.7 水斗式水轮机主要参数的选择

水斗式水轮机的选择同样是先拟定几种装置形式和喷嘴布置方案，然后对每个方案进行主要参数的计算，最后进行方案比较选择最优方案。

3.3.7.1 喷嘴数 z_0 的确定

由于水斗式水轮机装置有不同的喷嘴数，因此一个喷嘴的射流作用于转轮时的比转速 n_{s1} 与所有喷嘴的射流同时作用于转轮时的比转速 n_s 不同。水轮机的输出功率 P 与喷嘴的数目 z_0 成正比，即 $P = P_1 z_0$，所以有

$$n_s = \frac{n\sqrt{P}}{H^{5/4}} = \frac{n\sqrt{P_1 z_0}}{H^{5/4}} = \frac{n\sqrt{P_1}}{H^{5/4}}\sqrt{z_0}$$

式中：P_1 为单个喷嘴的射流作用于转轮时输出的功率，kW。

由于
$$n_{s1} = \frac{n \sqrt{P_1}}{H^{5/4}} \qquad (3-49)$$

则
$$n_s = n_{s1} \sqrt{z_0} \qquad (3-50)$$

从式（3-50）可看出，水斗式水轮机的比转速与喷嘴数目的平方根成正比。因此增加喷嘴数可提高水轮机的比转速，减小机组的尺寸和重量，降低机组的造价和土建投资；但增加喷嘴数会使厂房结构和布置复杂，且喷射的水流宜互相干扰。目前，大型水斗式水轮机多采用立轴多喷嘴机组（一般为 4～6 个喷嘴）。

3.3.7.2　最优直径比

水斗式水轮机转轮公称直径 D 和射流直径 d_0 的比值称为直径比，用 m 表示，即 $m = \frac{D}{d_0}$。直径比 m 是水斗式水轮机的一个重要参数。直径比越小，即转轮直径越小、射流直径越大，比转速越高。但 m 过小，会导致水轮机效率降低，引起水斗上的应力急剧增大，且使水斗安装困难。因此 m 值不宜过大也不宜过小。

根据已有统计资料，为使水轮机具有较高的效率，应使
$$m = 10 \sim 18 \qquad (3-51)$$

水头较低时取较小数值，水头较高时取较大数值。

3.3.7.3　主要参数的选择

水斗式水轮机主要参数的选择是在初步确定机组的装置方式（立轴或卧轴）和喷嘴数目的基础上根据额定工况下的功率、水头、流量和比转速进行的。主要包括转轮直径 D、额定转速 n、射流直径 d_0、喷嘴直径 d 和水斗的数目 Z_2 等。

1. 额定转速 n

由式（3-49）可得额定工况下的额定转速计算公式为
$$n = n_{sr1} \frac{H_r^{5/4}}{\sqrt{P_{r1}}} \qquad (3-52)$$

式中：n_{sr1} 为单个喷嘴的额定比转速，可根据额定水头 H_r 查图 3-15 确定；P_{r1} 为单个喷嘴的射流作用于转轮时的额定功率，kW，$P_{r1} = \frac{P_r}{z_0}$。

计算出 n 后，选取与计算值最为接近的发电机标准同步转速（表 3-6）作为机组的额定转速。

2. 转轮直径 D

根据单位转速计算公式（3-17）可得转轮直径的计算公式为
$$D = \frac{n_{110} \sqrt{H_r}}{n} \qquad (3-53)$$

式中：n_{110} 为水轮机最优单位转速，可由模型综合特性曲线上或附表 A.6 查得。

计算出 D 后，与选择反击式水轮机相似，选取标准直径（0.1m 的整数倍）作为转轮直径。

3. 射流直径 d_0

当取喷嘴射流的流速系数 $\mu = 0.97$ 时，根据式（2-37）可得射流直径计算公式为

$$d_0 = 0.545 \sqrt{\frac{Q_r}{z_0 \sqrt{H_r}}} \qquad (3-54)$$

式中：Q_r 为水轮机的额定流量，m^3/s。

4. 喷嘴直径 d

水斗式水轮机的喷嘴通常采用收缩型，对射流有一定的收缩作用，因此喷嘴直径大于射流直径，一般取

$$d = (1.15 \sim 1.25)d_0 \qquad (3-55)$$

当 d 小于 55mm 时，水轮机的效率显著降低，因此当功率较大时，最好不用直径小于 55mm 的喷嘴。

5. 水斗数目 Z_2

水斗均匀分布在轮盘的圆周上。在水轮机运行过程中，为使水轮机获得较高的效率，就要求射流能连续地作用在水斗上并且从水斗反射回的射流不触及另一个水斗的背面。因此水斗数目主要与直径比 m 有关，一般可按式（3-56）确定：

$$Z_2 = (6 \sim 6.7)\sqrt{\frac{D}{d_0}} \qquad (3-56)$$

3.4　水轮机蜗壳和尾水管的选择

蜗壳和尾水管作为反击式水轮机的进水部件和泄水部件，其结构型式和尺寸对水轮机运行时的能量、空化和稳定特性有较大影响。同时，也将直接影响厂房平面尺寸、厂房基础开挖量及其布置设计。

3.4.1　水轮机蜗壳的型式与主要尺寸的确定

对于反击式水轮机，为了保证运行的稳定性，水体由压力管道进入蜗壳后，一方面沿着圆周呈环向流动，另一方面又经座环均匀而呈轴对称地流入导水机构。因此通过蜗壳各断面的流量应均匀减小，故蜗壳断面由进口向末端逐渐减小，使其外形很像蜗牛壳，如图3-17（a）所示。

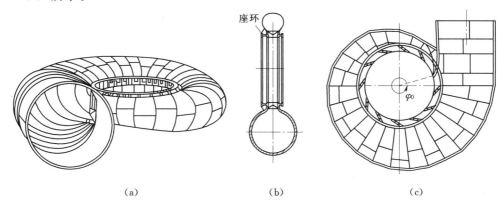

图 3-17　钢板焊接蜗壳结构

（a）外形；（b）剖面；（c）平面

3.4.1.1　蜗壳的型式及其主参数的选择

蜗壳有钢筋混凝土蜗壳（简称混凝土蜗壳）和金属蜗壳两种型式，其型式选择与水头有关。

为了节约钢材，一般当水头在 40m 以下时多采用混凝土蜗壳。因此，混凝土蜗壳特别适用于低水头大流量的轴流式水轮机。目前，混凝土蜗壳的使用水头也有大于 40m 的情况（最高用到 80m），此时为了防止蜗壳内水向外渗漏，需在蜗壳内壁加钢板衬砌作为保护层。

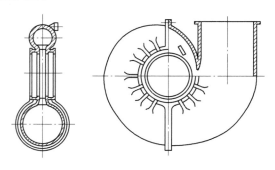

图 3-18　铸造蜗壳结构

当水头大于 40m 时多采用金属蜗壳。根据出力和水头的不同，金属蜗壳可采用不同的材料。在 40～200m 水头范围内的大中型水轮机广泛采用由许多块成形后的钢板拼装焊接而成的钢板焊接蜗壳（图 3-17）。当水头大于 200m 时常采用与座环一起铸造而成的铸钢蜗壳（图 3-18）。

蜗壳的主参数包括包角大小、断面形状和进口断面平均流速。下面分述确定这些参数的原则和方法。

1. 蜗壳包角 φ_0

蜗壳的末端通常和一个座环的固定导叶连接在一起，此固定导叶的出口边称为蜗壳的鼻端，从蜗壳鼻端断面到进口断面之间的夹角称为蜗壳包角 φ_0，如图 3-17 所示。包角 φ_0 是影响蜗壳尺寸和水力性能的参数之一。当包角 $\varphi_0 = 360°$ 时，水流可以均匀而呈轴对称地进入导水机构，但由于全部流量都由蜗壳进口断面进入，因此要求蜗壳平面尺寸较大。随着包角 φ_0 的减小，直接由压力管道进入导水机构的流量增加，则蜗壳平面尺寸随之减小，但由于非蜗形部分的加大，将使水力效率降低，超过一定限度就会影响水力性能。

金属蜗壳一般用于高水头小流量的水轮机，其外形尺寸的大小对水电站厂房的尺寸和造价影响不大，因此为获得良好的水力性能，一般取包角范围为 $\varphi_0 = 340°～360°$，由于结构、工艺上的原因，大多采用 $\varphi_0 = 345°$。

对于用在低水头大流量电站的混凝土蜗壳，其外形尺寸对水电站厂房平面尺寸起决定作用，因此采用较小的包角，其包角范围一般为 $\varphi_0 = 135°～270°$。通常情况，当水头 $H < 25m$ 时，$\varphi_0 = 180°$；当水头 $H = 25～40m$ 时，$\varphi_0 = 180°～270°$。135°小包角只用于有特殊要求时，常用的包角为 180°。

2. 蜗壳的断面形状

由于金属蜗壳的工作水头较高，承担较大的内水压力，因此其断面一般做成圆形或椭圆形（蜗壳末端）。对于钢板制作的蜗壳，它是沿座环圆周焊接在上、下碟形边上，如图 3-19 所示。图 3-19 中，D_a 和 D_b 分别为座环立柱的外径和内径（由附录 C 查得），r_a 和 r_b 分别为座环立柱的外半径和内半径，b_0 为导叶高度（由附录 A 查得），ρ 为蜗壳断面半径，r 为蜗壳外轮廓距机组中心线的最大距离。

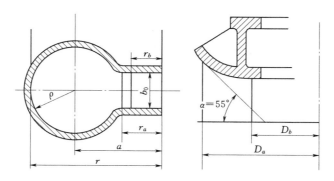

图 3-19 金属蜗壳与座环的连接

为了便于施工并减小蜗壳径向尺寸，混凝土蜗壳通常采用多边形断面。如图 3-20 所示，多边形断面可分为对称式（$m=n$）、下伸式（$m>n$）、上伸式（$m<n$）和平顶式（$n=0$）。通常采用下伸式断面，因为它可以减少水下部分混凝土体积，有利于导水机构、接力器和其他附属设备的布置。在使用平顶式蜗壳时需注意由于断面过分下伸而形成水流死角的情况。而上伸式主要用于岩石很坚硬，不易开挖；或其下面设有管道及有其他用处的情况。

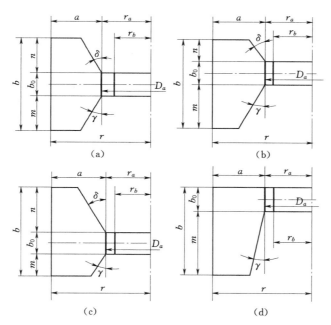

图 3-20 混凝土蜗壳断面形状

(a) $m=n$；(b) $m>n$；(c) $m<n$；(d) $n=0$

3. 蜗壳进口断面平均流速 $\overline{v}_1$

蜗壳进口断面平均流速 $\overline{v}_1$ 对蜗壳的水力性能、机组布置间距以及材料消耗量有较大的影响。$\overline{v}_1$ 选得越大，在相同流量时，蜗壳的尺寸越小，不但可以节省钢材，还能降低厂房的造价，但却增加了蜗壳和导水机构中的水力损失。因此，蜗壳进口断面平均流速的确定是个动能经济问题，对于大型水轮机蜗壳，应进行专门的模型试验研究和综合技术经济比较来确定。根据经验和统计资料，一般可根据图 3-21 中的曲线，按额定水头查取。图中给出了流速的上限、下限和中间值，一般情况下可采用图中的中间值。对圆断面的金属蜗壳和有钢板里衬的混凝土蜗壳，可取上限；混凝土蜗壳可取中间值，当在厂房中的布置不受限制时，也可取下限。此外，蜗壳进口断面平均流速不应小于引水压力管道中的流速。

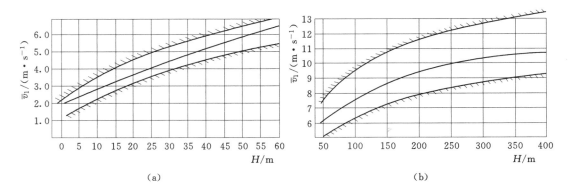

图 3-21　蜗壳进口断面平均流速曲线

（a）水头小于 60m 时；（b）水头在 50~400m 时

3.4.1.2　蜗壳中水流运动的规律

从水力观点看，蜗壳的作用就是使水流具有一定的环量，从而使水流平顺地以较小的撞击损失进入固定导叶和活动导叶。水流在蜗壳中的速度可分解为径向分速度 v_r 和圆周切向分速度 v_u。在进入座环时，按照均匀轴对称入流的要求，v_r 应为一常数，其值为

$$v_r = \frac{Q_{\max}}{\pi D_a b_0} \tag{3-57}$$

对于圆周切向分速度的变化规律，目前主要有以下 3 种假定。

1. 速度矩为常数

假定蜗壳内水流流动为轴对称有势流动，则根据动量矩守恒原理可得速度矩为常数，即 $v_u r = k = \text{const}$。式中：k 为蜗壳常数，其大小取决于蜗壳的型式和尺寸；r 为半径，为水流质点距水轮机中心的距离。这种假定比较符合实际情况，在工程中得到了广泛的应用。

2. 速度为常数

这个假定认为蜗壳各断面上的圆周分速度 v_u 不变，即 $v_u = \text{const}$。运用该假定计算得出的蜗壳尾部的流速较小，使得断面尺寸较大，不仅减小了水力损失而且便于加工制造。但是由于沿流线蜗壳内水流速度与圆周分速度的夹角不等于常数，可能导致转轮径向力不平衡，从而降低了水轮机的运行稳定性。

3. 速度矩为已知函数

对于大型混流式水轮机，为了改善蜗壳的水力性能，根据对蜗壳损失的分析，近些年有人提出假定速度矩等于一已知函数 $k(\varphi)$，即 $v_u r = k(\varphi)$，式中 φ 为蜗壳断面轴向位置角。

为了保证水轮机运行的稳定性，要求水流沿固定导叶外圆周均匀进入导水机构，因此通过蜗壳任一断面的流量 Q_i 为

$$Q_i = \frac{Q_r}{360°}\varphi_i \qquad\qquad (3-58)$$

式中：φ_i 为由蜗壳鼻端断面算起至任一蜗壳断面之间的夹角（简称辐角）。

3.4.1.3　蜗壳的水力计算

蜗壳的水力计算就是确定蜗壳各断面尺寸的计算。在计算前需已知蜗壳的型式、包角 φ_0、进口断面平均流速 $\bar{v}_1$、额定水头 H_r，额定流量 Q_r、导水叶高度 b_0 及座环尺寸。下面讲一下假定速度矩为常数时的计算方法。

3.4.1.3.1　混凝土蜗壳的水力计算

1. 进口断面的计算

对于进口断面，辐角 $\varphi_1 = \varphi_0$，则选定包角 φ_0 后便可计算蜗壳进口断面过流量 Q_1，即

$$Q_1 = \frac{Q_r}{360°}\varphi_0 \qquad\qquad (3-59)$$

则蜗壳进口断面面积为

$$F_1 = \frac{Q_1}{\bar{v}_1} = \frac{Q_r\varphi_0}{360°\bar{v}_1} \qquad\qquad (3-60)$$

如图 3-20 所示，混凝土蜗壳进口断面各部分具体尺寸应尽可能满足下列条件并符合厂房设计的要求：

角度 δ 可取 $20°\sim35°$，常用 $30°$；

当 $n=0$ 时，$\dfrac{b_1}{a_1}=1.5\sim1.85$，角度 $\gamma=10°\sim15°$；

当 $m>n$ 时，$\dfrac{b_1-n_1}{a_1}=1.2\sim1.85$，角度 $\gamma=10°\sim20°$；

当 $m=n$ 时，$\dfrac{n_1}{a_1}=1.2\sim1.7$，角度 $\gamma=20°\sim35°$；

当 $m<n$ 时，$\dfrac{b_1-m_1}{a_1}=1.2\sim1.85$，角度 $\gamma=20°\sim30°$。

此外，还要求 $\dfrac{b_1}{a_1}=\dfrac{m_1+n_1+b_0}{a_1}\leqslant2.0\sim2.2$，当有缩小机组间距要求时，取大值。

在确定断面形状，选定角度 δ、γ 及 m 和 n 的比例，并计算进口断面面积 F_1 之后，便可通过试算确定进口断面各部分具体尺寸。试算表格见表 3-9，首先假定 m_1（填入第一栏）；然后依次计算后面各栏，其中 $b_1=b_0+m_1+n_1$；若 $\dfrac{b_1}{a_1}$ 在经验值范围内，则假定的 m_1 可用，否则重新假定 m_1 直到满足。

表 3-9　　　　　　　　　　　混凝土蜗壳进口断面各部分尺寸试算表

m_1	n_1	b_1	$S_m=\dfrac{1}{2}m_1^2\tan\gamma$	$S_n=\dfrac{1}{2}n_1^2\tan\delta$	$S=F_1+S_m+S_n$	$a_1=\dfrac{S}{b_1}$	$\dfrac{b_1}{a_1}$
$\vdots$							

设计时，若混凝土蜗壳前面与压力钢管连接，一般应尽量使 b_1 与钢管直径 D_1 接近，这样由圆形钢管渐变为多边形蜗壳时，才能使水头损失小，施工方便。

2. 蜗壳各中间断面的计算

为保证良好的水力性能，混凝土蜗壳自进口至鼻端各径向断面应呈光滑变化。将各个断面重叠地画在一张图上，各断面外侧的顶角和底角应分别位于线 AB 和线 CD 上〔图 3-22（b）〕。一般线 AB 和线 CD 可为直线、内弯抛物线或外弯抛物线。其中直线变化便于计算，抛物线变化水力条件较好。一般选取内弯抛物线的形式，因为其各断面的高度尺寸降低较大，径向尺寸降低较小。按速度矩为常数的假定进行设计时，各断面平均流速增加较慢，有利于蜗壳中的水流运动，而且利于防止顶板处产生真空。

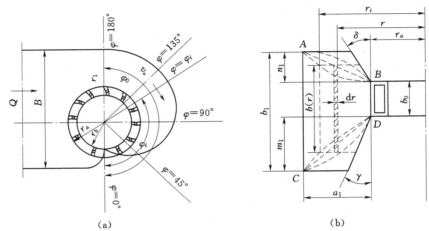

图 3-22　混凝土蜗壳水力计算图示（一）

（a）平面；（b）剖面

在绘出蜗壳进口断面图后，根据选定的蜗壳断面沿流程变化规律，即可定出蜗壳进口断面至鼻端各中间断面来。若采用内弯抛物线，则有

对 AB 线：
$$k_1 = \frac{a_i}{\sqrt{n_i}} \tag{3-61}$$

对 CD 线：
$$k_2 = \frac{a_i}{\sqrt{m_i}} \tag{3-62}$$

将进口断面的 a_1、n_1、m_1 代入即能求得抛物线方程中的常数 k_1 和 k_2。在进口断面外半径 r_1 到座环外半径 r_a 之间给出若干 a_i 值，代入式（3-61）和式（3-62）便可求出各断面相应的 n_i 和 m_i，然后将各断面顶点连接起来即可绘出抛物线 AB 和 CD。

如图 3-22（b）所示，在蜗壳任一中间断面取一微元，宽为 $\mathrm{d}r$，高为 b，半径为 r，圆周切向分速度为 v_{ui}，则流经该微元的流量为 $\mathrm{d}Q = v_{ui} b \,\mathrm{d}r$。

通过该断面的流量则为
$$Q_i = \int_{r_a}^{r_i} v_{ui} b \,\mathrm{d}r \tag{3-63}$$

将 $v_u r = k$ 代入式（3-63）得
$$Q_i = k \int_{r_a}^{r_i} \frac{b}{r} \,\mathrm{d}r \tag{3-64}$$

式（3-64）中，积分 $\int_{r_a}^{r_i}\dfrac{b}{r}\mathrm{d}r$ 可以用图解法或数值积分法进行求解，其中前者的求解比较简便。图 3-23 给出了图解解析 $\int_{r_a}^{r_i}\dfrac{b}{r}\mathrm{d}r$ 值的计算图示。根据蜗壳各断面的特点 [图 3-23（a）]，求出各断面中半径 r 与比值 $\dfrac{b}{r}$ 的关系并绘制在 $\dfrac{b}{r}$－r 坐标系中 [图 3-23（b）]，则图中 r_a 与 r_i 之间 $\dfrac{b}{r}$－r 曲线包围的面积即为所求的积分 $\int_{r_a}^{r_i}\dfrac{b}{r}\mathrm{d}r$ 值。

根据进口断面流量计算式（3-59），便可由式（3-64）求出蜗壳常数 k，即

$$k=\frac{Q_1}{\int_{r_a}^{r_1}\dfrac{b_1}{r}\mathrm{d}r}=\frac{Q_r\varphi_0}{360^\circ\int_{r_a}^{r_1}\dfrac{b_1}{r}\mathrm{d}r} \qquad (3-65)$$

由式（3-58）可得该断面的辐角为

$$\varphi_i=\frac{360^\circ}{Q_r}Q_i \qquad (3-66)$$

此外，该断面的平均流速为

$$\overline{v}_i=\frac{Q_i}{F_i} \qquad (3-67)$$

式中：F_i 为蜗壳断面面积，m^2，$F_i=a_ib_i-\dfrac{1}{2}(m_i^2\tan\gamma+n_i^2\tan\delta)$。

上述计算可列成表 3-10 的格式。根据表 3-10 中数据，即可绘出 $Q=f(r)$，$\varphi=f(r)$ 和 $\overline{v}=f(r)$ 关系曲线，如图 3-23（c）所示。在速度矩守恒的前提下，断面平均流速是沿流程增加的，因此，$\overline{v}=f(r)$ 曲线的趋势和光滑性可用来检验计算的正确性。

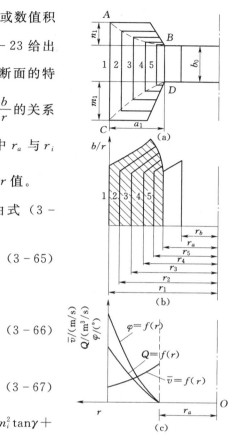

图 3-23 混凝土蜗壳水力
计算图示（二）

表 3-10 　　　　　　　混凝土蜗壳水力计算表

断面号	r_i	$\int_{r_a}^{r_i}\dfrac{b}{r}\mathrm{d}r$	$Q_i=k\int_{r_a}^{r_i}\dfrac{b}{r}\mathrm{d}r$	$\varphi_i=\dfrac{360}{Q_r}Q_i$	F_i	$\overline{v}_i=\dfrac{Q_i}{F_i}$
1						
2						
$\vdots$						

3. 绘制混凝土蜗壳平面图（单线图）和各断面尺寸图

表 3-10 中计算所得的各断面的 φ_i 值不一定是必需的，各断面最好从进口断面每隔 30° 或 45° 取一个，然后从 $\varphi=f(r)$ 曲线上找出符合要求的各 φ_i 处的 r_i 值，就可以利用图 3-23（a）中的 AB 和 CD 线绘出各相应断面轮廓图，同时也可以很方便地绘出蜗壳平

面图 [图 3 - 22 (a)]。

混凝土蜗壳平面图中非蜗形部分的宽度一般可取 (1.0~1.1)D，D 为水轮机转轮公称直径。当混凝土蜗壳进口宽度 B 很大时，为了改善顶板的受力条件，可在进口段增加中间支墩，支墩末端距机组中心一般不应小于 1.3D。

概括起来，混凝土蜗壳水力设计的步骤如下：

(1) 确定蜗壳断面形状、包角 φ_0 和进口断面平均流速 $\overline{v}_1$，选定角度 δ、γ 及 m 和 n 的比例，并计算进口断面面积 F_1。

(2) 通过试算确定进口断面各部分尺寸 (参照表 3 - 9)，并绘制进口断面图。

(3) 根据式 (3 - 61) 和式 (3 - 62) 绘制蜗壳中间各断面顶角连接线。

(4) 根据设计手册或相关资料确定座环尺寸 (附录 C)。

(5) 任意选取几个断面，用图解法求出各断面的积分 $\int_{r_a}^{r_i} \dfrac{b}{r} \mathrm{d}r$，并根据蜗壳进口断面参数求出蜗壳常数 k，见式 (3 - 65)。

(6) 根据式 (3 - 64)、式 (3 - 66) 和式 (3 - 67) 计算各断面的 Q_i、φ_i 和 $\overline{v}_i$ 值 (参照表 3 - 10)，并绘出 $Q = f(r)$，$\varphi = f(r)$ 和 $\overline{v} = f(r)$ 关系曲线。

(7) 根据 $\varphi = f(r)$ 绘制混凝土蜗壳平面图和各典型断面尺寸图。

3.4.1.3.2　金属蜗壳的水力计算

与混凝土蜗壳相同，仍假设蜗壳中水流遵循速度矩为常数的规律，则前述式 (3 - 58)、式 (3 - 59)、式 (3 - 60) 及式 (3 - 64) 仍然适用。

图 3 - 24 (b) 为金属蜗壳任一断面 i 的剖面图，该断面的辐角为 φ_i；蜗壳圆形断面的半径为 ρ_i；蜗壳圆形断面圆心距机组中心线的距离为 a_i，其大小与蜗壳和座环的连接方式有关，初步计算时可近似取 $a_i = r_a + \rho_i$；蜗壳外轮廓距机组中心线的最大距离为 r_i，$r_i = a_i + \rho_i$。

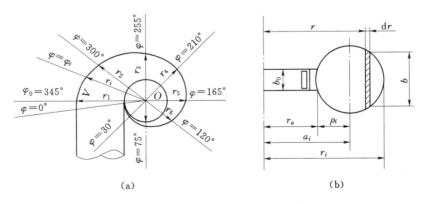

图 3 - 24　金属蜗壳水力计算图示
(a) 平面；(b) 剖面

通过该断面的流量为

$$Q_i = k \int_{r_a}^{r_i} \frac{b}{r} \mathrm{d}r \qquad (3 - 68)$$

从图 3-24（b）中可知 $b=2\sqrt{\rho_i^2-(r-a_i)^2}$，代入式（3-68）得

$$Q_i=2k\int_{r_a}^{r_i}\frac{\sqrt{\rho_i^2-(r-a_i)^2}}{r}\mathrm{d}r$$

将 $r_i=a_i+\rho_i$，$r_a=a_i-\rho_i$ 代入上式并积分得

$$Q_i=2k\pi\left(a_i-\sqrt{a_i^2-\rho_i^2}\right) \tag{3-69}$$

将式（3-58）和式（3-69）联立求解得

$$\varphi_i=\frac{720°k\pi}{Q_r}\left(a_i-\sqrt{a_i^2-\rho_i^2}\right)$$

令 $C=\dfrac{720°k\pi}{Q_r}$，则

$$\varphi_i=C\left(a_i-\sqrt{a_i^2-\rho_i^2}\right) \tag{3-70}$$

将 $a_i=r_a+\rho_i$ 代入式（3-70）可得

$$\varphi_i=C\left(r_a+\rho_i-\sqrt{r_a(r_a+2\rho_i)}\right) \tag{3-71}$$

或

$$\rho_i=\frac{\varphi_i}{C}+\sqrt{2r_a\frac{\varphi_i}{C}} \tag{3-72}$$

利用式（3-72）即可求得任意辐角 φ_i 处蜗壳圆形断面的半径 ρ_i，从而求得相应的 $r_i=r_a+2\rho_i$。式（3-72）中的系数 C 可由进口断面得出。

蜗壳进口断面的过流量和断面面积计算公式同式（3-59）和式（3-60），则进口断面半径为

$$\rho_1=\sqrt{\frac{F_1}{\pi}}=\sqrt{\frac{Q_r\varphi_0}{360°\pi\overline{v}_1}} \tag{3-73}$$

将 φ_0 和 ρ_1 代入式（3-71），即可得出

$$C=\frac{\varphi_0}{r_a+\rho_1-\sqrt{r_a(r_a+2\rho_1)}} \tag{3-74}$$

综上所述，金属蜗壳水力计算的步骤如下：

（1）确定蜗壳包角 φ_0 和进口断面平均流速 $\overline{v}_1$。

（2）根据式（3-73）计算进口断面半径 ρ_1。

（3）根据设计手册或相关资料确定座环尺寸（附录 C）。

（4）根据式（3-74）计算系数 C。

（5）确定计算断面数，定出各计算断面的辐角 φ_i，利用式（3-72）列表（表 3-11）计算各断面的 ρ_i 和 r_i，并据以绘出蜗壳平面图，如图 3-24（a）所示。

表 3-11　　　　　　　　　　金属蜗壳水力计算表

断面号	φ_i	φ_i/C	$2r_a\varphi_i/C$	ρ_i	$r_i=r_a+2\rho_i$
1					
2					
⋮					

3.4.2　水轮机尾水管的型式与主要尺寸的确定

尾水管是反击式水轮机的泄水部件，其型式和尺寸对转轮出口动能的恢复、厂房基础开挖和下部块体混凝土的尺寸均有很大的影响。尾水管的尺寸越大，水轮机的效率越高，但水电站的工程量和投资也越大，因此合理地选择尾水管的型式和尺寸在水电站设计中是有很大意义的。

3.4.2.1　尾水管型式

尾水管的型式多种多样，曾出现过的主要包括直尾水管 [图 3-25（a）]、弯曲形尾水管 [图 3-25（b）]、喇叭形环流式尾水管 [图 3-25（c）]、钟形（水锥式）尾水管 [图 3-25（d）] 和横轴弯尾水管 [图 3-25（e）] 等。其中，目前工程上常用的为直锥形和弯肘形两种型式的尾水管。

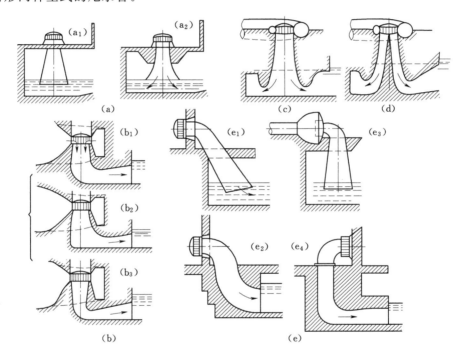

图 3-25　尾水管的类型

（a）直尾水管；（b）弯曲形尾水管；（c）喇叭形环流式尾水管；（d）钟形（水锥式）尾水管；（e）横轴弯尾水管

1. 直锥形尾水管

直锥形尾水管 [图 3-25（a_1）] 是一种最简单的扩散形尾水管，它的轴线为直线。由于直锥形尾水管内部水流均匀，因此其水头损失较小，动能恢复系数较高。但对于大型水轮机，将会使厂房下部开挖量较大，因此多用于小型水轮机或较大容量的贯流式水轮机。

2. 弯肘形尾水管

弯肘形尾水管 [图 3-25（b_1）] 的中心线有 90° 的转弯，水流流经转弯部位时，会产生相对较大的水头损失，动能恢复系数比直锥形尾水管低。但由于厂房下部的开挖量较少，从而可以减小基建工程量，因此大中型立轴水轮机多采用弯肘形尾水管。如图 3-26

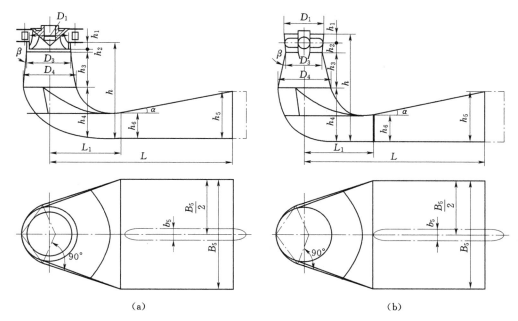

图 3-26 弯肘形尾水管

(a) 混流式水轮机尾水管；(b) 轴流式水轮机尾水管

所示，弯肘形尾水管由进口锥管、肘管和出口扩散段三部分组成。进口锥管是一个竖直的圆锥形扩散管，为了防止旋转水流和涡带压力脉动对管壁的破坏，一般设有由钢板卷焊而成的金属里衬，并在里衬壁上装有尾水管进入门（不小于 $\phi 600mm$）。肘管是一个 $90°$ 的弯管，它的进口断面为圆形，出口断面为矩形。工程上多采用混凝土肘管，为了施工模板制作方便，它一般由圆环面 A、斜圆锥面 B、斜平面 C、水平圆柱面 D、垂直圆柱面 E、水平面 F、

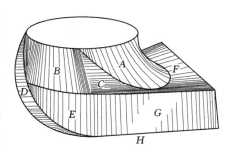

图 3-27 标准混凝土肘管组成

垂直面 G 以及底部水平面 H 组成（图 3-27）。当水头高于 $200m$ 时，由于水压力较大，一般在肘管内壁作金属里衬。出口扩散段是一个水平放置的断面为矩形的扩散管。

3.4.2.2 尾水管的设计

尾水管的设计，就是根据机组和电站的具体条件确定尾水管各部分的尺寸。

1. 直锥形尾水管

直锥形尾水管的主要尺寸包括：尾水管进口直径 D_3、锥角 θ、长度 L 和出口直径 D_5 等（图 3-28）。进口直径的取值以使转轮出口与尾水管进口光滑连接为原则，一般取为 $D_3 = D_1 + (0.5 \sim 1.0)cm$。出口直径与出口流速 v_5 有关，流速 v_5 越小，动能恢复系数就越大，但相应地尾水管长度越大，厂房开挖量就越大。根据经验，尾水管出口流速为 $v_5 = 0.008H + 1.2$，则尾水管出口直径为

$$D_5 = \sqrt{\frac{4Q}{\pi v_5}}$$ (3-75)

锥角 θ 与尾水管的相对管长 L/D_3 有关，锥角过大，将使水流脱离管壁形成漩涡，产生较大的扩散损失；但锥角过小，则出口断面面积较小，回收动能效果差，即产生较大的动能损失。因此，根据相对损失最小的原则可得出每一相对管长 L/D_3 下的最优锥角，见表 3-12。根据进口直径 D_3、出口直径 D_5 和锥角 θ 即可计算出尾水管长度 L。

表 3-12　　　　　　　　　　　　直锥形尾水管最优锥角

L/D_3	2	3	4	5	6	10	12	14
$\theta/(°)$	17~18	13~14	12~13	10~11	9~10	6~7	6~7	5~6

为了防止机组运行时下游水位产生较大波动以及保证尾水管始终在有压状态下工作，尾水管出口应低于下游最低尾水位 $0.3\sim0.5\text{m}$ 以上。

为保证尾水管出口水流顺畅，尾水渠道必须有足够的尺寸。如图 3-28 所示，可先根据当地具体条件按 $h/D_5=0.6\sim1.0$ 确定 h 值，然后再根据图 3-29 中的曲线查出 b/D_5，从而算出 b 值；对于 c 值，一般取 $c=0.85b$。

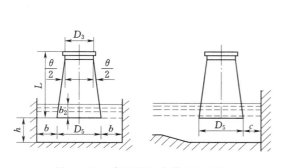

图 3-28　直锥形尾水管和尾水渠

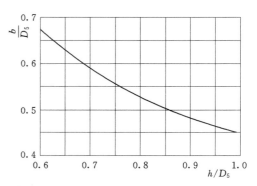

图 3-29　尾水渠道尺寸选择曲线

2. 弯肘形尾水管

（1）推荐的尾水管尺寸。

如图 3-26 所示的混流式和轴流式水轮机弯肘形尾水管的尺寸，一般情况下可参照表 3-13 选用。图中 h_1、h_2 根据转轮型号确定。

表 3-13　　　　　　　　　　　　推荐的弯肘形尾水管尺寸表

h/D_1	L/D_1	B_5/D_1	D_4/D_1	h_4/D_1	h_6/D_1	L_1/D_1	h_5/D_1	肘管型式	适用范围
2.2	4.5	1.808	1.00	1.10	0.574	0.94	1.30	金属里衬肘管	混流式 $D_1>D_2$
2.3	4.5	2.420	1.20	1.20	0.600	1.62	1.27	混凝土肘管	轴流式
2.6	4.5	2.720	1.35	1.35	0.675	1.82	1.22	混凝土肘管	混流式 $D_1<D_2$

（2）尾水管各部分尺寸的确定。

1）尾水管的高度 h 和水平长度 L。弯肘形尾水管的高度 h 和水平长度 L 是影响尾水管性能的主要参数。

尾水管的高度 h 是指水轮机导水机构底环平面至尾水管底板平面之间的距离。尾水管高度 h 越大，则直锥段的高度越大，相应地可以降低肘管进口及其后部流道的流速，这对降低肘管中的损失较有利。从图 3-30 可看出，随着尾水管高度的增加，水轮机的效率随之增加，特别是在大流量情况下的效率增加的幅度很显著。此外，实践及研究表明，采用较大的尾水管高度可以改善尾水管中真空涡带所引起的振动，因此需限制尾水管高度的最小值。但过分增大尾水管高度，就会增加厂房基础的开挖量，从而增加工程投资。一般可作如下选择：对于转轮进口直径 D_1 小于转轮出口直径 D_2 的混流式水轮机，取 $h \geqslant 2.6D_1$，为保证机组运行的稳定性最低不得小于 $2.3D_1$；对于转轮直径 $D_1 > D_2$ 的高水头混流式水轮机，取 $h \geqslant 2.2D_1$；对于转桨式水轮机，取 $h \geqslant 2.3D_1$，为保证机组运行的稳定性最低不得小于 $2.0D_1$。

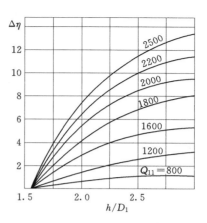

图 3-30 弯肘形尾水管相对深度 h/D_1 与水轮机效率差值的关系

尾水管的水平长度 L 是指机组中心至尾水管出口的水平距离。增加 L 可增大尾水管出口面积，从而减小出口动能，提高效率。但增加 L 的效果不如增加 h 的效果那样显著，且 L 太长将增加沿程水头损失和增大厂房水下部分尺寸。因此，通常取尾水管水平长度 $L = 4.5D_1$。

2）进口锥管。对于混流式水轮机，由于进口锥管与基础环连接，因此可取进口直径 D_3 等于转轮出口直径 D_2；而对于轴流转桨式水轮机，由于进口锥管与转轮室相连接，因此可取 $D_3 = 0.973D_1$。锥管的单边锥角 β 对混流式水轮机可取 $\beta \leqslant 7° \sim 9°$；轴流转桨式水轮机可取 $\beta \leqslant 8° \sim 10°$，轮毂比大于 0.45 时，取下限值。

3）肘管。水流在肘管处从垂直到水平，同时断面形状由圆形过渡到矩形，使水流流态复杂，对尾水管的性能影响较大。混凝土肘管一般推荐采用图 3-31 所示的标准混凝土肘管，图 3-31 中各线性尺寸列于表 3-14 中。图中和表中所列数据均为 $D_4 = h_4 = 1000\text{mm}$ 时的数据，应用时应乘以选定的 D_4，而 D_4 与 β 的关系为

$$D_4 = \frac{D_3 + 2(h - h_1 - h_2)\tan\beta}{1 + 2\tan\beta} \tag{3-76}$$

表 3-14   标准混凝土肘管尺寸表   单位：mm

Z	y_1	x_1	y_2	x_2	y_3	x_3	R_1	R_2	F
50	−71.9	605.20							
100	41.70	569.45							
150	124.56	542.45			94.36	552.89		579.61	79.61
200	190.69	512.72			94.36	552.89		579.61	79.61
250	245.60	479.77			94.36	552.89		579.61	79.61
300	292.12	444.70			94.36	552.89		579.61	79.61
350	331.94	408.13			94.36	552.89		579.61	79.61
400	366.17	370.44			94.36	552.89		579.61	79.61
450	395.57	331.91			94.36	552.89		579.61	79.61
500	420.65	292.72	−732.66	813.12	94.36	552.89	1094.52	579.61	79.61

续表

Z	y_1	x_1	y_2	x_2	y_3	x_3	R_1	R_2	F
550	441.86	251.18	−457.96	720.84	99.93	545.79	854.01	571.65	71.65
600	459.48	209.85	−344.72	679.36	105.50	537.70	761.82	563.69	63.69
650	473.74	168.80	−258.78	646.48	111.07	530.10	696.36	555.73	55.73
700	484.81	128.09	−187.07	618.07	116.65	522.51	645.77	547.77	47.77
750	492.81	87.764	−124.36	592.50	122.22	514.92	605.41	539.80	39.80
800	497.84	47.859	−67.85	568.80	127.79	507.32	572.92	531.84	31.84
850	499.94	7.996	−15.75	546.65	133.36	499.73	546.87	523.88	23.88
900	500.00	0	33.40	525.33	138.93	492.13	526.40	515.92	15.92
950	500.00	0	81.50	504.36	144.50	484.54	510.90	507.96	7.96
1000	500.00	0	150.07	476.94	150.07	476.95	500.00	500.00	0

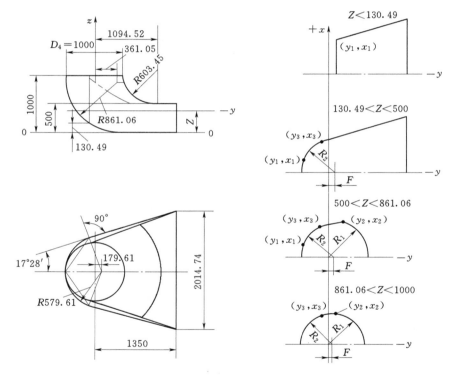

图 3-31　标准混凝土肘管

对于采用金属里衬的肘管，为了方便制作，一般采用椭圆渐变断面过渡，具体可参阅《水轮机设计手册》。

传统的由圆形过渡到矩形的标准肘管形状不规则，水力损失相对较大。目前普遍采用由圆—椭圆—圆角的过渡形式，其断面形状变化较平缓，水力损失相对较小。

4) 出口扩散段。出口扩散段一般为矩形断面，其出口宽度 B_5 一般与肘管出口宽度相等。若 $B_5 > 10 \sim 12\mathrm{m}$，为减小尾水管顶板跨度，可在出口扩散段中间设单支墩。支墩尺寸（图 3 - 32）为：$b=(0.10\sim0.15)B_5$；$R=(3\sim6)b$；$r=(0.2\sim0.3)b$；$l\geqslant1.4D_1$。出口扩散段尽量不要加双支墩，因为会使效率显著降低。

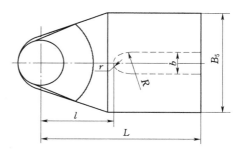

图 3 - 32　扩散段和支墩

出口扩散段顶板倾斜向上，仰角 $\alpha=10°\sim13°$。底板通常保持水平，有特殊要求（如为了减小开挖量）时，可向上抬 $6°\sim12°$，低比转速水轮机取上限。

由于蜗壳结构的不对称性，有些水电站若采用对称的尾水管，将增大机组段的长度，有可能不能满足水工建筑的要求，此时尾水管需采用不对称布置，即尾水管的出口中心线往往需要偏离机组中心线（图 3 - 33）。此时，肘管水平段的俯视图按以下方法绘制：偏心距离 d 由水工建筑物要求决定，肘管的水平长度 L_1 保持标准值。在以上两个条件下，使肘管两侧面夹角的角平分线过机组中心线，即图 3 - 33 所示两个 θ 角相等。而肘管段的断面形状则保持不变。

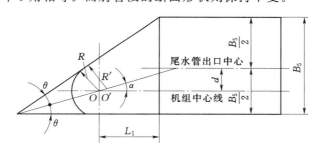

图 3 - 33　偏离机组中心线的尾水管

对于地下式水电站厂房，开挖深度一般不是主要矛盾，为了保持岩石稳定，减少厂房和尾水流道的尺寸，通常采用窄高型尾水管，通过加大高度来弥补因宽度减小带来的不利影响。其肘管通常采用圆形或椭圆形断面；出口扩散段从椭圆形断面过渡到圆角矩形断面（或圆形断面），宽度沿长度保持不变。窄高型尾水管的高度一般取 $h=(3.0\sim4.5)D_1$，水平长度一般取 $L=(6.0\sim7.0)D_1$，宽度一般取 $B_5=(1.5\sim2.4)D_1$。

习 题 与 思 考 题

3 - 1　使两个水轮机的水流运动相似的条件有哪些？

3 - 2　简述水轮机相似率的定义及各相似率的意义。

3 - 3　试述水轮机单位参数、比转速的物理意义。

3 - 4　简述水轮机模型试验的定义和类型，并说明为什么要进行模型试验。

3 - 5　试述反击式水轮机能量试验的基本原理和方法。

3 - 6　简述水轮机特性曲线的定义和类型，并说明各种特性曲线的含义和作用。

3 - 7　混流式水轮机 5‰功率限制线的含义是什么？它对水轮机工作有何影响？为什

么轴流式水轮机不作此线？

3-8　试述水轮机运转综合特性曲线的绘制方法。

3-9　简述水轮机选择的内容、原则和所需资料。

3-10　选择水轮发电机组台数时应考虑哪些因素？

3-11　水轮机型号的选择方法有哪些？

3-12　怎样对不同的水轮机选择方案进行分析比较？

3-13　简述水轮机蜗壳的型式及各型式的适用条件和包角。

3-14　混凝土蜗壳有哪几种断面型式？各适用于什么情况？为什么不采用圆形断面？

3-15　尾水管的型式有哪些？常用的有哪几种？

3-16　弯肘形尾水管选择中主要应满足哪些参数？确定这些参数时应考虑哪些因素？

3-17　模型 $D_{1M}=0.46\text{m}$ 的混流式水轮机，试验水头 $H_M=4.0\text{m}$，在最优工况时求得 $n_M=291\text{r/min}$，$Q_M=0.38\text{m}^3/\text{s}$，$P_M=13.1\text{kW}$，试求同系列 $D_1=3.3\text{m}$ 的水轮机在工作水头 $H=120\text{m}$ 时，最优工况的效率 $\eta_{\max}$、转速 n、流量 Q 和功率 P。

3-18　某水电站装机容量 13.6 万 kW，机组 4 台，水头 $H_{\max}=144.9\text{m}$，$H_{\min}=114.7\text{m}$，$H_r=130.3\text{m}$，$H_w=132.4\text{m}$，当地海拔高程 78.0 m，试确定该电站水轮机的主要参数 D、n、H_s，绘制运转综合特性曲线，并求金属蜗壳的外形尺寸。

第4章 水 轮 机 调 节

4.1 水轮机调节的基本概念

4.1.1 水轮机调节的任务

水电站是利用水能生产电能的工厂，是发电厂的一种重要型式，是电力系统的重要组成部分。电力系统是由若干发电厂、变电所、输配电线路以及电力用户在电气上互相连接的一个整体。若干发电厂经由电力系统联合向电力用户供电，可以大大提高供电的可靠性、稳定性和经济性。电力系统的稳定性最重要的就是要保证提供给电力用户的电能质量，即保证频率和电压的变化不能太大。

电力系统中，由于负荷的变化而引起的频率过大变化，将会严重影响供电质量，使电力用户的产品质量下降和正常生产遭受破坏。例如，电能频率的变化将引起用电设备电动机的转速变化，从而影响计时的准确性、车床加工零件的精度、布匹纤维的均匀性等。我国电力系统规定：频率应保持为 50Hz，其偏差不得超过 $\pm 0.5\text{Hz}$，大容量系统不得超过 $\pm 0.2\text{Hz}$。

发电机输出的电流频率是与磁极对数 p 和转速 n 有关的。对于水轮发电机组而言，其磁极对数是固定不变的，要调节发电机电流频率就需要调节水轮机的转速。

因此，水轮机调节的基本任务是根据负荷变化不断调节水轮发电机组的有功功率输出，并维持机组转速（频率）在规定的范围内。

除此基本任务外，水轮机调节的任务还有机组的启动、并网和停机等。

4.1.2 水轮机调节的途径

水轮机完成上述调节任务的途径首先要分析机组运动的情况。机组转速变化可用以下基本运动方程表示：

$$M_t - M_g = J \frac{\mathrm{d}\omega}{\mathrm{d}t} \tag{4-1}$$

式中：M_t 为水轮机的动力矩，$\text{N} \cdot \text{m}$；M_g 为发电机的阻力矩，$\text{N} \cdot \text{m}$；J 为机组转动部分的惯性矩，$\text{N} \cdot \text{m} \cdot \text{s}^2$；$\omega$ 为机组转动的角速度，$\omega = \frac{\pi n}{30}$，$\text{rad/s}$；$t$ 为时间，s。

水轮机的动力矩 M_t 是由水流对水轮机叶片的作用力形成，它推动机组转动。发电机的阻力矩 M_g 是发电机定子对转子的作用力矩，它的方向与机组转动的方向和 M_t 的方向相反，它代表发电机的有功功率输出。

水轮机的动力矩可用式（4-2）表示：

$$M_t = \frac{\gamma Q H \eta}{\omega} \tag{4-2}$$

式中：γ 为水的容重，N/m^3；Q 为水轮机的流量，m^3/s；H 为水轮机的工作水头，m；η 为水轮机的效率。

式（4-2）中，角速度 ω 是力求不变的；水的容重 γ 为常数；改变 η 显然是不经济的；改变水轮机的工作水头 H，对水电站来说是很难做到而且也不经济。因此改变 M_t 最好和最有效的办法是改变水轮机的过水流量 Q。

比较式（4-2）和式（4-1），可能出现如下 3 种情况：

（1）$M_t = M_g$，水轮机的动力矩等于发电机的阻力矩，$\dfrac{d\omega}{dt} = 0$，$\omega =$ 常数，机组以恒定转速运行。

（2）$M_t > M_g$，水轮机的动力矩大于发电机的阻力矩，当发电机的负荷减小时会出现这种情况，此时 $\dfrac{d\omega}{dt} > 0$，机组转速上升，此种情况下应对水轮机进行调节，减小流量 Q，从而减小 M_t，以达到 $M_t = M_g$ 的新的平衡状态。

（3）$M_t < M_g$，水轮机的动力矩小于发电机的阻力矩，当发电机的负荷增加时会出现这种情况，此时 $\dfrac{d\omega}{dt} < 0$，机组转速下降，此种情况下应增大流量 Q，从而增大 M_t，以达到 $M_t = M_g$ 的新的平衡状态。

进行水轮机的流量调节在技术上很容易做到，对反击式水轮机可通过改变导叶的开度，对冲击式水轮机可通过改变喷针的行程，从而改变过流面积以达到改变流量 Q 的目的。

4.1.3 水轮机调节的特点

水轮机调节的实质是转速调节。水轮机及其导水机构、接力器和调速器构成水轮机自动调节系统。与其他原动机（如汽轮机）的调节系统相比，水轮机调节具有以下特点：

（1）水轮机的工作流量较大，水轮机及其导水机构的尺寸也较大，需要较大的力才能推动导水机构，因此，调速器需要多级放大元件和强大的执行元件（即接力器）。

（2）水轮发电机组以水为发电介质，与蒸汽相比，水有较大的密度，同时，水电站的输水管道一般较长，其中的水体有较大的质量，水轮机调节过程中，流量变化易引起较大的压力变化（即水击），从而给水轮机调节带来很大困难。

（3）对于轴流转桨式水轮机的导叶和转轮叶片、水斗式水轮机的喷针和折向器（或分流器）、带减压阀的混流式水轮机等，需增加一套协调机构实现双重调节，使调节机构更为复杂，调节更为困难。

（4）随着电力系统的扩大和自动化程度的提高，水轮机调节系统具有越来越多的自动操作和自动控制功能，如快速自动准同期、功率反馈等，使得水轮机调速器成为水电站中一个十分重要的综合自动装置。

总之，水轮机的调节相对于其他原动机的调节要更为复杂和困难。

4.2 调节系统的特性

水轮机调节系统以频率（即机组转速）为被调节参数，根据机组负荷变化时的转速偏差调节导叶的开度（或喷针行程），逐步使水轮机的出力与发电机的负荷达到新的平衡，从而转速得到恢复，这一过程称为调节系统的过渡过程。在这个过程中，导叶开度、水轮机出力和转速均随时间变化。因此，调节系统的工作归纳起来有两种工作状态，其一为调节前后的稳定状态，其二为从调节开始至调节终了的过渡过程。对于前者可用调节系统的静特性来描述，对于后者用调节系统的动特性来描述。

4.2.1 调节系统的静特性

调节系统的静特性是指导叶开度一定时，调速器在稳定状态下，机组转速与机组所带负荷之间的关系。调节系统的静特性有以下两种：

（1）无差特性，如图 4-1（a）所示。机组转速与出力无关，即不管负荷 N 如何变化，在调节前后，机组转速 n 均保持为额定转速 n_r 不变。

（2）有差特性，如图 4-1（b）所示。机组出力小时保持较高的转速，机组出力大时则保持较低的转速，即调节前后两个稳定工况间的转速有一微小偏差。偏差的大小通常以相对值 δ 表示，称为调差率，即

$$\delta = \frac{n_{\max} - n_{\min}}{n_r} \tag{4-3}$$

式中：$n_{\max}$ 为机组出力为零时的转速，rad/s；$n_{\min}$ 为机组最大出力时的转速，rad/s；n_r 为机组的额定转速，rad/s。

工程实践中，δ 一般为 $0 \sim 0.08$。机组运行若能保持 $\delta = 0$，即为具有无差调节特性的机组。

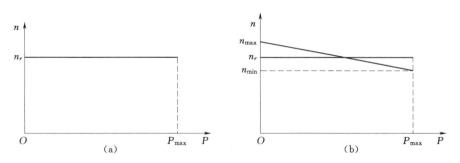

图 4-1 调节系统的静特性
(a) 无差特性；(b) 有差特性

电力系统由多机组组成，系统的转速（频率）为 n_r。若各机组均为无差调节特性，机组额定转速也为 n_r，因各机组负荷非恒定不变，从而各机组间的负荷分配是不明确的；若各机组采用有差调节特性，可以保证各机组间的分配固定不变，同时保证系统的原有转速 n_r。

图 4-2 为两台具有无差调节特性机组的并列运行情况。两台机组分担的负荷分别为 P_1 和 P_2，两者是不固定的，可以 P_1 大一些，P_2 小一些，也可以相反，有无穷多种组合情况。无论负荷在两台机组间如何分配，都可以保持系统转速 n_r 不变，但负荷会在两台机组之间摆动。不固定的负荷导致水轮机导水机构的动作不能稳定下来，机组无法稳定运行，因此，除担负调频任务的机组外，一般机组不采用无差调节特性。

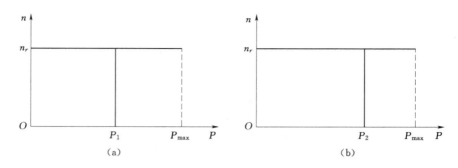

图 4 - 2　具有无差特性机组的并列运行

图 4 - 3 为两台具有有差调节特性机组的并列运行情况。两台机组分担的负荷 P_1 和 P_2 是固定不变的,否则便不能保证系统的原有转速 n_r。若外界负荷增加 ΔP_s,只需适当降低转速至 n_r',即可使两台机组分别增加负荷 ΔP_1 和 ΔP_2,并使 $\Delta P_1 + \Delta P_2 = \Delta P_s$。$\Delta P_1$ 和 ΔP_2 的大小与转速变化 $\Delta n = n_r - n_r'$ 和机组静特性曲线的斜率(或者调差率 δ)有关,Δn 越大,δ 越小,则 ΔP 越大。因此,采用机组有差调节特性后,无论在负荷变动之前或之后,都能分担固定的负荷。这也是一般机组都采用有差调节特性的原因。

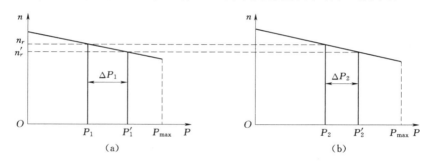

图 4 - 3　具有有差特性机组的并列运行

机组的无差或者有差调节以及调差率 δ 的大小,都可以通过整定调速器的参数得到。

4.2.2　调节系统的动特性

调节系统的动特性主要是指调节过程中被调节参数(如转速 n)随时间变化的特性,用参数与时间的关系曲线(过渡过程曲线)来表达,如 $n = f(t)$。

调节系统的动特性不同,过渡过程曲线的形式也是不同的,如图 4 - 4 所示。

图 4 - 4 (a)、(b)是水轮机转速经过调节系统调节不能回复到稳定状态的过程,故称为不稳定过渡过程;图 4 - 4 (c)、(d)是调节终了之后水轮机转速回复到原平衡转速的过程,为无差调节过渡过程;图 4 - 4 (e)、(f)是调节终了之后调节系统使转速保持另一平衡转速的过程,为有差调节过渡过程。

上述无差调节过渡过程和有差调节过渡过程,经调节系统调节的转速均通过衰减达到稳定状态,可统称为稳定过渡过程。过渡过程稳定表明调节具有稳定性,稳定性是对调节系统的基本要求,不稳定的系统是不能采用的。

除转速与时间的关系曲线外,过渡过程曲线还包括其他调节参数如出力 P、导水机构

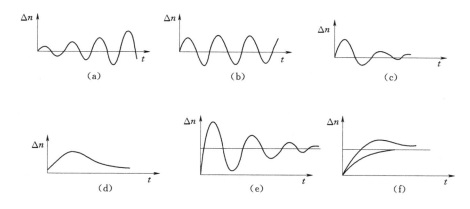

图 4-4 各种过渡过程曲线

(a) 发散振荡；(b) 等幅震荡；(c) 衰减振荡（无差）；(d) 非周期衰减（无差）；

(e) 衰减振荡（有差）；(f) 非周期衰减（有差）

开度 a 等与时间的关系曲线。

调节系统除应满足稳定性的要求外，其过渡过程曲线还应具备较好形状，即具备良好的动态品质。常用的衡量指标有如下 3 种：

（1）参数超调量。被调节参数振荡的相对幅值越小越好。

（2）调节时间。从被调节参数偏离初始平衡状态到新的平衡状态的时间要短。从理论上讲，过渡过程振荡的完全消失要很长时间，但工程实际中，当转速 n 与额定转速 n_r 的偏离小于 $0.2\%\sim0.4\%$ 时，n 即可认为进入新的平衡状态。

（3）振荡次数。在调节时间内振荡次数越少越好。

4.3 调速器的基本工作原理

水轮机自动调节系统包括调节对象（水轮机及其导水机构）和调速器两部分。调节系统的组成元件及各元件的相互关系可用图 4-5 的方块图表示。图中的方块表示元件，箭头表示元件间信号的传递关系，箭头朝向方块表示信号输入，箭头离开方块表示信号输出。

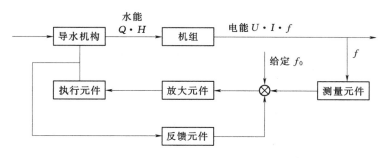

图 4-5 水轮机调节系统方块图

由图 4-5 可知，从导水机构输入的水能经机组转换成电能输送给系统。电能的频率

f（即机组转速 n）信号输入调速器的测量元件，测量元件将频率 f 信号转化成位移（或电压）信号输送给加法器（图中⊗），同时与给定的 f_0 值做比较，判定频率 f 的偏差及偏差的方向，根据偏差情况通过放大元件向执行元件发出指令，执行元件根据指令改变导水机构开度，反馈元件则将导叶开度的变化情况反馈给加法器，从而检查开度变化是否符合要求，如果变化过量，则发出指令修正。

下面以具有一级放大机构的机械液压调速器为例讲一下调速器的组成与基本工作原理，并以机组减负荷运行为例简要地说明调速器的工作过程。

4.3.1 调速器组成及工作原理

具有一级放大机构的机械液压调速器的主要组成部分和工作原理如图 4-6 所示。

1. 离心摆

离心摆 1 有两个摆锤，顶部通过钢带与转轴固定，下部与可沿转轴上下滑动的套筒 A 相连。离心摆用电动机带动旋转，其转速与水轮发电机组转速同步。在转速上升或下降时，摆锤在离心力的作用下带动套筒上下移动。故离心摆是测量和指令元件，测量对象是机组转速，将机组转速信号转换为套筒位移信号。由于离心摆负载能力很小，不可能直接推动笨重的水轮机导水机构，因此还需配置放大和执行机构。

2. 主配压阀

主配压阀 2 由阀套和两个阀盘组成。阀套右侧中部有压力油孔，顶部和底部各有一个回油孔。此外，阀套左右两侧各有一个油孔分别与接力器 3 的左右两个油腔相连。在机组稳定运行时，两个阀盘所处的位置恰巧堵住与接力器相通的两个油孔，故接力器处于静止状态。此时，阀盘连杆顶端位于 B，并用 AOB 杠杆与离心摆的活动套筒 A 相连，故离心摆套筒的位移信号可通过 AOB 杠杆传递给配压阀连杆顶端。配压阀通过液压传动系统将离心摆信号放大，故主配压阀是一个放大机构。

3. 接力器

接力器 3 由油缸和活塞组成。油缸左右各有一个油孔通主配压阀。接力器的活塞杆与水轮机的导水机构连接。在机组稳定运行时，接力器的油路因被主配压阀切断，故接力器的活塞处于静止状态。当需要改变水轮机导水机构的开度时，主配压阀使压力油通入接力器的右腔或左腔，使接力器活塞向关闭或开启导水机构方向移动。主配压阀和接力器构成调速器的放大和执行机构。

4. 反馈机构

以上 3 种机构虽然可以在负荷变化时关闭或开启水轮机导水机构，但调节过程是不完善的。例如在负荷减小时，机组转速升高，接力器关闭导水机构，当水轮机的动力矩 M_t 等于发电机的阻尼矩 M_g 时，因机组转速仍高于额定转速，接力器将继续关闭导水机构形成过调节，同时，这样的调节过程也是不稳定的。为了防止过调节和保持调节过程的稳定性，调速器中还必须有反馈机构。反馈机构包括：

（1）硬反馈机构。$EFDLPO$ 是硬反馈机构。当接力器的活塞向左（关闭方向）移动时，若 C 点和 N 点不动，则 F、D、L、P 各点将向上移动，从而使 O 点上移至 O' 点，这样就使杠杆 AOB 处于 $A'O'B$ 的位置，配压阀的阀盘回复到初始位置，封堵了通往接力器的油孔，防止了接力器的过调节。硬反馈机构虽然解决了过调节问题，但在调节结束后，使 O 点上

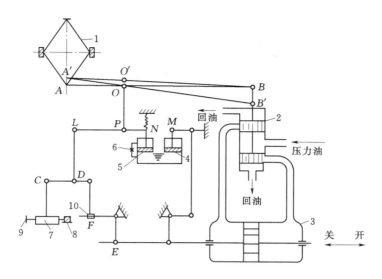

图 4 - 6 调速器的组成及原理图

1—离心摆；2—主配压阀；3—接力器；4、5—活塞；6—节流孔；

7、8、9—变速机构；10—移动滑块

移至 O' 点，A 点上移至 A' 点，水轮机的转速高于调节前的转速，不能回复到初始状态，且调节的稳定性差，故只有硬反馈机构的调速器的调节性能仍然是不完善的。

硬反馈机构使水轮机在不同负荷时有不同的转速，可形成机组的有差调节。

（2）软反馈机构。4、5、6 部分是调速器的软反馈机构，实际上是一个充满油的缓冲器。4 和 5 是两个活塞，下部充满油，6 是节流孔，改变节流孔的大小可以改变通过节流孔的流量。当接力器向左关闭导水机构时，M 点和活塞 4 向下移动，活塞 5 因下部油压增大则和 N 点一起向上移动，同时，硬反馈的作用使 L 向上移动，N 和 L 点的上移使 O 点上移至 O' 点，B' 点上移至 B 点，配压阀的阀盘又封堵了通往接力器的油孔，使接力器的活塞停止运动。但由于 A 点处于 A' 点位置，水轮机的转速仍高于调节前的转速。在 N 点上移时，该处的弹簧受到压缩，弹簧的反力作用于活塞 5，迫使下腔的油经过节流孔 6 缓慢的流入上腔，直至活塞 5 回复到初始位置。活塞 5 和 N 点的下移使 O' 点下移至 O 点，A' 点下移至 A 点，水轮机的转速又回复到调节前的状态。故软反馈的作用可使机组在不同负荷下运行时保持相同的转速，形成无差调节，同时可提高调节的稳定性。

调差率 δ 的大小可通过移动滑块 10 的位置来完成。改变滑块 10 的位置可改变硬反馈杠杆的传动比，因而可以改变 δ。

图中 7、8、9 部分是变速机构，可用于手动改变机组的负荷和转速。

4.3.2 调速器的工作过程

当机组处于稳定工况运行时，离心摆也处于同步旋转状态，其滑动套筒位于 A（图 4 - 6）。主配压阀 2 的阀盘连杆顶端位于 B，两个阀盘封堵了通向接力器 3 两端的进出油孔，接力器活塞两侧油压平衡，处于静止状态。

当机组负荷减小时，机组转速上升，离心摆的转速亦随之升高，摆锤因离心力的加大向外扩张，带动套筒 A 点上移至 A' 点，将转速的信号转换成位移信号。由于杠杆 AOB

绕 O 点旋转，A 点的位移信号转变成 B 点的位移信号，使配压阀阀盘连杆顶端由 B 点下移至 B' 点，阀盘相应下移打开了配压阀阀套上通向接力器 3 的两个油孔，使压力油进入接力器右侧油腔，同时，接力器左侧油腔接通回油管排油，接力器右侧的较高油压推动缸体中活塞向左（关闭水轮机导水机构方向）移动，使水轮机的流量减小，出力下降。接力器活塞向左移动使硬、软反馈机构的 L 点和 N 点上移，从而使 O 点上移至 O' 点，B' 点上移至 B 点，配压阀的阀盘回复到初始位置，重新封堵了通往接力器的两个油孔，使接力器活塞停止运动。此时调节虽似已结束，但离心摆的套筒仍处于 A' 点的位置，其转速未能回复到调节前的状态。离心摆转速的恢复要靠软反馈机构的缓冲器。上升后的 N 点在弹簧反力的作用下使活塞 5 压缩下腔的油，使之经过节流孔 6 流入到上腔，从而使 N、O'、A' 诸点下降到要求的位置；若为有差调节，则 O' 点和 A' 点不能回复到 O 点和 A 点的位置。具有硬反馈和软反馈机构的调速器可以通过整定反馈机构的参数改变调差率 δ，做到有差调节（$\delta \neq 0$）和无差调节（$\delta = 0$）。

一般的水轮机调速器因需要巨大的调节功，常具有二级放大机构，同时，电气液压调速器和微机电液调速器的应用也日益普遍，它们的工作原理与上述一级放大机械液压调速器是大同小异的。

4.4 调 速 器 的 类 型

4.4.1 调速器的分类

调速器是机组自动化运行的关键设备之一，其分类的方式很多。通常，有如下几种分类方式：

（1）按调速器组成元件的工作原理，分为机械液压调速器、电气液压调速器和微机电液调速器。

（2）按被调节控制的机组类型特点，分为单调式调速器、双调式调速器和冲击式调速器。混流式、轴流定桨式和贯流定桨式水轮发电机组只需调节导叶开度，采用单调式调速器；斜流式、轴流转桨式、贯流转桨式以及带调压阀的混流式机组，采用双调式调速器；冲击式水轮机同时调节喷针和折向器的行程，采用冲击式调速器。

（3）按主接力器调节功的大小，分为中小型调速器和大型调速器。调节功低于30000N·m 为中小型调速器，调节功大于该值为大型调速器。中小型调速器直接按调节功（即工作容量）确定型号；大型调速器按主配压阀名义直径（mm）确定型号。

4.4.2 调速器的特点

1. 机械液压调速器

机械液压调速器的自动控制部分为机械元件，操作部分为液压系统。机械液压调速器出现较早，现在已经发展得比较成熟完善，其性能基本满足水电站运行要求，曾经是大中型水电站广为采用的调速器型式，运行安全可靠。

机械液压调速器机构复杂，制造要求高，造价高，特别是随着大型机组和大型电网的出现，对电力系统周波、电站运行自动化等提出了更高要求，机械液压调速器精度和灵敏度不高的缺点显得尤为突出，因此，我国新建成的大中型水电站更多地采用电气液压调速器。

2. 电气液压调速器

电气液压调速器是在机械液压调速器的基础上发展起来的，其特点是在自动控制部分用电气元件代替机械元件，即调速器的测量、放大、反馈、控制等部分采用电信号而不是位移信号，通过电气回路来实现，但调速器的操作部分（即液压放大和执行机构）仍采用液压装置。

电气液压调速器与机械液压调速器比较，主要优点有：精度和灵敏度较高；便于实现电子计算机控制，从而提高调速器调节品质，提高经济运行与自动化的水平；制造成本相对较低，便于安装、检修和参数调整。

3. 微机电液调速器

自20世纪90年代以来，微机电液调速器正逐渐发展成我国大中型水电站的主导产品。

由于微机电液调速器的核心控制元件采用可编程逻辑控制器或可编程计算机控制器，使得调速器系统在自动化水平和调节品质上都有了很大的提高。

微机电液调速器的液压放大和执行机构由于采用了伺服比例阀电液随动系统，具有精度高、响应快、出力大的特点，而且抗油污、防卡涩能力强，较传统调速器具有更好的参数调控精度。

4.4.3 调速器的系列与型号

根据水轮发电机组对调速器的工作容量、可靠性、自动化水平和静动态品质等方面的不同要求，调速器可采用不同的型号。

表4-1是我国大中型反击式水轮机调速器的产品系列。

表4-1   大中型反击式水轮机调速器

型式	单调节调速器		双调节调速器	
	机械液压式	电气液压式	机械液压式	电气液压式
大型	T-100	DT-80 DT-100 DT-150	ST-100 ST-150	DST-80 DST-100 DST-150 DST-200
中型	YT-1800 YT-3000	YDT-1800 YDT-3000		

表中调速器型号中的汉语拼音字母分别表示：

Y——中型带油压装置（大型无代号）；

D——电气液压式（机械液压式无代号）；

S——双调节，表示用于轴流转桨式水轮机等需要进行双重调节的调速器；

T——调速器。

型号中的阿拉伯数字表示：

大型调速器为主配压阀的直径（mm）；

中、小型调速器为最高工作油压下接力器的调节功（kgf·m）。

4.5　油　压　装　置

调速器操作机构的压力油通过油压装置提供，油压装置是调节系统的重要组成设备，主要包括压力油罐、回油箱和油泵系统 3 个组成部分，如图 4-7 所示。

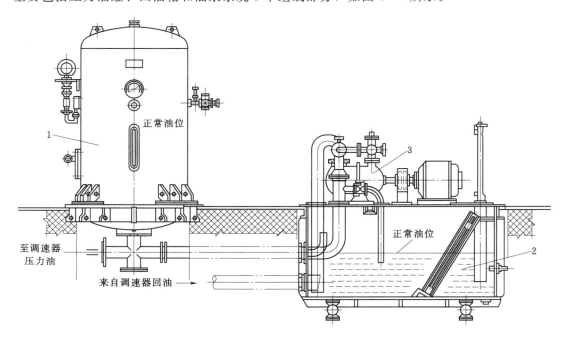

图 4-7　油压装置原理图
1—压力油罐；2—回油箱；3—油泵系统

压力油罐 1 呈圆筒形，功用是向调速器的主配压阀和接力器输送压力油。油罐中油占1/3，压缩空气约占 2/3。压缩空气专门用来增加油压，通常由水电站的压缩空气系统供给。由于空气具有极好的弹性，所以在储存和释放能量的过程中压力波动很小。压力油罐中的工作油压要求稳定，其波动应该保持在一定范围内，目前普遍采用的油压为2.5MPa，有的达到 4.0MPa，甚至更高。压力油罐通常布置在发电机层楼板上。

回油箱 2 一般悬挂在发电机层楼板之下，功用是收集调速器的回油和漏油。回油箱中的油面与大气相通。

油泵 3 的功用是将回油箱中的油输送给压力油罐。油泵一般用两台，一台工作，另一台备用，布置于回油箱的顶盖上。

油压装置上有测量油位、压力等参数的仪表，用以确定是否要向压力油罐供油或补气，油压装置的工作过程是自动的。

中小型调速器的油压装置与调速器操作柜组成一个整体。大型调速器的油压装置由于尺寸较大，与调速器操作柜分开布置，中间用油管连接。

目前，我国生产的油压装置因结构型式不同而分为分离式和组合式两种。分离式（YZ）是将压力油罐和回油箱分开制造和布置，中间由油管连接；组合式（HYZ）是将两者组合成一个整体。

油压装置工作容量的大小以压力油罐的容积（m³）来表征，以此组成油压装置系列型谱，见表4-2，"/"后面的数字表示压力油罐的数量，如为1个压力油罐则不表示。

表4-2　　　　　　　　　　　　油压装置系列型谱

油压装置型式	分　离　式	组　合　式
油压装置系列	YZ-1	HYZ-0.3
	YZ-1.6	
	YZ-2.5	HYZ-0.6
	YZ-4	HYZ-1
	YZ-6	
	YZ-8	HYZ-1.6
	YZ-10	
	YZ-12.5	HYZ-2.5
	YZ-16/2	HYZ-4
	YZ-20/2	

4.6　水轮机调速设备的选择

水轮机的调速设备一般包括调速柜（操作柜）、接力器和油压装置3个部分。

中小型调速器的3个部分组合在一起，形成一个整体设备，以主接力器的工作容量（即调节功）为表征组成标准系列，因此在选择时只需计算出水轮机的调节功即可。

大型调速器因为没有固定配套的接力器和油压装置，需要分别选择接力器、主配压阀和油压装置等。大型调速器按主配压阀的直径形成标准系列。选择调速器时应先根据水轮机类型确定是单调还是双调，然后计算调节功和主配压阀直径，以此为基础确定调速器型号。

4.6.1　中小型调速器的选择

调节功是接力器活塞上的油压作用力与活塞行程的乘积。对于反击式水轮机一般按下列经验公式估算调节功 A：

$$A = (200 \sim 250)Q\sqrt{H_{max}D_1} \tag{4-4}$$

式中：A 为调节功，N·m；H_{max} 为最大水头，m；Q 为最大水头下额定出力时的流量，m³/s。

对冲击式水轮机所需要的调节功 A 按式（4-5）估算：

$$A = 9.81z_0\left(d_0 + \frac{d_0^3 H_{max}}{6000}\right) \tag{4-5}$$

式中：z_0 为喷嘴数目；d_0 为额定流量时的射流直径，cm。

根据以上公式计算的调节功 A，可在调速器系列型谱表中选择所需的调速器。

4.6.2 大型调速器的选择

1. 接力器的选择

大型反击式水轮机的调速器一般用两个接力器来操作控制环，一个接力器推，另一个接力器朝反方向拉，形成力偶，驱使控制环带动导水机构开启或关闭。油压装置额定油压为 2.5MPa 时，每个接力器的直径 d_s 可按下列经验公式计算：

$$d_s = \lambda D_1 \sqrt{\frac{b_0}{D_1} H_{\max}} \tag{4-6}$$

式中：λ 为计算系数，由表 4-3 查取；b_0 为导叶高度，m。

表 4-3 λ 系 数 表

导叶数 z_0	16	24	32
标准正曲率导叶	0.031~0.034	0.029~0.032	
标准对称导叶	0.029~0.032	0.027~0.030	0.027~0.030

注 1. 若 b_0/D_1 的数值相同，而转轮不同时，Q'_1 大时取大值。

2. 同一转桨式转轮，蜗壳包角大并用标准对称型导叶者取大值，但包角大，用标准正曲率导叶者取小值。

若油压装置的额定油压为 4.0MPa 时，则每个导水机构接力器的直径 d'_s 为

$$d'_s = d_s \sqrt{1.05 \times \frac{2.5}{4.0}} \tag{4-7}$$

由上面计算得到的 d_s（或者 d'_s）值便可在标准导叶接力器系列表 4-4 中选择相邻偏大的直径。

表 4-4 导 叶 接 力 器 系 列

接力器直径/mm	250	300	350	400	450	500	550	600
	650	700	750	800	850	900	950	1000

接力器最大行程 $S_{\max}$ 可按以下经验公式计算：

$$S_{\max} = (1.4 \sim 1.8) a_{0\max} \tag{4-8}$$

式中：$a_{0\max}$ 为原型水轮机导叶的最大开度，mm。

$a_{0\max}$ 可由模型水轮机导叶最大开度 $a_{0\max M}$ 依下式换算求得

$$a_{0\max} = a_{0\max M} \frac{D_0 Z_{0M}}{D_{0M} Z_0} \tag{4-9}$$

式中：D_0、D_{0M} 为原型和模型水轮机导叶轴心圆的直径；Z_0、Z_{0M} 为原型和模型水轮机的导叶数目。

式（4-8）中较小的系数用于转轮直径 $D_1 > 5$m 的情况。将所求得的 $S_{\max}$ 的单位转化为 m，则可求两个接力器的总容积 V_s 为

$$V_s = 2\pi \left(\frac{d_s}{2}\right)^2 S_{\max} = \frac{1}{2}\pi d_s^2 S_{\max} \tag{4-10}$$

转桨式水轮机采用双调式调速器，尚需选择驱动转桨式水轮机叶片的接力器，该接力器装置于轮毂中，它的直径 d_c 按下列经验公式计算：

$$d_c = (0.3 \sim 0.45)D_1 \sqrt{\frac{2.5}{P_0}} \tag{4-11}$$

式中：P_0 为调速器油压装置的额定油压，MPa。

转轮叶片接力器的最大行程 S_{zmax} 和容积 V_c 分别按式（4-12）和式（4-13）计算：

$$S_{zmax} = (0.036 \sim 0.072)D_1 \tag{4-12}$$

$$V_c = \frac{\pi}{4}d_c^2 S_{zmax} \tag{4-13}$$

式（4-11）和式（4-12）中的系数，当转轮直径 $D_1 > 5$m 时取较小值。

2. 主配压阀直径的选择

通常主配压阀的直径与通向主接力器的油管直径相等，但有的调速器的主配压阀直径较油管直径大一个等级。

初步确定主配压阀直径 d 时，按式（4-14）计算：

$$d = \sqrt{\frac{4V_s}{\pi T_s v_m}} \tag{4-14}$$

式中：V_s 为导水机构或折向器接力器的总容积，m³；v_m 为管内油的流速，m/s，当油压装置的额定油压为 2.5MPa 时，一般取 $v_m \leqslant 4 \sim 5$m/s，当管道较短和工作油压较高时选用较大的流速；T_s 为调节保证计算确定的接力器关闭时间，s。

按式（4-14）计算出主配压阀的直径 d 后，便可在表 4-1 中选择大型调速器的型号。

当选择具有双重调节的转桨式水轮机的调速器时，通常使转轮叶片接力器的配压阀直径与导水机构接力器的配压阀直径相同。

3. 油压装置的选择

在确定油压装置的工作压力后，油压装置主要依据压力油罐的总容积 V_k 选择其型号。压力油罐的总容积 V_k 按以下经验公式估算：

对混流式水轮机

$$V_k = (18 \sim 20)V_s \tag{4-15}$$

对转桨式水轮机

$$V_k = (18 \sim 20)V_s + (4 \sim 5)V_c \tag{4-16}$$

对于需要向调压阀和进水阀接力器供油的油压装置，其压力油罐的容积还需在上述计算得到的容积中增加 $(9 \sim 10)V_t$ 和 $3V_f$，V_t、V_f 分别为调压阀和进水阀接力器的容积。

当选用的额定油压为 2.5MPa 时，可以按以上计算得到的压力油罐总容积在表 4-2 中选择相邻偏大的油压装置。

习 题 与 思 考 题

4-1 水轮机调节的基本任务是什么？与其他原动机的调节系统相比，水轮机调节系统具有哪些特点？

4-2 简述水轮机调节系统的静特性和动特性。

4-3 水轮机调速器的主要组成部分有哪些？试述调速器的工作过程及工作原理。

4-4 调速器油压装置的主要组成部分有哪些？各主要组成部分的功用是什么？

第5章 叶片式水泵

5.1 叶片泵的类型和工作参数

水泵是一种能量转换机械，它将原动机的机械能或其他外部能量传送给液体，以增加液体的能量（位能、压能、动能）。水泵作为一种通用机械，在农业、电力、采矿、冶金、化工等国民经济部门中均有广泛应用。在水利工程常用于农田排灌、城市供水、基坑或廊道排水、水电站的技术供排水等。此外水泵还可以作为施工机械应用于水力筑坝和水力充填等施工过程。由此可见，水泵在水利工程中也是一种不可或缺的水力机械。

水泵的类型很多，按照工作原理可分为叶片式水泵、容积式水泵和其他类型泵（如射流泵、螺旋泵、气升泵等）。其中，叶片式水泵是通过旋转叶片与水的相互作用来传递能量，因其具有结构简单、运转性能可靠、工作范围广等优点，被广泛地应用在生产和生活的各个方面，尤其是在水利工程中绝大多数采用的是叶片式水泵。因此，本章重点论述叶片式水泵的类型、工作原理、特性和选型。

5.1.1 叶片泵的类型

（1）依据叶片的形状和叶轮出水方向及工作上的特点，叶片泵可划分为：离心泵、轴流泵和混流泵。

离心泵：主要依靠叶轮高速旋转产生的离心力而工作，水由轴向流入叶片，沿垂直于轴的径向流出。

轴流泵：主要依靠叶轮高速旋转产生的轴向推力而工作，水沿轴向流入叶片，又沿轴向流出。

混流泵：依靠叶轮高速旋转既产生惯性离心力又产生轴向推力而工作，水由斜向流入叶片，又沿斜向流出。

（2）按照叶轮的数目可分为单级水泵和多级水泵。

单级水泵：泵轴上只有一个叶轮。

多级水泵：泵轴上有两个或两个以上的叶轮。

（3）按照叶轮进水方式可分为单吸水泵和双吸水泵。

单吸水泵：叶轮单侧吸水，只有一个进水口。

双吸水泵：叶轮双侧吸水，两侧均设进水口。

（4）按照水泵主轴的方向可分为卧式水泵、立式水泵和斜式水泵。

卧式水泵：主轴水平放置。

立式水泵：主轴垂直放置。

斜式水泵：主轴倾斜放置。

5.1.2　水泵的工作参数

水泵的工作参数是表示水泵性能和特点的一组数据，包括扬程 H、流量 Q、转速 n、功率 P、效率 η、允许吸上真空高度 $[H_s]$ 或空化余量 $NPSH$。

1. 流量

水泵流量是泵在单位时间内输送液体的数量，用 Q 来表示，常用的单位有 m^3/s、m^3/h 和 L/s 等。

2. 扬程

水泵扬程是指所输送的液体由水泵进口到出口，单位重量液体所获得的能量。用 H 来表示，单位为 m，即水泵抽送液体的液柱高度。水泵扬程是水泵本身所具有的性能，只取决于它本身的结构形状和转速高低，与外界其他因素无关。

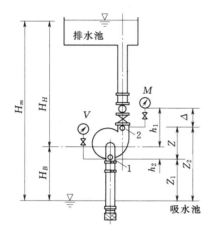

图 5-1　计算水泵扬程的示意图

如图 5-1 所示，设水泵的进口为 1 断面，其能量为 E_1，出口为 2 断面，其能量为 E_2，以吸水池水面为基准面，根据水泵扬程 H 的定义可以得出：

$$H = E_2 - E_1$$
$$= \left(Z_2 + \frac{P_2}{\gamma} + \frac{V_2^2}{2g}\right) - \left(Z_1 + \frac{P_1}{\gamma} + \frac{V_1^2}{2g}\right)$$
$$= (Z_2 - Z_1) + \frac{P_2 - P_1}{\gamma} + \frac{V_2^2 - V_1^2}{2g} \qquad (5-1)$$

式中：Z_1、Z_2 为泵进口断面和出口断面到基准面的高差，m；$\dfrac{P_1}{\gamma}$、$\dfrac{P_2}{\gamma}$ 为泵进口断面和出口断面的压强水头，m；$\dfrac{V_1^2}{2g}$、$\dfrac{V_2^2}{2g}$ 为泵进口断面和出口断面的速度水头，m。

水泵的进口压力 $\dfrac{P_1}{\gamma}$ 和出口压力 $\dfrac{P_2}{\gamma}$ 可用真空表和压力表测得。设 M 为压力表的读数，V 为真空表的读数。均以水柱高（m）表示。当以绝对真空压力为零时，由读数 M 及 V 便可求得水泵进出口的压力为

$$\frac{P_1}{\gamma} = \frac{P_a}{\gamma} - V$$

$$\frac{P_2}{\gamma} = M + \Delta + \frac{P_a}{\gamma}$$

式中：P_a 为大气压力，Pa；Δ 为压力表下部到测点 2 的高度，m。

代入式（5-1）得

$$H = M + V + \Delta + Z_2 - Z_1 + \frac{V_2^2 - V_1^2}{2g} \qquad (5-2)$$

若吸水池容积很大，设其行进流速的流速水头为零，则从吸水池表面到进口 1 断面之间的伯努利方程式为

$$\frac{P_a}{\gamma} = Z_1 + \frac{P_1}{\gamma} + \frac{V_1^2}{2g} + h_B$$

则

$$\frac{P_1}{\gamma} = \frac{P_a}{\gamma} - \left(Z_1 + \frac{V_1^2}{2g} + h_B\right)$$

式中：h_B 为吸水管路中的水头损失，m。

上式表明在水泵进水口处存在着真空现象，其吸水的真空高度为 $\left(Z_1 + \frac{V_1^2}{2g} + h_B\right)$。

同样，设排水池中的流速水头亦为零，则从水泵出口断面到排水池表面之间的伯努利方程式为

$$\frac{P_a}{\gamma} + (H_B + H_H) + h_H = (Z_1 + Z) + \frac{P_2}{\gamma} + \frac{V_2^2}{2g}$$

则

$$\frac{P_2}{\gamma} = (H_B + H_H) - (Z_1 + Z) + \frac{P_a}{\gamma} - \frac{V_2^2}{2g} + h_H$$

式中：H_B、H_H 为水泵吸水和压水的地形高度，m；h_H 为压水管路中的水头损失，m。

由此求得

$$\frac{P_2 - P_1}{\gamma} = (H_B + H_H) - Z - \frac{V_2^2 - V_1^2}{2g} + h_B + h_H$$

将上式代入式（5-1）得

$$H = H_B + H_H + h_B + h_H = H_m + \sum h \tag{5-3}$$

式（5-3）表明水泵的扬程为总地形高度 H_m（从吸水池表面至排水池表面的地形高度）和管路（包括吸水管路和压水管路）水头损失 $\sum h$ 之和。

以上所推导的水泵扬程式（5-2）和式（5-3）有着不同的应用：对于运行中的水泵，当读出真空表和压力表的读数 V、M 后，即可由式（5-2）求得水泵的工作扬程 H；在设计水泵站时，已知水泵和管路的布置情况后，便可测得水泵至吸水池地形高度 H_B 和至排水池地形高度 H_H，并算出管路的水头损失 h_B、h_H，则可由式（5-3）求得水泵的设计扬程 H。

3. 功率和效率

水泵的功率通常是指输入功率，即由原动机（电动机或内燃机）供给的水泵轴功率，以 P 表示，单位为 kW。

水泵的输出功率又称有效功率，以 N_e 表示，数值上等于泵的流量和扬程的乘积：$P_e = 9.81QH$（kW）。

由于水泵工作时也有容积损失、水力损失和机械损失，所以液体获得的能量小于原动机传给水泵的功率。水泵的有效功率与输入轴功率之比即为水泵的总效率 η。

$$\eta = \frac{P_e}{P} = \frac{9.81QH}{P} \tag{5-4}$$

水泵的总效率 η 是由容积效率 η_v、水力效率 η_h 和机械效率 η_m 组成，$\eta = \eta_v \eta_h \eta_m$。

4. 允许吸上真空高度或空化余量

允许吸上真空高度，以 $[H_s]$ 表示，是指水泵在标准状况（即水温为 20℃，表面压

力为一个标准大气压）下运转时，水泵允许的最大吸上真空高度，单位为 m，它反映了离心泵和混流泵的吸水性能。

空化余量以 $NPSH$（Net Positive Suction Head）表示，是指水泵进口处，单位重量水体所具有的超过发生汽化压力的富余能量，单位为 m，用以反应轴流泵的吸水性能。

5. 转速

转速指泵轴每分钟的转数，用 n 表示，单位为 r/min。转速是影响水泵性能的一个重要参数，当转速变化时，水泵的其他五个性能参数都相应地发生变化。

5.2　叶片泵的工作原理和基本构造

5.2.1　离心泵

图 5-2 为离心泵工作原理示意图。在启动前须先将泵内和进水管内灌满水（也可用真空泵或射流泵将泵体和进水管内抽成真空引水），以使叶轮旋转时能够产生足够的离心力。然后启动动力机通过泵轴 2 带动叶轮 3 高速旋转，叶片迫使水流随其旋转，水流在离心力的作用下向四周径向甩出。经蜗壳形的泵壳 1 和扩散锥管段减速增压，通过闸阀 7 进入压水管 5。同时在水泵叶轮进水口处产生真空，与进水池水面形成压力差，在大气压作用下，水流就经吸水管 4 源源不断地流向水泵叶轮，这就是离心泵的工作原理。

离心泵结构型式很多，现介绍几种常见的典型结构。

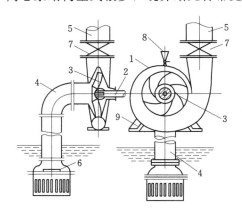

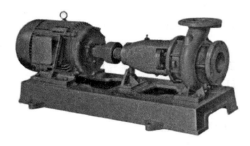

图 5-2　离心泵工作原理示意图
1—泵壳；2—泵轴；3—叶轮；4—吸水管；
5—压水管；6—底阀；7—闸阀；
8—灌水漏斗；9—泵座

图 5-3　IS 单级单吸式
离心泵外形图

1. 单级单吸卧式离心泵

该型号泵的结构特点是水流从叶轮一侧吸入，泵轴水平放置且轴上只有一个叶轮，叶轮固定在轴的一端。其性能特点是流量小、扬程高、稳定性好。

IS 系列泵是我国首批根据国际标准 ISO2858 设计的单级单吸卧式离心泵，它是 BA 型、B 型和其他单级单吸离心泵的更新型，其规格和性能均有较大的扩展和改进。其性能范围是：流量 $6.3 \sim 400 m^3/h$，扬程 $5 \sim 150m$，转速有 1450r/min 和 2900r/min 两种。该系列泵适用于工业和城市给水、排水和农业排灌。IS 型泵的整体外形如图 5-3 所示。图 5-4 是 IS 型泵的结构，泵主要由泵体、泵盖、叶轮、轴、密封环、轴套及悬架等部件组成。

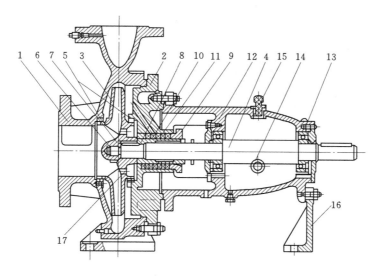

图 5-4 IS 单级单吸式离心泵结构图

1—泵体；2—泵盖；3—叶轮；4—泵轴；5—密封环；6—叶轮螺母；7—止动垫圈；
8—轴套；9—填料压盖；10—填料环；11—填料；12—悬架；13—轴承；
14—油标；15—油孔盖；16—支架；17—水压平衡孔

2. 单级双吸卧式离心泵

单级双吸卧式离心泵的结构特点是由叶轮两边进水，它的叶轮好像用两个单吸泵的叶轮背靠背地连在一起。泵进水端在叶轮进水前分为两股，形成进水端左右两个蜗壳。在泵出水端，水流汇成一股，形成出水端（中间）的一个蜗壳，所以从泵壳的外表看有 3 个蜗壳。叶轮装在泵轴中间，Sh 型泵的泵壳接线是水平方向中开的，泵壳的上半部称为泵盖，下半部称为泵座。

单级双吸卧式离心泵的流量和扬程均较单级单吸卧式离心泵大。常用的单级双吸离心泵的型号有 Sh、SA 和 S 等几种。其中 Sh 型是最常用泵型，Sh 型的流量范围一般为 90～20000m³/h，扬程为 9～140m。Sh 型水泵常用于城市给排水、工矿企业的循环用水和农业排灌。单级双吸卧式水泵外形如图 5-5 所示，其结构剖面如图 5-6 所示。

3. 分段式多级离心泵

分段式多级离心泵的结构特点是多个叶轮安装在同一泵轴上串联工作，轴上叶轮的个数代表泵的级数。多级水泵工作时，水从进水管吸入，由前一级叶轮压出进入后一级叶轮，每经过一个叶轮，水就获得一次能量。所以多级泵的总扬程为各级叶轮扬程的总和，级数越多，扬程越大。分段式多级离心泵以 D（DA）表示。多级离心泵构造较为复杂，维修不方便且效率较低，但具有较高的扬程。其扬程范围为 100～650m，流量范围为 5～720m³/h。这种泵适用于流量小而扬程高的情况。多级离心泵的外形如图 5-7 所示。图 5-8 为多级离心泵结构剖面图。

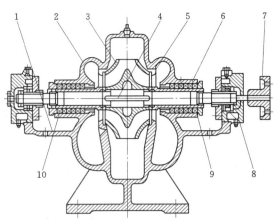

图 5-5 单级双吸卧式离心泵外形图

图 5-6 单级双吸卧式离心泵结构图

1—泵体；2—泵盖；3—叶轮；4—轴；5—双吸
密封环；6—轴套；7—联轴器；8—轴承体；
9—填料压盖；10—填料

图 5-7 分段多级离心泵外形图

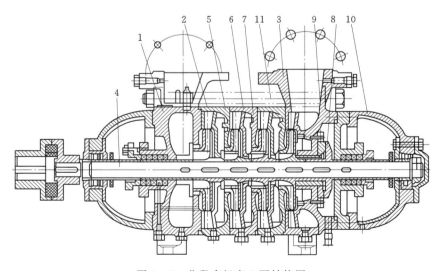

图 5-8 分段多级离心泵结构图

1—进水段；2—中段；3—出水段；4—泵轴；5—叶轮；6—导叶；7—密封环；
8—平衡盘；9—平衡环；10—轴承部件；11—长螺栓（穿杠）

4. 井用水泵

从井中提水的水泵称为井用水泵。井用水泵类型很多，其中最常用的是长轴井泵和潜水电泵。长轴井泵属于多级立式离心泵，而潜水电泵的泵体一般为单级或多级立式离心泵。主要用于农业井灌和水电厂集水井排水等。

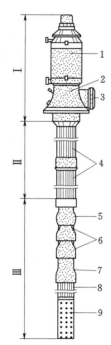

图 5-9　长轴井泵的组成

Ⅰ—电动机机座部分；

Ⅱ—输水管部分；

Ⅲ—泵体部分；

1—电动机；2—机座；

3—出水口；4—输水管；

5—出水节；6—中节；

7—进水节；8—进水管；

9—滤网

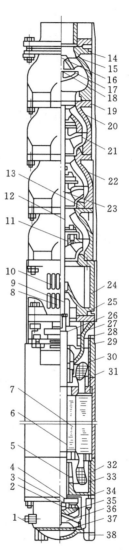

图 5-10　QJ型湿式潜水电泵结构图

1—放水螺栓；2—螺母；3—平键；4—推力盘；5—导轴承；6—转子组装；7—定子组装；8—平键；9—联轴器；10—滤水网；11—锥形套；12—橡胶轴承；13—密封环；14—橡胶垫；15—止逆阀座；16—阀杆；17—止逆阀盖；18—胶垫；19—矩形垫圈；20—上导流壳；21—叶轮；22—导流壳；23—叶轮轴；24—上导轴承座；25—进水节；26—甩沙圈；27—油封；28—O形垫圈；29—橡胶塞；30—拉肋（拉杆）；31—拉壳；32—下导轴承座；33—拉肋（拉杆）；34—底座；35—止推轴承部装；36—螺母；37—调压膜；38—调压膜压盖

123

长轴井泵的结构特点是轴上装有多个叶轮，动力装置置于井上，泵体淹没在井内水下，电动机通过长传动轴带动叶轮转动将井水抽升到地面以上。图 5-9 给出了长轴井泵的组成。我国生产的长轴井泵主要有 JD 型、JC 型和 J 型等系列，其中 JD 型应用最为广泛，JD 型长轴井泵的扬程范围为 $22 \sim 100m$，流量范围为 $10 \sim 520m^3$。

潜水电泵的特点是将泵体中的多级叶轮和同轴的潜水电动机装在一个管路中，并潜没在井水中抽水。它与长轴井泵相比省去长传动轴和轴承支架，可节省大量钢材，且构造简单，安装维修方便。我国近年来大量生产和使用的是 QJ 型井用潜水电泵，其扬程范围为 $9 \sim 598m$，流量范围为 $2 \sim 500m^3/h$。图 5-10 为 QJ 型湿式潜水电泵的结构图。

5.2.2 轴流泵

轴流泵与离心泵的工作原理不同，它主要是利用叶轮的高速旋转所产生的推力提水。

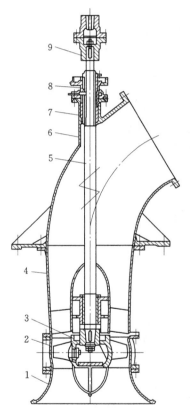

图 5-11 立式轴流泵结构图
1—吸入喇叭管；2—叶轮室；3—叶轮；
4—导叶体；5—泵轴；6—出水弯管；
7—橡胶轴承；8—填料函；9—联轴器

轴流泵的叶片一般浸没在被吸水源的水池中，由于叶轮高速旋转，在叶片产生的升力作用下，连续不断地将水向上推压，使水沿出水管流出。叶轮不断的旋转，水也就被连续压送到高处。

轴流泵由喇叭形吸水管、圆筒形泵壳、出水弯管和转动部件等组成。泵的转动部分有叶轮、导水叶和轴。图 5-11 是常见的立式轴流泵，此外还有卧式和斜式两种，主要区别在于过流通道的型式不同。

小型立式轴流泵为了使结构简化便于制造，叶轮上叶片的安置角可以是固定的（ZLD 型），也可以在停机时拧开叶片座来调整叶片的装置角（ZLB 型），以达到定期调节流量的目的。大型轴流泵，一般采用可转动的叶片（ZLQ 型），用以随时经济地调节其流量。

一般小型轴流泵的流量为 $0.3 \sim 0.8m^3/s$，大型轴流泵的流量为 $8 \sim 30m^3/s$，甚至可达 $50 \sim 60m^3/s$。轴流泵的扬程一般小于 25m，通常使用的扬程为 $4 \sim 12m$。轴流泵特点是流量大、扬程低，因泵的叶轮全部浸在水中，启动时不需要灌水，操作方便，适于在平原河网地区低扬程大流量排灌时使用。

5.2.3 混流泵

混流泵是介于离心泵和轴流泵之间的一种泵。就工作原理而言，它是靠叶轮转动时对水流产生的轴向推力和离心力的双重作用来工作的。按照结构型式可分为蜗壳式和导叶式两种，卧式蜗壳式混流泵外形与单吸离心泵相似，如图 5-12 所示；立式导叶式混流泵与立式轴流泵相似，如图 5-13 所示。

常用的卧式蜗壳式混流泵型号为 HW 型，流量范围为 $50 \sim 4500m^3/h$，扬程 $3 \sim 20m$；立式导叶式混流泵常用型号为 HD 型，流量范围为 $45 \sim 7970m^3/h$，扬程 $3 \sim 24m$。

混流泵的性能特点是流量大于离心泵而小于轴流泵，扬程小于离心泵而大于轴流泵，高效范围较宽，兼具离心泵和轴流泵的优点，是一种较为理想的泵型。

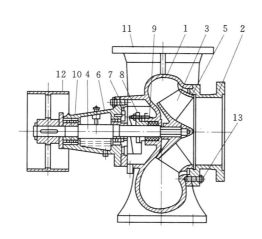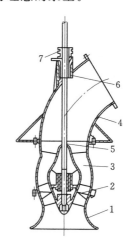

图 5-12 蜗壳式混流泵构造图

1—泵壳；2—泵盖；3—叶轮；4—泵轴；5—减
漏环；6—轴承盒；7—轴套；8—填料压盖；
9—填料；10—滚动轴承；11—出水口；
12—皮带轮；13—双头螺丝

图 5-13 导叶式混流泵构造图

1—进水喇叭；2—叶轮；3—导叶体；
4—出水弯管；5—泵轴；6—橡胶
轴承；7—填料函

5.2.4 叶片泵的型号

叶片泵的种类繁多，为了便于识别和选择水泵，相关部门对不同类型的水泵，根据其尺寸、性能和结构型式编制了泵的型号。已知一台泵的型号，就可以从泵类产品目录中查到该泵的规格和性能；选用水泵时，确定了水泵的性能参数后就可以在产品目录中查到适用的水泵型号。水泵的型号通常由一些字母和数字组成，下面将就几类常用的水泵型号加以说明。

IS80-65-160：IS 表示单级单吸离心泵；80 表示进口直径为 80mm；65 表示出口直径为 65mm；160 表示叶轮直径为 160mm。

300Sh58A：300 表示进口直径为 300mm；Sh 表示单级双吸离心泵；58 表示扬程为 58m；A 表示叶轮外径第一次切削。

150D30×5：150 表示进口直径为 150mm；D 表示多级单吸分段式离心泵；30 表示单级扬程为 30m；5 表示叶轮级数为 5 级。

150JD36×3：150 表示适用最小井径为 150mm；JD 表示长轴井泵；36 表示流量为 36m³/h；3 表示叶轮级数为 3 级。

200QJ50-52/4：200 表示适用最小井径为 200mm；QJ 表示井用潜水泵；50 表示流量为 50m³/h；52 表示扬程为 52m；4 表示叶轮级数为 4 级。

350ZLB-10：350 表示出口直径为 350mm；ZLB 表示立式半调节式轴流泵；10 表示扬程为 10m。

300HW-8：300 表示进出口直径为 300mm；HW 表示卧式蜗壳式混流泵；8 表示扬程为 8m。

250HD-19：250 表示出口直径为 250mm；HD 表示导叶式混流泵；19 表示扬程为 19m。

5.3　水　泵　的　特　性

5.3.1　叶片泵的基本方程式

　　液体在水泵叶轮中的运动是一种复杂运动，液体一方面要沿着叶片流动，另一方面又随着叶轮转动。液体质点随叶轮一起旋转的圆周运动如图 5-14（a）所示，其速度用 $\vec{u}$ 表示，液体质点沿叶轮的相对运动如图 5-14（b）所示，其速度用 $\vec{w}$ 表示。叶轮中液体质点运动的绝对速度 $\vec{v}$ 是该点的相对速度和圆周速度的向量和，如图 5-14（c）所示，即

$$\vec{v}=\vec{u}+\vec{w} \tag{5-5}$$

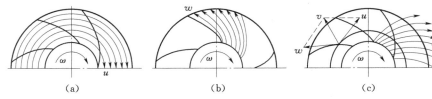

图 5-14　液体在叶轮中的运动

（a）牵连运动；（b）相对运动；（c）绝对运动

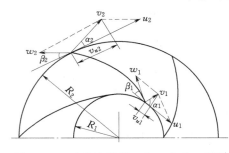

图 5-15　叶轮流道进、出口速度三角形

　　分析水流在水泵叶轮中的运动，其方法和水轮机一样，用速度三角形表示流速场。图 5-15 是叶轮流道进、出口速度三角形。

　　叶片泵基本方程式的推导和水轮机基本方程式相同，假定叶轮是由无限多个无限薄的叶片组成，水流呈轴对称入流，并忽略叶轮内的水力损失，应用动量矩定理，分析单位时间内通过叶轮后水流动量矩的变化求得泵的基本方程为

$$H_T=\frac{1}{g}(u_2 v_2 \cos\alpha_2 - u_1 v_1 \cos\alpha_1)=\frac{1}{g}(u_2 v_{u2} - u_1 v_{u1}) \tag{5-6}$$

式中：H_T 为泵的理论扬程，m；v_1、v_2 为水流在叶轮进、出口处的绝对速度，m/s；v_{u1}、v_{u2} 为水流在叶轮进、出口处绝对速度的圆周分速度，m/s；u_1、u_2 为水流在叶轮进、出口处的圆周速度，m/s；α_1、α_2 为叶轮进、出口处绝对速度与圆周速度的夹角。

　　由叶片泵的基本方程式可以看出以下几点。

　　(1) 叶轮传给液体的能量仅与液体在叶片入口和出口处速度的大小和方向有关。

　　(2) 泵的理论扬程只与液体的运动状态有关，与液体种类无关。

　　(3) 当液体进入叶轮的绝对速度没有圆周分速度，即 $\alpha_1=90°$，$\cos\alpha_1=0$ 时，基本方程式为

$$H_T=\frac{u_2 v_{u2}}{g}$$

这时泵的理论扬程最大，一般泵的叶片进口角是按此设计的。

5.3.2　泵的相似律和比转速

　　叶片泵中液体的运动是一种空间复杂流动，目前还不能完全用理论计算来解决，设计

和制造水泵时，一般要通过模型试验来测定水泵的特性参数（主要包括扬程 H_m、流量 Q_m、转速 n_m、功率 P_m 和效率 η_m 等）。然后应用相似律把试验成果换算到原型水泵上。水泵相似的定律和水轮机相似定律完全一致，只是形式上稍有改变。根据水轮机的相似律，可直接写出水泵的相似律如下：

$$\frac{Q}{Q_m}=\left(\frac{D_2}{D_{2m}}\right)^3\frac{n}{n_m}\frac{\eta_v}{\eta_{vm}}$$

$$\frac{H}{H_m}=\left(\frac{D_2n}{D_{2m}n_m}\right)^2\frac{\eta_h}{\eta_{hm}}$$

$$\frac{P}{P_m}=\left(\frac{D_2}{D_{2m}}\right)^5\left(\frac{n}{n_m}\right)^3\frac{\eta_m}{\eta_{mm}}$$

式中：H、Q、n、P、η 为水泵工作参数；D_2 为水泵叶轮外径；下标"m"表示模型水泵；无下标者表示原型水泵。

当原型和模型的尺寸相差不大时，可近似认为原型泵和模型泵效率相等，即机械效率相等（$\eta_m=\eta_{mm}$）、水力效率相等（$\eta_h=\eta_{hm}$）、容积效率相等（$\eta_v=\eta_{vm}$），则上式可简化成

$$\left.\begin{array}{l}\dfrac{Q}{Q_m}=\left(\dfrac{D_2}{D_{2m}}\right)^3\dfrac{n}{n_m}\\[3mm]\dfrac{H}{H_m}=\left(\dfrac{D_2}{D_{2m}}\right)^2\left(\dfrac{n}{n_m}\right)^2\\[3mm]\dfrac{P}{P_m}=\left(\dfrac{D_2}{D_{2m}}\right)^5\left(\dfrac{n}{n_m}\right)^3\end{array}\right\}\qquad(5-7)$$

式（5-7）即为常用的水泵相似律公式。若模型泵与原型泵尺寸相差很大时，必须修正由于原型、模型二者效率不等所带来的影响。

对水泵相似律前两个公式进行变化可以得出：

$$\frac{n\sqrt{Q}}{H^{3/4}}=\frac{n_m\sqrt{Q_m}}{H_m^{3/4}}=常数$$

上式表明，对于相似水泵在相似工况下，n、Q、H 3 个参数按某种方式计算后得到一个常数，以 n_q 表示。n_q 是一个综合特性参数，称为泵的比转速。

$$n_q=\frac{n\sqrt{Q}}{H^{3/4}}\qquad(5-8)$$

在我国，为使之与水轮机的比转速 n_s 一致，将 $P=13.33QH$（马力）代入 n_s 的表达式得

$$n_s=\frac{n\sqrt{P}}{H^{5/4}}=3.65\frac{n\sqrt{Q}}{H^{3/4}}=3.65n_q\qquad(5-9)$$

n_s 和 n_q 在本质上没有区别，只是数值上相差 3.65 倍而已，我国习惯上用 n_s 表示水泵的比转速。n_s 表示当水头 $=1m$，流量 $Q=0.075m^3/s$，出力为 1 马力（735.5W）时的转速。式中的 Q 和 H 是指单级、单泵的流量和扬程，因而对双吸式水泵：

$$n_s=3.65\frac{n\sqrt{\dfrac{Q}{2}}}{H^{3/4}}$$

对多级式水泵：

$$n_s = 3.65 \frac{n\sqrt{Q}}{(H/i)^{3/4}}$$

其中 i 为水泵的级数。

水泵运行中，扬程和流量是可以改变的，为统一起见，均按水泵设计工况（即效率最高时的工况）下的流量、扬程和转速计算比转速值。

5.3.3 比例定律和切割定律

1. 比例定律

在转速不同时，将水泵相似律公式（5-7）应用于相应尺寸相等的模型泵和原型泵（或对同一台泵）即可得到下式：

$$\left. \begin{array}{l} \dfrac{Q}{Q_m} = \dfrac{n}{n_m} \\[3mm] \dfrac{H}{H_m} = \left(\dfrac{n}{n_m}\right)^2 \\[3mm] \dfrac{P}{P_m} = \left(\dfrac{n}{n_m}\right)^3 \end{array} \right\} \tag{5-10}$$

由上式可见，对于同一台水泵或相应尺寸相等的相似泵而言，流量、扬程和轴功率的变化与转速变化的一次方、二次方、三次方成正比，这就是泵的比例定律。比例定律是相似律公式的一个特例。

2. 切割定律

由泵的相似律可知，若是同一个叶轮切割直径后转速不变，则式（5-7）简化为

$$\left. \begin{array}{l} \dfrac{Q}{Q_m} = \left(\dfrac{D_2}{D_{2m}}\right)^3 \\[3mm] \dfrac{H}{H_m} = \left(\dfrac{D_2}{D_{2m}}\right)^2 \\[3mm] \dfrac{P}{P_m} = \left(\dfrac{D_2}{D_{2m}}\right)^5 \end{array} \right\} \tag{5-11}$$

直径被车小后的叶轮与原有叶轮在几何形状上是不相似的。所以它的工作参数不能用相似定律换算，但根据叶轮结构，对某些中、低比转速的离心泵，在车削量不很大时，可以近似认为叶轮切剖前后的出口速度三角形是相似的，因此叶轮切割前后的流量、扬程、功率和叶轮直径有以下关系式：

$$\left. \begin{array}{l} \dfrac{Q'}{Q} = \dfrac{D_2'}{D_2} \\[3mm] \dfrac{H'}{H} = \left(\dfrac{D_2'}{D_2}\right)^2 \\[3mm] \dfrac{P'}{P} = \left(\dfrac{D_2'}{D_2}\right)^3 \end{array} \right\} \tag{5-12}$$

式中：D_2、Q、H、P 为水泵叶轮直径及其性能参数；D_2'、Q'、H'、P' 为水泵叶轮切割后的直径及其性能参数。

式（5-12）就是泵的切割定律，它和泵的比例定律相似。但必须知道比例定律是相似律的特例，而切割定律在推导时是近似地利用了相似律，因此按切割定律得到的计算结

果与通过试验得到的结果有一定的误差。

5.3.4 水泵的性能曲线

水泵的性能曲线就是水泵在一定的转速下，流量与扬程、流量与轴功率、流量与效率之间的相互关系。水泵的各种性能参数间的关系是通过试验得到的。水泵出厂时厂家会给一份性能资料或性能曲线，厂家在实测水泵性能时，保持水泵在额定转速下运行，通过调节出水阀的开度，改变水泵的运行工况，并测量各工况下的流量 Q、扬程 H 和轴功率 P，并计算出效率 η、然后以 Q 为横坐标，以 H、P、η 为纵坐标，在图上标出相应的试验点并连成光滑的曲线，便可得出该转速下的 Q-H、Q-P 和 Q-η 的特性曲线。此外，进行水泵的空化试验，亦可得出流量 Q 与允许吸上真空高度 $[H_s]$ 或必需空化余量 $(NPSH)_r$ 的关系曲线，并和上述特性曲线画在同一张图上。图 5-16 给出了 IS100-65-200 型离心泵的性能曲线，图 5-17 给出了 14ZLB-100 型轴流泵的性能曲线。

不同类型和比转速的水泵，其特性曲线的形状及特点见表 5-1。

表 5-1　　　　　　　　比转速与叶片形状和性能曲线形状的关系

泵的类型	离心泵			混流泵	轴流泵
	低比转速	中比转速	高比转速		
比转速 n_s	$30<n_s<80$	$80<n_s<150$	$150<n_s<300$	$300<n_s<500$	$500<n_s<1500$
叶轮形状					
尺寸比 D_2/D_1	≈3.0	≈2.3	≈1.8～1.4	≈1.2～1.1	≈1
叶片形状	圆柱形叶片	入口处扭曲出口处圆柱形	扭曲叶片	扭曲叶片	轴流泵翼型
性能曲线形状					
流量—扬程曲线特点	关死扬程为设计工况的 1.1～1.3 倍，扬程随流量减少而增加，变化比较缓慢			关死扬程为设计工况的 1.5～1.8 倍，扬程随流量减少而增加，变化较急	关死扬程为设计工况的 2 倍左右，在小流量处出现马鞍形
流量—功率曲线特点	关死功率较小，轴功率随流量增加而上升			流量变化时轴功率变化较小	关死点最大，设计工况附近变化比较小，以后轴功率随流量增大而下降
流量—效率曲线特点	比较平坦			比轴流泵平坦	急速上升后又急速下降

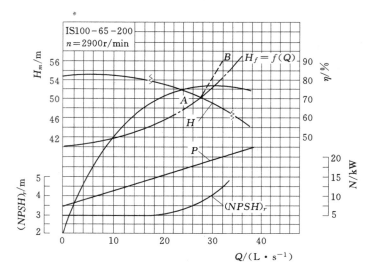

图 5 - 16　IS100 - 65 - 200 型离心泵的性能曲线

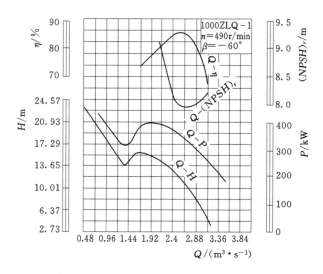

图 5 - 17　1000ZLQ - 10 型轴流泵的性能曲线

5.3.5　水泵的管路系统特性曲线

水泵管路系统特性曲线是指水泵站的总扬程（指水泵站的实际扬程和管路损失之和）与抽水流量之间的关系，也称装置特性曲线。管路特性曲线取决于管路特性和扬水的几何高度，与水泵性能无关。根据式（5 - 3）可知，水泵的扬程为地形高度和管路水头损失之和：

$$H_z = H_m + \sum h \qquad\qquad (5 - 13)$$

式中：H_m 为吸水池水面到出水池水面的几何高度，称为实际扬程，m；$\sum h$ 为管路沿程损失和局部损失的总和，m。

在式（5 - 13）中，H_m 与管路中流量大小无关，只与地形几何高度有关。而 $\sum h$ 则与流量变动有关，$\sum h = h_l + h_\zeta = \sum \lambda \dfrac{L}{D}\dfrac{V^2}{2g} + \sum \zeta \dfrac{V^2}{2g}$，此式可进一步写成：

$$\sum h = KQ^2 \tag{5-14}$$

$$K = \frac{\sum \lambda \dfrac{L}{D} + \sum \zeta}{2gA^2}$$

式中：K 为综合阻力系数。

当管路的材料，长度和管件一定时，上式中沿程阻力系数 λ、局部阻力系数 ζ、管路长度 L，管径 D 和管道进水断面 A 等都为已知数，K 值为一常数。

由式（5-14）可见当管路中流量变化时，$\sum h$ 变化与流量成平方关系。式（5-13）可以写成：

$$H_z = H_m + KQ^2 \tag{5-15}$$

若将式（5-15）用曲线表示，则如图 5-18 所示，图中 AB 曲线就是管路系统特性曲线，简称管路特性曲线。

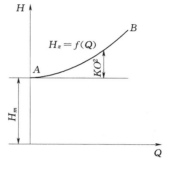

图 5-18　管路特性曲线

5.4　水泵的运行和调节

5.4.1　水泵的工作点

水泵的工作点是水泵在已定的进、出口水位和已定的管路系统中稳定运行的工况点。此时水泵所能提供的能量与抽水系统所需要的能量相平衡。水泵的工作点是由水泵和管路系统性能共同决定的。只要把水泵的管路特性曲线移到水泵的性能曲线上，曲线：H_z-Q 和 H-Q 就会有一个交点，该点就是水泵工作点，如图 5-19 中 A 点。

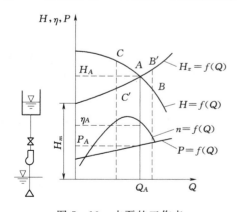

图 5-19　水泵的工作点

假定水泵在 A 点右边 B 处运行，流量为 Q_B，水泵具有的扬程 H_B 小于抽水系统所需要的扬程 H_B，会使管道中的流速减小，因而流量向 Q_A 方向减小，直到 Q_B 减小到 Q_A，水泵所具有的扬程和抽水系统所需要的扬程相等时（即 $H_A = H_B$），水泵才能稳定运行。若水泵在 A 点左边 C 处运行，流量为 Q_C，则水泵具有的扬程 H_C 大于抽水系统所需要的扬程 $H_{C'}$，会使管路中流速加大，流量向 Q_A 方向增大，直到 Q_C 加大到 Q_A 时，水泵扬程与抽水系统需要的扬程得到平衡，水泵才能稳定运行。由此可见，水泵工作点必然是水泵的 H-Q 线与管路的 H_z-Q 线的交点，不会是其他点。

水泵的工作点确定后，其对应的流量、扬程、效率和轴功率等性能参数均可从相应曲线上查得。

水泵工作点的确定既和水泵选型有关，也和管路系统的布置有关。水泵运行时，两者要综合考虑，使工作点处于水泵的高效率区。

5.4.2　水泵的串联和并联

1. 水泵的串联运行

当一台水泵不能达到所需要的扬程时，可将水泵首尾相接串联在管路中运转，这种工作方式称水泵串联运行，如图 5-20 所示。水泵串联运行，通过每台水泵的流量相等，但总扬程等于两台水泵对应该流量时的扬程之和，两台泵串联工作的总特性曲线为：

$$Q_Z = Q_I = Q_{II}$$
$$H_{I+II} = H_I + H_{II}$$

所以只要把两台泵在相同流量（即横坐标相等）各点的纵坐标相加，即可得到串联工作泵的特性曲线，如图 5-21 所示。图中所示为两台同型号水泵串联运行时的工作特性曲线，其中曲线 I （II）为单台水泵 $Q-H$ 特性曲线，I + II 为两台水泵串联运行时的 $Q-H$ 特性曲线，该曲线与管路特性曲线交与 A 点，A 点就是 I 、II 两台水泵串联运行时的工作点。

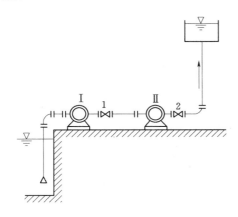

图 5-20　水泵的串联运行

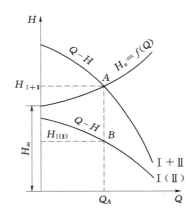

图 5-21　两台同型号水泵串联运行特性曲线

选用串联运行的水泵时，要求两台水泵的性能最好相同或额定流量相近，否则小泵放在后面一级时会过载，放在前面一级时，又会成为大泵的阻力致使大泵的出水量受到限制，降低水泵串联运行时的效率。如果两台泵的流量不同，应将流量较大的放在第一级，流量较小的放在第二级，第二级水泵要能够承受两台水泵的压力总和，以免小泵受到损坏。

2. 水泵的并联运行

如果流量需求很大，一台水泵不能满足要求时，可以用两台或两台以上水泵向同一管路输水，这种工作方式称为水泵并联运行，如图 5-22 所示。这种运行方式适用于水泵台数较多而输水管路较长的情况。

两台水泵并联运行时，每台水泵的扬程一样，但总流量则等于两台水泵对应该扬程时的流量之和。并联运行泵的特性曲线按以下方法计算：

$$Q_Z = Q_I + Q_{II}$$
$$H_{I+II} = H_I = H_{II}$$

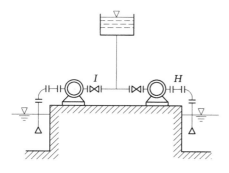

图 5-22 水泵的并联运行

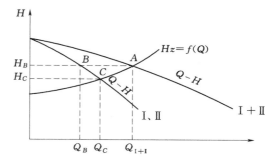

图 5-23 两台同型号水泵并联运行特性曲线

只要把两台泵在相同扬程下（即纵坐标相等）各点的横坐标相加，便可得到两台泵并联运行的特性曲线，如图 5-23 所示。图中所示为两台同型号水泵并联运行时的特性曲线，其中曲线 Ⅰ（Ⅱ）为单台水泵 Q-H 特性曲线，Ⅰ+Ⅱ 为两台水泵并联运行时的 Q-H 特性曲线，该曲线与管路特性曲线交与 A 点，A 点就是 Ⅰ、Ⅱ 两台水泵并联运行时的工作点。工作点流量为 Q_{I+II}。此时单泵相应工作点为 B，流量为 Q_B。图中 C 点为每台泵单独运行时的工作点，相应流量为 Q_C。由图可见，并联运行点流量 Q_{I+II} 不是单泵工作时流量 Q_C 的两倍，图中 $Q_{I+II} = 2Q_B$，但 $Q_B < Q_C$，所以 $Q_{I+II} < 2Q_C$。原因在于水泵并联运行时，管路内的流量相对单泵运行时增大，而管路内的水头损失与流量的平方成正比，使得水泵并联运行的流量随管路特性曲线变陡而减小。因此并联工作泵台数越多，每台泵的工作流量就越少，相反每台泵的工作扬程增加（图中 $H_B > H_C$）。故输送单位水量的费用提高，并联工作泵台数不宜过多，通常并联水泵的台数为 2～3 台。

水泵并联运行尽量采用相同型号的水泵，特殊情况采用不同型号水泵时，要求各泵扬程比较接近，否则扬程相差太大无法形成并联工作。

5.4.3 水泵的调节

水泵的调节就是改变水泵的工作点，以满足实际工程需要，或使水泵能在高效率区工作。水泵工作点是水泵性能曲线和管路特性曲线的交点，所以改变水泵的工作点有 3 种途径：①改变水泵性能曲线；②改变抽水系统的管路特性曲线；③同时改变水泵的性能曲线和管路特性曲线。

通过改变水泵性能曲线进行水泵调节的常用方法主要包括，在抽水系统管路特性不变的情况下，改变水泵的转速、切割水泵叶轮外径和改变叶片角度。通过改变管路特性曲线进行水泵调节最常用的方法是保持水泵性能不变，改变输水管路中阻力，进行节流调节。

1. 变速调节

根据水泵的比例定律，改变水泵的转速，水泵的 Q-H 性能曲线也会发生相应改变。保持水泵管路特性曲线不变的条件下，水泵的工作点就也会相应改变，如图 5-24 所示。

通过改变转速可以改变泵的性能参数，进而改变水泵的工作点，但是调节范围是有限度的。一般规定提高转速不能超过 5%，否则会引起动力机超载或发生空化和空蚀，导致水泵的某些零件损坏；降低转速时，不能超过 20%，否则会使水泵效率下降太多，或抽不上水来。因泵的相似律是在假定两台泵效率相等的条件下得到的，若转速降低过多，效

133

率相等的假设条件就与实际出入较大，比例定律就不准确了。

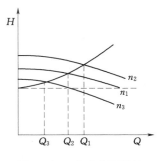

图 5-24　改变水泵转速

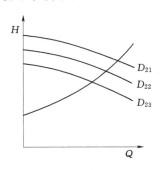

图 5-25　改变叶轮直径

2. 切割叶轮外径调节

由泵的切割定律可知，水泵的流量、扬程和轴功率的变化与叶轮直径变化的一次方、二次方、三次方成正比。叶轮直径被车小后，会使水泵的 $Q-H$ 性能曲线下移，在水泵管路特性曲线不变的条件下，水泵的工作点就也会相应改变。图 5-25 给出了叶轮切割后对应不同直径时水泵的工作点。

采用切割叶轮外径改变水泵的工作点时，切割量应有一定限度。否则叶轮与泵壳间的间隙过大，致使水泵效率降低太多。另外切割量过大也会破坏叶轮原来的构造。叶轮的最大切割量与比转速有关，见表 5-2。由表可以看出，比转速超过 350 的泵不允许切割叶轮，因此，切割叶轮外径的调节方法只适用于离心泵和一部分混流泵。

表 5-2　　　　　　　　　水泵叶轮外径最大允许切割量

比转速 n_s	60	120	200	300	350	350 以上
允许最大车削量 $\dfrac{D_2 - D_2'}{D_2}$	20%	15%	11%	9%	7%	0
效率下降值	每车削 10%，下降 1%		每车削 4%，下降 1%			

3. 改变叶片角度调节

轴流泵和混流泵具有较大的轮毂，便于安装可调节的叶片。通过改变叶片的安装角度，改变水泵的性能曲线，也可以达到改变水泵工作点的目的。以轴流泵为例，在转速不变的情况下，随着叶片安装角的增大，水泵的 $Q-H$ 性能曲线会向右上方移动，在水泵管路特性曲线不变的条件下，水泵的工作点就也会相应改变。如图 5-26 所示。

4. 节流调节

当水泵性能保持不变时，可用变动管路特性曲线法调节水泵工作点位置。最常用的改变管路特性曲线法是改变管路中阻力，进行节流调节。

节流调节就是改变管路出口阀门开度，用以改变管路系统中局部损失和出口流量，从而改变管路特性曲线。因为管路特性曲线为 $H_z = H_m + KQ^2$，式中，H_m 为进水池到出水池的几何高度，与管路无关，而管路损失及 KQ^2 项中的 K 值是综合阻力系数，与阻力状况有关。关小阀门开度，局部阻力增加，K 值增大，管路特性曲线变陡向左上方移动，水泵的工作点也向左上方移动，如图5-27所示。

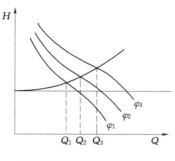

图5-26 改变叶片转角

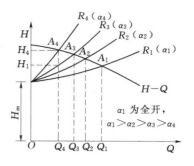

图5-27 节流调节

节流调节方法简单，只要在出水管上安装一个阀门就可以了，应用比较广泛。但这种方法是靠增加阻力损失的办法来达到调节的目的，运行不经济，特别对一些大型泵站，大功率机组，要经过经济比较确定。

5.5 水泵的空化空蚀和安装高程的确定

5.5.1 水泵的空化空蚀

同水轮机空化现象一样，假如泵内压力降低到饱和蒸汽压力，那么液体将产生气泡，气泡随着液流进入高压区，此时气泡发生凝结，在凝结过程中液体质点以高速冲向气泡中心，液体质点突然停滞，使质点的动能立即变为压力能，形成局部水锤。

产生空化的过程中，气泡破坏了水流的正常流动规律，致使水泵性能恶化，水泵的流量、扬程和效率迅速下降，甚至出现断流。气泡溃灭时，流道内会产生强烈的局部水锤，其冲击频率每分钟可达几万次，瞬间局部压力可达几十甚至几百兆帕，在巨大的冲击压力持续作用下，叶轮和泵壳金属表面产生疲劳破损和表面空蚀。空蚀对过流部件除产生机械剥蚀外，还伴有电解和化学腐蚀作用。水泵发生空化时，气泡破灭产生噪声和振动，强烈振动会使机组零件和泵房结构遭到破坏，噪声则会危害管理人员的身心健康。

5.5.2 空化余量和吸上真空高度

5.5.2.1 空化余量

要使水泵内不发生空化，至少应使水泵内水流的最低压力高于在该温度下水的汽化压力。在水泵进口处的水流，除压力水头要高于汽化压力水头外，水流总水头还应比汽化压力水头高出一定富余量，才能保证水泵内不发生空化，这个余量就是空化余量。空化余量是表征水泵空化性能的参数，我国一般用符号 Δh 表示，国际标准用 $NPSH$ 表示。

1. 有效空化余量

有效空化余量是指水泵进口处液体所余出的高出其汽化压力能头的那部分能量，用 $(NPSH)_a$ 或 (Δh_a) 来表示，即

$$(NPSH)_a = E_s - \frac{p_v}{\gamma} = \frac{p_s}{\gamma} + \frac{v_s^2}{2g} - \frac{p_v}{\gamma} \qquad (5-16)$$

式中：$(NPSH)_a$ 为有效空化余量，m；E_s 为水流在水泵进口处的总能头，m；p_v 为水流

在工作温度时的汽化压力，Pa；p_s 为水泵进口处水流的压力，Pa；v_s 为水泵进口处水流的速度，m/s。

有效空化余量是水泵进口处单位重量的液体所具有的总能头与相应的汽化压力水头之差。这里所谓的总能头是以水泵基准面为基准来度量的，水泵基准面可参照图 5 - 28 来确定。

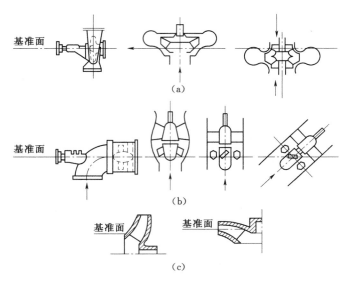

图 5 - 28　水泵基准面的确定

（a）离心泵基准面；（b）轴流泵和混流泵基准面；（c）大型离心泵基准面

在图 5 - 29 所示的抽水装置中，列 0—0 断面（进水池水面）和 s—s 断面（以水泵进口中心，即水泵基准面）的能量方程，则得

$$\frac{p_0}{\gamma}+\frac{v_0^2}{2g}-H_{sz}-h_{0-s}=\frac{p_s}{\gamma}+\frac{v_s^2}{2g}$$

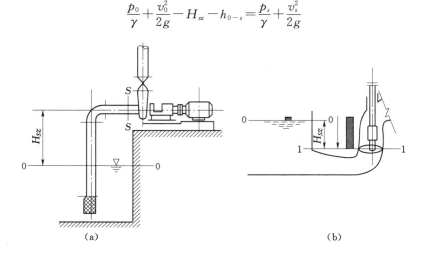

图 5 - 29　有效空化余量计算图

（a）泵基准面高于进水池水面；（b）泵基准面低于进水池水面

式中：p_0 为进水池水面的压力，Pa，进水池通大气时，$p_0 = p_a$（当地大气压力）；v_0 为进水池水面的水流速度，m/s，当水池很大时，可取 $v_0 \approx 0$；H_{sz} 为水泵的吸水高度，即水泵基准面到进水池水面的垂直距离，m，$H_{sz} = Z_s - Z_0$，基准面高于水面为正，反之为负；h_{0-s} 为进水管的水头损失，m，$h_{0-s} = \sum h_s$。

将上式两边均减 $\dfrac{p_v}{\gamma}$，根据有效空化余量（NPSH)$_a$ 定义，得

$$(NPSH)_a = \frac{p_s}{\gamma} + \frac{v_s^2}{2g} - \frac{p_v}{\gamma} = \frac{p_0}{\gamma} - H_{sz} - \sum h_s - \frac{p_v}{\gamma} \tag{5-17}$$

从式（5-17）可以看出，(NPSH)$_a$ 仅与进水池水面的大气压力、水泵的吸水高度、进水管的水头损失和水温有关。因此有效空化余量是进水装置提供给水泵的空化余量，所以，也称为装置空化余量。

为便于计算，在表 5-3 中给出了水在不同温度下的汽化压力值，在表 5-4 中给出了不同海拔高度下的大气压力值。

表 5-3   **水在不同温度下的汽化压力值**

水温/℃	0	5	10	20	30	40	50	60	70	80	90	100
汽化压力 $\dfrac{p_v}{\gamma}$/m	0.06	0.09	0.12	0.24	0.43	0.75	1.25	2.02	3.17	4.82	7.14	10.33

表 5-4   **不同海拔高度下的大气压力值**

海拔高度/m	-600	0	100	200	300	400	500	600	700
大气压力 $\dfrac{p_a}{\gamma}$/m	11.3	10.33	10.2	10.1	10.0	9.8	9.7	9.6	9.5
海拔高度/m	800	900	1000	1500	2000	3000	4000	5000	
大气压力 $\dfrac{p_a}{\gamma}$/m	9.4	9.3	9.2	8.6	8.4	7.3	6.3	5.5	

2. 必需空化余量

水泵进口并不是泵内压力最低的地方，水流从水泵进入叶轮，在能量开始增加之前，压力还会继续下降。水泵内水流压力最低的地方，在叶片进口边附近的 k 点处，如图 5-30 所示。当叶轮内最低压力 k 点的压力等于汽化压力时，水泵进口需要的最小能量称为必需空化余量，用 (NPSH)$_r$ 表示。

$$(NPSH)_r = \frac{p_s}{\gamma} + \frac{v_s^2}{2g} - \frac{p_k}{\gamma} \tag{5-18}$$

必需空化余量是水泵是否发生空化的临界判别条件。

当 $p_k > p_v$ 则，   (NPSH)$_a$ > (NPSH)$_r$，水泵无空化；

当 $p_k < p_v$ 则，   (NPSH)$_a$ < (NPSH)$_r$，水泵严重空化；

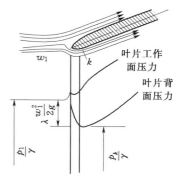

图 5-30 水绕流叶片
头部的压力

当 $p_k = p_v$ 则，$(NPSH)_a = (NPSH)_r$，水泵开始空化。

其中 $p_k = p_v$ 时，$(NPSH)_a = (NPSH)_r$，此时的空化余量称为临界空化余量，用 $(NPSH)_c$ 表示。

3. 允许空化余量

允许空化余量是为了保证水泵内不发生空化，根据实践经验人为规定的空化余量，用 $[NPSH]$ 表示。为水泵运行安全，对清水泵一般留 0.3m 作为安全余量，即

$$[NPSH] = (NPSH)_c + 0.3 \qquad (5-19)$$

由于大型泵的 $(NPSH)_c$ 较大，而且从模型试验结果换算到原型泵时，比尺效应影响较大，故 0.3m 安全余量偏小。所以，大型泵的 $[NPSH]$ 常用下式计算：

$$[NPSH] = (1.1 \sim 1.3)(NPSH)_c \qquad (5-20)$$

5.5.2.2 吸上真空高度

水泵吸上真空高度是指水泵进口处的真空度，也就是水泵进口处的绝对压力小于大气压的数值，用 H_s 表示，即

$$H_s = \frac{p_a}{\gamma} - \frac{p_s}{\gamma} \qquad (5-21)$$

过去曾使用吸上真空高度来作为水泵的空化参数，但近年来不如 $NPSH$ 应用普遍。

对于图 5-29 (a) 所示的装置，假定进水池水面作用的压力为 p_0，速度 $v_0 = 0$，列出 0—0 断面（进水池水面）和 s—s 断面（水泵基准面）间的能量方程后，有

$$\frac{p_s}{\gamma} = \frac{p_0}{\gamma} - H_{sz} - \frac{v_s^2}{2g} - \sum h_s$$

代入式 (5-21)，得到吸上真空高度的表达式：

$$H_s = \frac{p_a}{\gamma} - \frac{p_0}{\gamma} + H_{sz} + \frac{v_s^2}{2g} + \sum h_s$$

如果进水池水面为大气压，即 $p_0 = p_a$，则吸上真空高度的表达式为

$$H_s = H_{sz} + \frac{v_s^2}{2g} + \sum h_s \qquad (5-22)$$

可见，水泵的吸上真空高度为其吸水高度、进口平均流速水头与进水管水头损失之和。

吸上真空高度 H_s 与有效空化余量 $(NPSH)_a$ 的关系：

$$(NPSH)_a = \frac{p_a - p_v}{\gamma} - H_s + \frac{v_s^2}{2g} \qquad (5-23)$$

如果水泵在某个流量下运转，则 $\frac{v_s^2}{2g}$ 及管路中的水力损失基本是定值，从式 (5-23) 可以看出，吸上真空高度 H_s 随安装高度 H_{sz} 增加而增大。为避免水泵内发生空泡，H_s 不应超过规定的允许值，称这一允许值为允许吸上真空高度，用 $[H_s]$ 表示。即 $H_s < [H_s]$。

允许吸上真空高度 $[H_s]$ 是水泵抗空化性能的又一种表达形式，常用于离心泵和蜗壳式混流泵。允许吸上真空高度 $[H_s]$ 是水泵制造厂根据水泵的空化试验确定的。在水泵样本上所给出的 $[H_s]$ 是在标准状态（大气压为标准大气压，水温为20℃）下的数值。如果水泵使用地点的大气压与水温与上述数值不同，应对样本上的 $[H_s]$ 进行修正。

5.5.3 水泵安装高程的确定

水泵的安装高程既受到水泵自身空化性能的影响，又受到安装条件（当地大气压、水温、进水管路等）的影响，必须满足水泵在设计规定的任何条件下工作都不产生空化，尽可能改善泵房施工条件、降低土建费用的要求。

1. 安装高程和允许吸水高度

水泵基准面高程称为水泵安装高程，用$\nabla_安$表示。$\nabla_安$可表示为

$$\nabla_安 = \nabla_进 + [H_{sz}] \tag{5-24}$$

式中：$\nabla_进$为进水池的水位高程，m；$[H_{sz}]$为水泵允许吸水高度，m。

$[H_{sz}]$就是图 5-29 中 H_{sz} 的最大允许值。

实际上，水泵安装高程$\nabla_安$的确定就是如何计算允许吸水高度 $[H_{sz}]$。

2. 根据允许空化余量确定安装高程

当水泵的空化性能用允许空化余量 $[NPSH]$ 表示时，由式（5-17）可得

$$H_{sz} = \frac{p_0 - p_v}{\gamma} - (NPSH)_a - \sum h_s$$

根据不发生空化的条件 $(NPSH)_a > [NPSH]$，在上式中用 $[NPSH]$ 代替 $(NPSH)_a$，计算所得到的便是允许吸水高度 $[H_{sz}]$，即

$$[H_{sz}] = \frac{p_0 - p_v}{\gamma} - [NPSH] - \sum h_s \tag{5-25}$$

式（5-25）就是利用允许空化余量 $[NPSH]$ 计算水泵允许吸水高度的计算式。式中 $[NPSH]$ 由水泵工作点确定，如果吸水面为大气压作用，则 $p_0 = p_a$。p_a 和 p_v 由实际安装地点的海拔高度和水温确定。

若 $[H_{sz}]$ 为负值，则表示该泵的基准面必须安装在水面以下。对于立式轴流泵和导叶式混流泵，为了便于启动，同时又具有较充足的空化余量，即使由上式计算的 $[H_{sz}]$ 为正值，仍将其基准面淹没于水面 0.5~1.0m。

在用式（5-25）计算安装高程时，用到了允许空化余量 $[NPSH]$。该值是在额定转速下确定的，当水泵的实际转速 n' 不同于额定转速 n 时，要对 $[NPSH]$ 进行修正。

3. 根据允许吸上真空高度确定安装高程

当水泵的空化性能用允许吸上真空高度 $[H_s]$ 表示时，由式（5-22）可得

$$H_{sz} = H_s - \frac{v_s^2}{2g} - \sum h_s$$

根据不发生空化的条件 $H_s < [H_s]$，在上式中用 $[H_s]$ 代替 H_s 计算所得到的便是允许吸水高度 $[H_{sz}]$，即

$$[H_{sz}] = [H_s] - \frac{v_s^2}{2g} - \sum h_s \tag{5-26}$$

式（5-26）就是利用允许吸上真空高度 $[H_s]$ 计算水泵允许吸水高度的计算式。式中 $[H_s]$ 由水泵工作点确定，v_s 和 $\sum h_s$ 由水泵工作点流量和水泵进口直径求得。

在用式（5-26）计算安装高程时，要用到允许吸上真空高度 $[H_s]$。该值是水泵样本或标牌上给出的值，它是指标准状况下的值。如果水泵安装现场的大气压不是标准大气

压、水温不是 20℃，或者转速不是额定转速，须对 $[H_s]$ 进行修正。

假定水泵安装现场的吸水池水面为大气压，大气压值为 p_a'、工作水温的汽化压力为 p_v'，此时，相应的允许吸上真空高度 $[H_s]'$ 为

$$[H_s]'=[H_s]-10.09+\frac{p_a'}{\gamma}-\frac{p_v'}{\gamma} \tag{5-27}$$

式中：$[H_s]$ 为水泵样本上规定的在标准状况下的允许吸上真空高度，m。

该式便是用于在非标准状况下计算允许吸上真空高的表达式。在计算安装高程时，需要用 $[H_s]'$ 代替式（5-26）中的 $[H_s]$。

当水泵的实际转速 n' 不同于额定转速 n 时，也需要对 $[H_s]$ 进行修正。

5.6 水 泵 的 选 型

水泵是工农业供水、灌溉和排水系统的核心设备，又是系统其他设备选型和配套建筑物设计的依据。水泵选型是根据工程所需的流量、扬程及其变化规律，确定水泵类型、型号和台数。水泵选型除要满足系统的流量和扬程外，还要使所选水泵能在各种运行工况下具有较高效率，在确保系统运行稳定可靠的前提下，做到工程投资最省，运行能耗和维修费用最低。因此需要进行可能的水泵方案的经济技术比较，以选择出合理的方案。

5.6.1 水泵选型的原则

（1）所选水泵应满足系统流量和扬程的要求，并保证供排水的安全可靠。

（2）所选水泵能使与之相联系的建设总投资（设备购置和土建、安装工程投资的总和）最省。

（3）水泵在长期运行中，多年平均效率高、运行管理费用低。

（4）水泵性能好，使用寿命长，便于安装和检修。

（5）水泵的供排水能力要考虑近、远期的需要，并留有发展的余地。

5.6.2 水泵选型的方法和步骤

（1）根据工程设计扬程，从水泵综合型谱图或水泵产品样本的性能表上选择几种不同流量的水泵。所选水泵设计（额定）扬程与泵站设计扬程一致或接近，但流量可能不同。

（2）根据工程设计流量和所选单泵流量，确定不同泵型的水泵台数。并满足以下要求：

$$Q_d=n_iQ_i$$

式中：Q_d 为泵站设计流量，m^3/s；Q_i 为所选泵型的单泵流量，m^3/s，用相应于泵站设计扬程或平均扬程时的水泵流量；n_i 为相应于 Q_i 的泵型的水泵台数。

（3）按初选的泵型及台数，配置管路及附件，并绘制管路特性曲线，求出水泵的工作点，确定水泵安装高程。

（4）选配动力机和辅助设备，拟定泵房的结构型式和布置方式等。

（5）按所选水泵型号及其配套设备的特点，按照经济技术要求，合理核算建设成本和运行成本，最终确定合理泵型及台数。

5.6.3 水泵选型时应注意的问题

1. 水泵类型的选择

水利工程中常用的叶片泵有离心泵、轴流泵和混流泵 3 种类型。离心泵的特点是扬程

高，流量较小；轴流泵的特点是扬程低，流量大；混流泵的特点介于离心泵和轴流泵之间。因而高扬程的抽排水工程无法使用轴流泵，而低扬程、大流量的抽排水工程不宜使用离心泵。混流泵不仅在基本性能方面介于离心泵和轴流泵之间，而且其使用范围也分别与离心泵和轴流泵有较大的重叠。但混流泵的高效范围广，适用流量范围大，不同运行工况下轴功率变化较小，运行效率较高，结构尺寸相对较小，可节省土建投资。因此，在可同时选用离心泵和混流泵或轴流泵和混流泵的情况下，应优先选用混流泵。

2. 水泵结构型式的选择

水泵的结构类型有卧式、立式和斜式 3 种。卧式水泵安装精度要求比立式水泵低，造价低且便于检修。但一般启动前需要充水排气，泵房平面尺寸相对较大，但荷载分布较均匀，适用于地基承载力较低、水源水位变幅不大的场合。立式水泵叶轮淹没于水下，启动方便，电动机安装在上层，便于通风和防洪。但泵房高度较大，对安装精度要求较高，且检修麻烦，适用于水源水位变幅较大的场合。斜式水泵安装、检修方便，可安装在岸边斜坡上，其叶轮淹没于水下，便于启动，但轴承受力不均匀，大型泵的偏磨现象较严重。斜式水泵适用于水源水位变幅不大且流量和扬程都较小的场合。

3. 水泵台数的确定

在确定水泵台数时，应综合考虑机组台数对工程建设费、运行管理费和供水可靠性等方面的影响，合理确定水泵台数。在设备总容量一定的前提下，水泵台数越少，需要的工程建设费、运行管理和维修的费用越少。但水泵台数越少，流量调节能力越差，一旦机组发生故障，对生产影响较大，供排水的可靠性难以得到保证。此外，为满足设备检修以及突发事故时的工作要求，还需设一定数量的备用机组。

通常情况下，对于设计流量变化幅度较大的排水工程，水泵台数宜多；对于设计流量比较稳定的供水工程，水泵台数宜少；对于供排水结合的工程，既要满足供水要求，又要满足排水要求，水泵台数宜多。

4. 动力机的选择

水泵最常用的动力机是电动机。以电动机为动力机具有操作简便，启动迅速，运行费用低，便于维修和实现自动化的诸多优点。选择的电动机的额定功率要稍大于水泵的设计最大轴功率，电动机的启动转矩要大于水泵的启动转矩，电动机的额定转速要与水泵的额定转速基本一致。

对于单机容量在 100kW 以下的，通常采用一般用途的 Y 系列防护式普通鼠笼型异步电动机。单机容量介于 100～300kW 之间，可采用对应于旧型号 JS、JC 的新型 Y 系列异步电动机或 YR 系列异步电动机。单机容量大于 300kW 时，可采用对应于旧型号 YSQ、YRQ 系列的新型异步电动机或 TZ 系列同步电动机。

习 题 与 思 考 题

5-1 水泵的基本性能参数有哪几个？它们是如何定义的？

5-2 离心泵是如何工作的？

5-3 试讨论叶片泵基本方程式的物理意义。

5-4 什么是泵的性能曲线？轴流泵的性能曲线与离心泵的性能曲线相比有何差异？

5-5 什么是水泵的工作点？如何确定？

5-6 两台水泵并联运行时，总流量为什么不等于各台水泵单机运行时所提供的流量之和？

5-7 空化余量与吸上真空度有何区别？有什么关系？

5-8 如何确定水泵的安装高程？

第6章 水 泵 水 轮 机

6.1 抽水蓄能电站和水泵水轮机概述

6.1.1 抽水蓄能电站概述

抽水蓄能电站是装设具有抽水及发电两种功能的机组，利用电力系统低谷负荷期间的剩余电能向上水库抽水储蓄水能，再在系统高峰负荷期间从水库放水发电的水电站。

电力的生产和消费是同时完成的。在负荷低谷时，发电厂的发电量可能超过了用户的需要，电力系统有剩余电能；而在负荷高峰时，又可能出现发电满足不了用户需要的情况。建设抽水蓄能电站能够较好地解决这个问题。抽水蓄能电站有一个建在高处的上水库和一个建在电站下游的下水库。在电力系统的低谷负荷时，抽水蓄能电站的机组作为水泵运行，在上水库蓄水；在高峰负荷时，作为发电机组运行，利用上水库的蓄水发电，送到电网。

抽水蓄能电站主要包括上水库、高压引水系统、蓄能电站厂房和下水库，如图 6-1 所示。按电站有无天然径流分为纯抽水蓄能电站和混合式抽水蓄能电站。

（1）纯抽水蓄能电站：没有或只有少量的天然来水进入上水库来补充蒸发、渗漏损失，而作为能量载体的水体基本保持一个定量，只是在一个周期内，在上、下水库之间往复利用；厂房内安装的全部是抽水蓄能机组，其主要功能是调峰填谷、承担系统事故备用等任务，而不承担常规发电和综合利用等任务。

（2）混合式抽水蓄能电站：其上水库具有天然径流汇入，来水流量已达到能安装常规水轮发电机组来承担系统的负荷。因而其电站厂房内所安装的机组，一部分是常规水轮发电机组，另一

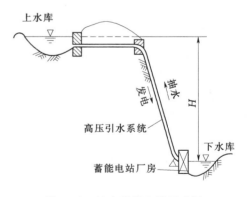

图 6-1　抽水蓄能电站示意图

部分是抽水蓄能机组。相应地这类电站的发电量也由两部分构成，一部分为抽水蓄能发电量，另一部分为天然径流发电量。所以这类水电站的功能，除了调峰填谷和承担系统事故备用等任务外，还有常规发电和满足综合利用要求等任务。

抽水蓄能电站将下水库的水抽送到上水库，再由上水库放水发电，与普通水电站比较增加了抽水过程的损耗，因而抽水蓄能电站的综合效率是比较低的，一般为 $65\%\sim70\%$，性能较优的可达 $70\%\sim80\%$。虽然抽水蓄能电站的综合效率较低，但它利用的是电力系统在低谷负荷时的多余电能，而提供的却是系统急需的峰荷电能。抽水蓄能电站除在担当调峰、

调频、事故备用等方面都和常规水轮机组有同样的功效外，它还有一个独特的能力是可以吸收电力系统中负荷低谷时段的多余电能，是当前世界上公认的最经济、最成熟的大规模储能装置。抽水蓄能电站能够很好地适应电力系统负荷变化，改善火电、核电机组运行条件，可为电网提供更多的调峰填谷容量和调频、调相、紧急事故备用电源，提高供电可靠性和经济效益。其快速转变的灵活性可弥补风力、太阳能发电的随机性和不均匀性，还可以打破电网规模对于风力、太阳能发电容量的限制，为大力发展风电等新能源创造条件。

在国外从最早的原始装置算起，抽水蓄能电站已有百年的历史，但是具有近代工程意义的设施，则是近四五十年才出现的。20 世纪 50 年代是抽水蓄能电站开始迅速发展的起步阶段，年均增加装机容量约 300MW，1960 年全世界抽水蓄能电站总装机容量约 3420MW，占全世界电源总装机容量的 0.62%。20 世纪 60—80 年代约 30 年时间，是抽水蓄能电站建设蓬勃发展时期，尤其是 70 年代和 80 年代是抽水蓄能电站发展的黄金时期。30 年间，全世界抽水蓄能电站装机容量年均增长率比全世界电源总装机容量的增长率高一倍左右。进入 90 年代以后，伴随着常规水电比重的下降，以及核电和大容量火电机组比重的增加，起调峰填谷作用的抽水蓄能电站也随之迅速发展，到 1998 年时全世界抽水蓄能电站总装机容量增长至 98273MW，已占总电源装机容量的 3.03%。至 2010 年全世界抽水蓄能电站总装机容量增长至 135000MW。

我国抽水蓄能电站建设虽然起步较晚，但在吸取国外经验的基础上，近十几年来发展很快。自 60 年代开始，相继在岗南、密云等水电站安装了抽水蓄能机组，运行以来经济效果良好。1991 年，装机容量 270MW 的潘家口混合式抽水蓄能电站首先投入运行，从而迎来了抽水蓄能电站的建设高潮。此后先后兴建了广州、北京十三陵、浙江天荒坪、羊卓雍湖等大型抽水蓄能电站。截至 2011 年，我国已建成抽水蓄能电站 24 座，总装机容量达 18718MW。根据规划，"十二五"期间，呼和浩特、蒲石河、惠州和仙居等大型抽水蓄能电站会相继投产，总装机容量达 13840MW。"十二五"期间拟开工的项目包括丰宁、荒沟、阳江和文登等抽水蓄能电站，总装机规模为 32350MW。依据国家规划预计到 2015 年和 2020 年，全国抽水蓄能电站装机容量将占全国总装机容量的比重分别达到 3.7% 和 4.4%。

6.1.2 抽水蓄能机组的组成方式

根据机组的水力特性和机械结构的组成方式，抽水蓄能机组可分为四机式机组、三机式机组和二机可逆式机组。

1. 四机式机组

最早的抽水蓄能机组采用专门的抽水机组和发电机组，即所谓四机式机组，水轮机与发电机、水泵与电动机完全分开布置，而管路系统和输配电设备则为公用。四机式机组的水轮机和水泵均可根据自身的条件确定型式、台数和转速，因而可以保证各自的效率最高，但由于设备多、占地多、投资高，近来大中型抽水蓄能电站很少采用。

2. 三机式机组

后来发展到将一台水泵和一台水轮机均和同一台电机相连，该电机可作同步发电机运行，又可作同步电动机运作，形成三机式机组，即水泵、水轮机和电动发电机三者联轴运行。发电时，由水轮机带动电动发电机作发电机组运行；抽水时，由电动发电机以电动机方式运行带动水泵抽水，两种方式其旋转方向相同。三机式机组根据布置方式的不同又可分为卧式和立式布置两种。对于卧式布置，一般水轮机和水泵分别装在电动发电机的两端。大型的三机式机组一般为立式布置，其水轮机和水泵可以布置在发电机的同一侧，由于水泵所需要的淹没深度比水轮机的大，所以水泵总是在最下面。另一种布置方式，将水轮机倒装在电动发电机的上方，水泵还是在最下面。图6-2为典型的三机式机组立式布置型式。

三机式机组的主要优点是抽水蓄能的效率比二机可逆式机组高，这是因为三机式机组的水泵和水轮机都是按各自的参数分别设计的，能最大限度地保证在高效区工作。另一个优点是水泵工况下启动非常方便和迅速，因为三机式机组的流道布置能使泵和水轮机的旋转方向一致，这样可以用水轮机来启动泵，而无需其他启动设备。但三机式机组投资高，不但因为三机式方案比二机式方案多一台水力机械，而且水泵和水轮机都需要单独的蜗壳、尾水管和进水阀门；又为了使机组在水泵和水轮机工作时以同一方向旋转，水轮机和水泵蜗壳需要彼此转向相反，造成机组平面宽度增大，导致机械设备和土建投资均要增加。

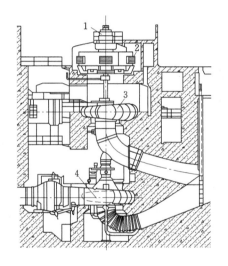

图6-2 立式布置的三机式机组
1—励磁机；2—电动发电机；
3—水轮机；4—水泵

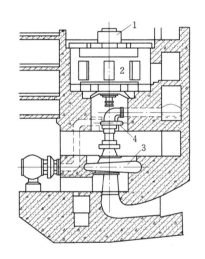

图6-3 二机可逆式机组
1—启动电动机；2—电动发电机；3—水泵
水轮机；4—启动用水轮机

3. 二机可逆式机组

从20世纪四五十年代起，开始出现可以双向运转的可逆式机组。转轮正转为水轮机运行方式，反转为水泵运行方式。电动发电机既可作为发电机，也可以作为电动机。这种形式的机组就是由可逆式水泵水轮机和同步发电电动机构成的二机式机组。由于一机两用，动力设备少、结构简单紧凑、厂房和设备投资大为减少，造价较低，所以成为目前多数蓄能电站的选用方案。图6-3为典型的二机可逆式机组立式布置型式。

6.1.3 可逆式水泵水轮机的类型

可逆式水泵水轮机是抽水蓄能电站最主要的设备，和常规水轮机一样，可以设计成混流式、斜流式、轴流式和贯流等多种型式。在应用中，混流式水泵水轮机占绝大多数，从工作水头30~40m直到600~800m范围内都能使用，且大多应用在高水头范围；斜流式水泵水轮机主要应用于 150m 以下水头变化幅度较大的场合；轴流式水泵水轮机用得较少；贯流式水泵水轮机适用于潮汐电站，水头一般不超过 15～20m。图 6-4 所示为不同型式水泵水轮机的水头应用范围。

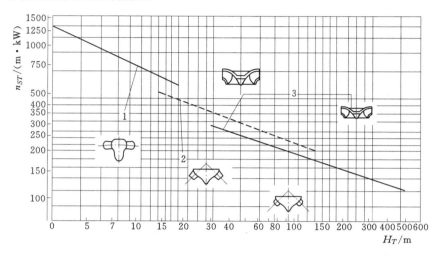

图 6-4　水泵水轮机水头应用范围
1—轴流式；2—斜流式；3—混流式

1. 混流式水泵水轮机

根据抽水蓄能电站的水头/扬程及运行要求，混流式水泵水轮机又分为单级式和多级式（2 级以上）。单级式是指水泵水轮机轴上只装一个转轮；多级式则指轴上装有 2 个或 2 个以上转轮。单级式水泵水轮机的使用水头/扬程目前已达到 700～800m，多级式则可达到 1000m 以上。但多级混流式水泵水轮机，由于其结构复杂，当级数超过两级时无法采用常规的导水机构，应用较少。

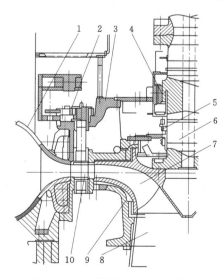

图 6-5　单级混流式水泵水轮机
1—蜗壳；2—导水机构；3—顶盖；
4—导轴承；5—主轴密封；6—主轴；
7—转轮；8—尾水管；9—底环；
10—导叶

除转轮外，单级混流式水泵水轮机的结构和部件与常规的混流式水轮机基本相同。由于水泵水轮机的转轮需要适应水泵和水轮机两种工况的要求，其特征形状与离心泵更为相似。高水头转轮的外形十分扁平，其进口直径与出口直径的比率为 2∶1 或更大，转轮进口宽度（导叶高度）在直径的 10% 以下；叶片数少但叶片薄而长，包角很大，能到 180° 或更高。很多混流可逆式机组都使用 6～7 个叶片，用于更高水头时可采用 8～9 个叶片。因为可逆式机组的过流量相对较小，水轮机工况进口处叶片角度只有 10°～12°，为改善水轮机工况和水泵工况的稳定性，叶片出口边角度常做成后倾式，而不是在一个垂直面上。图 6-5 为单级混流式水泵水轮机的剖面图。

2. 斜流式水泵水轮机

斜流式水泵水轮机的叶片可以转动，它在水头和负荷变化较大的范围内都具有较高的效率，而且在以水泵工况运行时，能够按扬程的变化调整叶片的转角，以抽取所需要的任一流量，它的应用水头范围为 25～200m。因此在中、低水头范围且水头变化幅度较大的场合，可以采用斜流式水泵水轮机。

斜流式水泵水轮机的结构与斜流式水轮机相同。和混流式机组相比，在水力特性上具有以下优点：①轴面流道变化平缓，在两个方向的水流流速分布都较均匀，水力效率较高；②转轮叶片可调，能随工况变动而适应不同的水流角度，减小水流的撞击和脱流，因而扩大高效率范围；③斜流可逆式机组的水泵工况进口一般比相同直径的混流式机要小，进口能形成处更均匀的水流，有利于改进水泵工况的空化性能。图 6-6 为日本高见抽水蓄能电站的斜流式水泵水轮机。

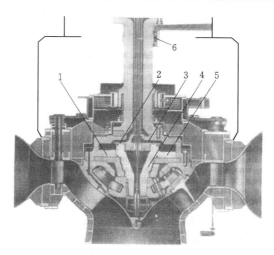

图 6-6　日本高见抽水蓄能电站斜流式
水泵水轮机
1—刮板接力器固定部分；2，3—油路；
4—心轴；5—活动刮板；
6—轴向间隙监测器

3. 轴流式水泵水轮机和贯流式水泵水轮机

轴流式水泵水轮机有立式、卧式和斜向 3 种装置方式，后两种适用于贯流式水泵水轮机组。轴流转桨式水泵水轮机的应用水头范围为 15～40m，由于转轮叶片可以调节，能适应于水头和负荷变化较大的抽水蓄能电站中；贯流式水泵水轮机适用于潮汐式抽水蓄能电站和低水头（$H < 30$m）抽水蓄能电站中。

贯流式水泵水轮机除转轮叶片和导叶设计有特殊要求外，其他部分的结构和常规贯流式水轮机差别不大。图 6-7 为法国勃芒蒙特（Beaumont-Monteux）潮汐电站的贯流式水泵水轮机。

由于抽水蓄能电站的经济效益随水头的增大而有明显的提高，可逆式水泵水轮

图 6-7　双向可逆贯流式水泵水轮机

机中混流式应用的最多，斜流式在水头变化幅度较大的情况中有一些应用，轴流式则应用的很少。

6.1.4　水泵水轮机的发展趋势

随着抽水蓄能电站的大规模兴建，可逆式水力机械技术也取得了长足的发展，特别是美国和日本等先进国家在经历 20 世纪七八十年代抽水蓄能技术的发展高峰期之后，可逆

式水力机械的发展趋势大致可以归纳为以下几个方面。

1. 提高应用水头

随着机组水头的提高，水头变化幅值相对减小，水泵水轮机可更长时间处在较优效率区工作，从而达到最高效益；在同样的加工难度下，可以生产更大容量的机组，增加电站的功率；在相同功率下，机组流量减小，机组尺寸也随之减小，上下水库库容和坝体体积、输水管道和厂房尺寸也均可减小，从而降低机电设备和土建投资。目前世界上单级水泵水轮机的扬程以日本的葛野川抽水蓄能电站最大，其最大扬程达到 778m。我国 2008 年建成的西龙池抽水蓄能电站，最大扬程为 703m，居世界第二位。

2. 增大单机容量

随着电力系统的容量日益增大，负荷的峰谷差也在不断增长。为适应负荷的变化，增大系统中抽水蓄能机组的单机容量，可以提高抽水蓄能机组的调节效果；相同电站容量下，减少机组台数，能够减少所需的金属材料和机械加工量；并可简化电站的控制系统，从而降低电站的造价和运行费用。以日本单级水泵水轮机单机容量发展过程为例，20 世纪 80 年代以前，单机容量很少超过 300MW；90 年代后，单机容量几乎都在 300MW 以上，葛野川抽水蓄能电站机组单机容量 412MW；在建的神流川抽水蓄能电站的机组单机容量将达 482MW。

3. 采用更高的比转速

为适应高水头化的发展趋势，可以采用较大的转轮直径或较高的转速，而提高转速明显有利。就水力特性而言，比转速越小，意味着转轮流道相对加长，宽度相对减小，流道内摩擦阻力及转轮外壁圆盘损失增加而使水力效率下降。现代的设计趋势是将转轮直径保持在一定范围内而尽量提高转速。

4. 变转速扩大运行范围

当转速固定时，水泵水轮机的效率随水头的变化而不同。当水头变化幅度大时，水轮机尤其是水泵的效率降低较大。近年来，变频交流励磁的变转速抽水蓄能机组的发展较快。通过改变转速，不仅能适应更宽的水头范围，提高效率，减少振动、空蚀和泥沙磨损，改善水泵水轮机的性能；而且可实现有功功率的高速调节，以及抽水工况下的频率调节，更好地适应电力系统对抽水蓄能机组灵活性的要求。变转速抽水蓄能机组在日本发展最快，90 年代就有 7 个抽水蓄能电站相继采用。大河内抽水蓄能电站 2 台 400MW 机组采用了变转速系统；葛野川抽水蓄能电站水泵水轮机单机出力 412MW，转速变化范围为 480～520r/min。

高水头、高转速、大容量化等发展要求也带来了一些技术问题：水力效率较中、低水头机组低；空化性能随水头提高而降低，要求有更大的淹没深度；要求使用高强材料或改变某些结构的型式；流道内压力脉动增大，对稳定性的要求更高；引水系统内压增大，过渡过程的不稳定性增加；制造难度提高；某些大部件因运输条件限制必须分块，降低了刚强度，增加制造安装工作量；变转速化可能增加建设投资和提高技术难度。

6.2 水泵水轮机的工作原理

可逆式水泵水轮机的工作原理主要是利用了叶片式水力机械的可逆性。它在运行时有

水轮机工况与水泵工况。通常水泵水轮机可以看作是稳定运行，转轮叶片对水流产生的力矩为

$$M = \rho Q\left[(v_u r)_o - (v_u r)_i\right] \qquad (6-1)$$

式中：Q 为流量，m^3/s；ρ 为水的密度，kg/m^3；v_u 为水流绝对速度的切向分量，m/s；r 为距旋转轴半径，m；下标 o、i 分别代表出口和进口。

在水泵工况下，转轮将由电机输入的机械能转换为水流能量，水泵出口能量高于进口能量，即 $(v_u r)_o > (v_u r)_i$，由式（6-1）可得 $M > 0$，说明转轮对水流做功；在水轮机工况下，转轮将水流能量转换为机械能，水轮机进口能量高于出口能量，即 $(v_u r)_i > (v_u r)_o$，则 $M < 0$，说明水流对转轮做功。

在理想液体中，水流作用的力矩为

$$M = \frac{\rho g Q H}{\omega} \qquad (6-2)$$

考虑水力效率之后，在水轮机工况时，式（6-1）将变为常规水轮机的基本方程式：

$$H_T \eta_{hT} = \frac{1}{g}(u_1 v_{u1} - u_2 v_{u2})_T \qquad (6-3)$$

式中：η_{hT} 为水轮机工况水力效率；u 为切向速度，m/s；v_u 为流速 v 在 u 方向分量，m/s；下标 1、2 分别代表进出口；下标 T 代表水轮机工况。

如果出口水流为法向，则 $v_{u2} = 0$，于是

$$H_T = \frac{1}{\eta_{hT} g}(u_1 v_{u1})_T = \frac{1}{\eta_{hT}} \frac{u_{1T}^2}{g}\left(\frac{v_{u1}}{u_1}\right)_T \qquad (6-4)$$

对于水泵工况而言，由于叶轮流道为扩散型，需要考虑流动旋转的影响，对扬程作有限叶片数修正。与式（6-3）相似，可得

$$\frac{H_P}{\eta_{hP}} = \frac{K}{g}(u_2 v_{u\infty2} - u_1 v_{u\infty1})_P \qquad (6-5)$$

式中：η_{hP} 为水泵工况水力效率；K 为有限叶片数修正系数，也称滑移系数；下标 ∞ 代表叶片无限多条件；下标 P 代表水泵工况。

如果水泵叶轮进口水流为法向，则 $v_{u\infty1} = 0$，则

$$H_P = \eta_{hP} K \frac{1}{g}(u_2 v_{u\infty2})_P = \eta_{hP} K \frac{u_{2P}^2}{g}\left(\frac{v_{u\infty2}}{u_2}\right)_P \qquad (6-6)$$

如图 6-8 所示，常规混流式水轮机叶片的进口角 β_{1T} 都比较大（低比转速的水轮机 $\beta_{1T} = 90° \sim 120°$，高比转速的水轮机 $\beta_{1T} = 45° \sim 70°$），对水轮机工况有利。但当在水泵工况运行时，水轮机叶片的进口角 β_{1T} 便成为水泵叶片的出口角 β_{2P}，会导致出口流速 v_{2P} 过大，压能降低，而且水力损失也随之增大，从而使水泵工况的效率大为降低。为了使水泵水轮机在两种工况下都具有较高的效率，因而采取加大转轮外缘直径，增长叶道，改变叶型，使叶片在水泵工况下的出水角 $\beta_{2P} = 20° \sim 30°$，即接近于离心水泵叶片的形状，如图 6-9 所示。由图 6-9 可见这种叶轮在水轮机工况的进口绝对流速小，其 v_{u1} 值比常规水轮机的小，因而为了利用同样的水头，叶轮直径必须做得比常规水轮机直径大才能满足要求。

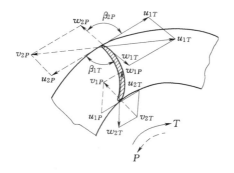
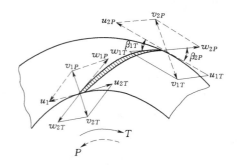

图 6-8 常规混流水轮机双向运行的速度三角形　　图 6-9 离心泵双向运行的速度三角形

6.3 水泵水轮机的基本参数

和常规水轮机或水泵一样，可逆式水泵水轮机的基本参数也包括转轮直径、转速、水头或扬程、流量、出力或功率、效率、比转速等。对水泵水轮机两种工况下基本参数之间的关系进行分析有助于理解水泵水轮机的工作特性。

1. 转轮直径

在进口（水泵）及出口（水轮机）水流均为法向的情况下，水轮机和水泵的基本方程式由式（6-4）和式（6-6）表示。假设混流式水泵水轮机和常规水轮机的水头及转速相等，即 $H_P = H_T$ 和 $n_T = n_P$，则由式（6-4）式（6-6）及 $u = \dfrac{\pi D n}{60}$ 可得两种转轮的直径之比为

$$\frac{D_P}{D_T} = \frac{u_P}{u_T} = \sqrt{(v_{u1}/u_1)_T / [K\eta_{hP}\eta_{hT}(v_{u\infty2}/u_2)_P]}$$

在中低比转速范围内，离心泵的 $(v_{u\infty2}/u_2)_P$ 约为 0.6，混流式水轮机的 $(v_{u1}/u_1)_T$ 约为 0.9，设 $K = 0.8$，$\eta_{hP} = \eta_{hT} = 0.95$，代入上式得 $\dfrac{D_P}{D_T} = 1.44$。此关系式说明在同样水头和转速条件下，混流可逆式水力机械的转轮直径为常规水轮机转轮直径的 1.44 倍。

2. 转速特性

假定水泵水轮机在水泵工况下的出口流速三角形和水轮机工况下的进口流速三角形相似，即 $\left(\dfrac{v_{u\infty2}}{u_2}\right)_P = \left(\dfrac{v_{u1}}{u_1}\right)_T$，并假定水泵工况进口水流和水轮机工况出口水流都是法向的，则由式（6-4）和式（6-6）可得

$$\frac{n_P}{n_T} = \frac{u_P}{u_T} = \sqrt{1/K\eta_{hP}\eta_{hT}}\sqrt{H_P/H_T} \tag{6-7}$$

在水泵工况扬程 H_P 和水轮机工况水头 H_T 相等时，两种工况最优点的转速比值为

$$\frac{n_P}{n_T} = \sqrt{\frac{1}{K\eta_{hP}\eta_{hT}}} \tag{6-8}$$

对于混流可逆式水力机械，仍取 $K = 0.8$，$\eta_{hP} = \eta_{hT} = 0.95$，可得 $n_P/n_T = 1.18$。此关

系式说明水泵工况要达到与水轮机工况相同的水头转速应比水轮机高约 18%。

3. 水头特性

抽水蓄能机组常以电站静水头 H_n 为分析性能的依据,但水泵的理论扬程和水轮机的理论水头都是按转轮内水流运动条件确定的,并且过流部分存在水力损失。转轮在水泵工况时产生的理论扬程为

$$H_{PT} = H_n + \sum h_P \tag{6-9}$$

而水轮机工况运行的理论水头为

$$H_{TT} = H_n - \sum h_T \tag{6-10}$$

式中:$\sum h_P$、$\sum h_T$ 分别为水泵工况和水轮机工况整个系统过流部分(包括可逆式水力机械的引水系统、转轮和排水部分)的总水力损失。

故由式(6-9)和式(6-10)可得

$$H_{PT} = H_{TT} + \sum (h_P + h_T) \tag{6-11}$$

式(6-11)说明在相同流量下,水泵工况的理论扬程应比水轮机工况的理论水头大 $\sum (h_P + h_T)$。水泵水轮机的有效扬程 H_P 和有效水头 H_T 的关系可由以下两式确定:

$$H_P = H_{PT} K \eta_{hP} , H_T = H_{TT} / \eta_{hT} \tag{6-12}$$

当可逆式水力机械在同一转速下运行,即 $u_P = u_T$,并且假设转轮两种工况水流运动相似时,水泵工况的理论扬程和水轮机工况的理论水头应是相等的。故由式(6-12)可得

$$\frac{H_P}{H_T} = K \eta_{hP} \eta_{hT} \tag{6-13}$$

对于混流可逆式水力机械,仍设 $K = 0.8$,$\eta_{hp} = \eta_{hT} = 0.95$,可得 $H_P / H_T = K \eta_{hp} \eta_{hT} = 0.8 \times 0.95 \times 0.95 = 0.722$,即水泵工况最优点扬程只有水轮机工况水头的 72%。

以上对转速和水头特点的分析中,都用了转轮高压边水泵工况和水轮机工况水流流速三角形是相似的假定。事实上两种工况的流速三角形并不完全相似,所以得到的结果也是一定程度上的近似结果。

4. 功率和流量

在选择和设计抽水蓄能电站机组时,一方面要求在设计条件下能使水力性能优化,另一方面也希望能充分利用电动发电机的容量。对于电机设计而言,希望双向运行时的视在功率 S 相等。假设水泵工况时电动机的端电压比水轮机工况发电机的端电压低 5%,则在 $S_M = S_G$ 时其能量关系为

$$\frac{H_P Q_P}{H_T Q_T} = 0.95 \eta_M \eta_G \eta_P \eta_T \frac{\cos\theta_M}{\cos\theta_G} \tag{6-14}$$

式中:S_M、S_G 分别为水泵工况时电动机的视在功率和水轮机工况时发电机的视在功率,kVA;η_M、η_G 分别为电动机和发电机的效率;$\cos\theta_M$、$\cos\theta_G$ 分别为电动机和发电机的功率因数。

若取:$\eta_M = \eta_G = 0.97$,$\eta_P = \eta_T = 0.90$,$\cos\theta_M = 1.0$,$\cos\theta_G = 0.85$,则

$$\frac{H_P Q_P}{H_T Q_T} = 0.85$$

在扬程和水头相等（$H_P = H_T$）时，水泵工况和水轮机工况的流量关系为

$$Q_P/Q_T = 0.85$$

以上说明在扬程和水头相等及充分发挥电机作用的条件下，水泵工况流量比水轮机工况流量低 15% 左右。但实践经验证明，抽水蓄能电站两种工况的能量关系还受到抽水和发电时间、抽水和发电功率等因素的影响。因此式（6-14）也只是一种近似。

5. 单位转速和单位流量

为了设计转轮和电站选型的需要，希望得到在水泵工况和水轮机工况都为最高效率点的单位转速最优比值和单位流量最优比值。下式给出了水泵水轮机在水泵工况和水轮机工况下单位转速的最优比值：

$$\frac{n_{11P}}{n_{11T}} = \sqrt{\left(\frac{60}{\pi}\right)^2 \frac{(1-K)g}{\eta_{hP} K n_{11T}^2} + \frac{1}{\eta_{hP} \eta_{hT}}} \tag{6-15}$$

若将常用的数值 $n_{11T} = 75 \sim 80 \text{r/min}$，$\eta_{hP} = \eta_{hT} = 0.95$ 和 $K = 0.75 \sim 0.80$ 代入，则得

$$\frac{n_{11P}}{n_{11T}} = 1.12 \sim 1.16$$

水泵工况和水轮机工况两种工况下单位流量的最优比值见式（6-16）：

$$\frac{Q_{11P}}{Q_{11T}} = \frac{n_{11T}}{n_{11P}} \frac{1}{\eta_{hP} \eta_{hT}} \tag{6-16}$$

将上述常用数值代入后得

$$\frac{Q_{11P}}{Q_{11T}} = 0.95 \sim 0.98$$

6. 比转速

比转速是现代水力机械专业中使用广泛的水力参数，它代表了水力机组的综合特性。但在水泵行业和水轮机行业所使用的比转速表达方式有所不同：

水泵　　　　　$$n_q = \frac{n\sqrt{Q}}{H^{3/4}} = n_{11}\sqrt{Q_{11}} \text{ 或 } n_s = 3.65 n_q \tag{6-17}$$

水轮机　　　　$$n_s = \frac{n\sqrt{P}}{H^{5/4}} = 3.13 n_{11}\sqrt{\eta Q_{11}} \tag{6-18}$$

式中：H 为水头或扬程，m；Q 为流量，m^3/s；P 为功率，kW。

为了使用方便，在两种工况下可以使用统一的公式计算比转速：

$$n_s = \frac{n\sqrt{Q}}{H^{3/4}} \text{ 或 } n_s = \frac{n\sqrt{P}}{H^{5/4}}$$

由最优单位转速和单位流量的比值关系，同样可以得到两种工况下最优比转速的关系，即

$$\frac{n_{sP}}{n_{sT}} = 1.17 \frac{n_{11P}\sqrt{Q_{11P}}}{n_{11T}\sqrt{Q_{11T}\eta_T}} \tag{6-19}$$

将前述得到的常用数值 $n_{11P}/n_{11T} = 1.14$，$Q_{11P}/Q_{11T} = 0.96$，水轮机效率 $\eta_T = 0.90$ 代入式（6-19），则

$$n_{sP}/n_{sT} = 1.35 \text{ 或 } n_q/n_{sT} = 0.37$$

应该指出，以上的比转速关系是水泵和水轮机两种工况在各自最高效率点的比转速比

值，而如前所述，两种工况的最高效率点并不发生在同转速下。所以在机组选型或机械设计中如决定使用单一转速的电机，则不可能选到能同时满足两种工况的转速，为首先满足水泵工况的要求，水轮机工况的运行范围就将会某种程度的偏离最优点。

7. 空化特性

工程实践表明，水泵水轮机在水泵工况下运行时更容易发生空化，在设计水泵水轮机时，一般认为如空化条件满足了水泵工况则水轮机工况也就能满足。在研究常规水泵和常规水轮机时就已经知道有这种差别。水力机械首先发生空化的部位一是沿叶片表面的低压区，一是叶片头部和水流发生撞击后的脱流区。在水泵上因为进口撞击和低压区都发生在叶片进口处，所以动压降比较大，空化性能差。而在水轮机工况水流撞击发生在进口边上，叶片低压区发生在出口附近，因此动压降比较缓和，空化性能就好些。

从空化系数定义上也可以分析出两种工况是有差别的。水泵空化定义为

$$\sigma_P = \frac{NPSH}{H_P}$$

而

$$NPSH = \lambda_1 \frac{\omega_1^2}{2g} + \lambda_2 \frac{v_1^2}{2g} \tag{6-20}$$

式中：$NPSH$ 为水泵的空化余量；λ_1 为水流绕流叶片的动压降系数，或称叶栅空化系数；λ_2 为水流进入叶片以前的综合损失系数。

据一般研究成果，离心泵的 λ_1 在 $0.2 \sim 0.4$ 之间，λ_2 在 $0.1 \sim 0.4$ 之间。

水轮机空化系数一般写成

$$\sigma_T = \frac{1}{H_T}\left(\lambda \frac{\omega_2^2}{2g} + \eta_s \frac{v_2^2}{2g}\right) \tag{6-21}$$

式中：λ 为叶栅空化系数；η_s 为尾水管恢复系数。

据一般试验结果，混流式水轮机的 λ 值在 $0.05 \sim 0.15$ 之间，η_s 一般为 $0.6 \sim 0.7$。因此可以看出，如水泵的进口相对流速 ω_1 和绝对流速 v_1 分别和水轮机出口相对流速 ω_2 和绝对流速 v_2 相等，则水泵的空化系数将比水轮机高。但对于低比转速（高水头）水泵水轮机，两种工况空化系数的差别一般要小些，在水轮机工况小流量区的空化系数有可能比水泵工况的还大，进行高水头水泵水轮机空化试验时对两种工况都进行全面的试验，才能判定每一个工作范围内最不利的条件。

6.4　水泵水轮机的选型

水泵水轮机的选型是在机组容量和台数一定的情况下主要选择机型及其主要参数（包括转轮直径、转速和吸出高度等）。这和普通水泵及水轮机的选型不同，水泵水轮机在水轮机和水泵两种工况下使用的是同一转轮，而且往往又是同一转速，所以它们的运行特性紧密相关。因此，水泵水轮机选型时，要适应电站的具体要求，同时使两种工况的参数得到很好配合，保证水泵水轮机在两种工况下都能在高效率区稳定工作。

由于水泵水轮机不可能同时保证两种运行工况都处于最优性能范围，因此在参数选择时必须有所侧重。因为水泵工作的条件比较难于满足，所以一般保证水泵工况在最优范围内运行，而水轮机工况就要稍许偏离其最优范围。

以下就选型的程序和方法作进一步的说明。

6.4.1　基本资料

当抽水蓄能电站的规模确定后，进行水泵水轮机参数选择时，首先要确定以下基本指标和数据：

（1）确定单机容量、机组台数及发电和抽水两种工况的功率因数；

（2）两种工况的最大水头、最小水头和设计水头；

（3）两种工况必须达到的最高效率值和允许的最低值；

（4）每天发电和抽水的时数和运行规律；

（5）电站设计所允许的最大淹没深度；

（6）引水系统调节保证计算的限制参数。

6.4.2　机型选择

水泵水轮机的机型选择，应参照图 6-4，根据电站的水头/扬程、运行特点，并综合考虑设计制造水平等因素经技术经济比较确定。抽水蓄能电站水头/扬程高于 800m 时，宜选择三机组合式机组或多级式水泵水轮机；水头/扬程为 100～800m 时，宜选择单级混流式水泵水轮机；水头/扬程为 50～150m 时，宜选择混流式水泵水轮机或斜流式水泵水轮机；水头/扬程低于 50m 时，宜根据实际情况，通过技术经济比较选择混流式水泵水轮机、斜流式水泵水轮机、轴流式水泵水轮机或贯流式水泵水轮机。

6.4.3　主要性能参数的选择

1. 主要性能参数的快速估算方法

在可行性研究阶段和无模型特性曲线时，可根据统计曲线和估算公式估算单级单速混流式水泵水轮机的主要参数。即根据水轮机工况额定水头 H_r，初步选取水轮机额定工况下的比转速 n_{sT}，然后计算单位流量 Q_{11}、转轮直径 D_1、单位转速 n_{11}、转速 n，选定同步转速 n_0，再用同步转速 n_0 重新计算水轮机额定工况比转速 n_{sT0}、单位流量 Q_{110}、直径 D_{10}、吸出高度 H_{s0} 等。具体步骤如下。

（1）根据水轮机额定水头 H_r 查图 6-10 中的统计曲线，初步选取水轮机工况额定水头下的比转速 n_{sT}。$H_r \geqslant 400m$ 时，可在 $K=2400$ 曲线上选取 n_{sT}；$100m \leqslant H_r < 400m$ 时，可在 $K=2200$ 曲线上选取 n_{sT}；$H_r < 100m$ 时，可在 $K=2000$ 或 $K=1800$ 曲线上选取 n_{sT}。

（2）初步计算单位流量 Q_{11} 和转轮直径 D_1：

$$Q_{11} = 0.003n_{sT} - 0.15 \tag{6-22}$$

$$D_1 = \left[\frac{P_r}{8.88Q_{11}H_r^{1.5}} \right]^{0.5} \tag{6-23}$$

式中：P_r 为水轮机工况额定功率，kW；H_r 为水轮机工况额定水头，m。

（3）初步计算单位转速 n_{11} 和选取同步转速 n_0：

$$n_{11} = 78.5 + 0.09187n_{sT} \tag{6-24}$$

$$n = \frac{n_{11}H_r^{0.5}}{D_1} \tag{6-25}$$

根据计算的转速 n 选取同步转速 n_0。

（4）按选取的同步转速 n_0 重新计算水轮机额定工况比转速 n_{sT0}：

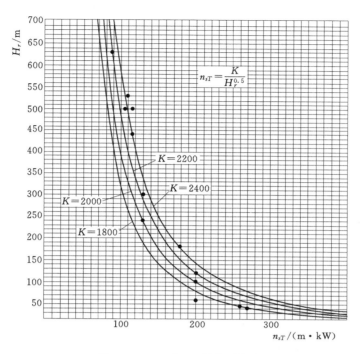

图 6-10 H_r 与 n_{sT} 的关系曲线

$$n_{sT0} = \frac{n_0 P_r^{0.5}}{H^{1.25}} \tag{6-26}$$

（5）将 n_{sT0} 代入式（6-22）重新计算 Q_{110}，将 Q_{110} 代入式（6-23）重新计算转轮直径 D_{10}。

（6）用水轮机工况额定点比转速 n_{sT0}，最大水头 $H_{T\max}$ 按下式估算吸出高度：

$$H_{S0} = 9.5 - (0.0017 n_{sT0}^{0.955} - 0.008) H_{T\max} \tag{6-27}$$

考虑到计算的误差较大，应将估算值与已建或待建电站的吸出高度进行比较和分析，并向有关厂家咨询，最终合理地选取吸出高度 H_{s0}。

上述 n_0、n_{sT0}、D_{10}、H_{s0} 即为初步计算的最终参数。根据转速 n 选取同步转速 n_0 时，可选取高一档和低一档的两个同步转速，然后进行比较确定。

在有了制造厂提供的模型曲线以后，就可以进行具体的选型计算。水泵水轮机选型的实际过程就是在水轮机工况和水泵工况特性相互矛盾的条件下寻求一个最好的折中方案，因此选型计算不可能是十分严格的，在每一计算阶段后都需要参考经验数据作一些必要的调整，再进行下一步计算。

水泵水轮机的性能参数计算可先由水泵工况计算开始，然后校核水轮机工况参数是否满足电站设计要求。也可以先从水轮机工况开始，再校核水泵工况参数情况。两种算法的最终结果应该是比较一致的。

2. 由水泵工况开始进行参数计算

由水泵工况计算开始的步骤如下。

（1）先由水泵工况模型 H-Q 曲线上选取设计点的扬程 H_M 和流量 Q_M。真机的扬程

H 是已知的，故可求出模型和真机的扬程比值：

$$K_H = H_M / H$$

（2）由相似关系 $K_H = n_M^2 D_{1M}^2 / n^2 D_1^2$ 得到：

$$\sqrt{K_H} = \frac{n_M D_{1M}}{n D_1} \tag{6-28}$$

式中有 M 下标的为模型参数，无下标的为原型（真机）参数。

（3）对于抽水蓄能电站一般希望发电和抽水两种工况的电机视在功率相等，故可由式 （6-14）得到水泵工况流量：

$$Q_P = \frac{0.95 \eta_P \eta_T \eta_M \eta_G H_T \cos\theta_M}{H_P \cos\theta_G} Q_T \tag{6-29}$$

（4）由相似关系可知： $\quad K_Q = \dfrac{Q_M}{Q} = \dfrac{n_M}{n}\left(\dfrac{D_{1M}}{D_1}\right)^3 \tag{6-30}$

式中的 Q_M 已由特性曲线上得到，故 K_Q 可以求出。

（5）联立求解式（6-28）和式（6-30），可得真机的转速 n 和转轮直径 D_1。

（6）在 K_H 和 K_Q 都确定后，在模型曲线上取对应于 H_{max}、H_d 和 H_{min} 3 个点的效率 η_M，用效率换算公式求出真机效率，接着可以算出三个扬程下的流量、功率和吸出高度等值。

（7）使用此 n 和 D_1 数值，计算水轮机工况 H_{max}、H_d 和 H_{min} 3 个水头点的单位转速和单位流量。在水轮机特性曲线上校验其出力 P_T，如功率不符合要求需对 Q_{11} 作些调整。此时 Q_T 和 Q_P 的关系已不一定再符合式（6-29）的比例，但作为选型计算，可以不必返回重算。

（8）把以上各项计算结果进行列表比较。

（9）针对某些可逆式水力机械特性曲线的特点，可能选取最小水头 H_{min} 为水泵工况的设计点更有利，因为在此点以上水泵效率一般均较高。在使用双转速时这样的考虑特别有利。

3. 由水轮机工况开始进行参数计算

也可以由水轮机工况参数开始计算，然后校核水泵工况的参数。其步骤如下。

（1）直径和转速的估算。在水轮机工况特性曲线上，根据判断选取一对单位转速和单位流量数值作为计算的起点，用水轮机选型公式来计算：

转轮直径 $\qquad\qquad D_1 = \sqrt{\dfrac{P_T}{9.8 \eta_T Q_{11T} H_T^{3/2}}} \tag{6-31}$

转速 $\qquad\qquad\qquad n = \dfrac{n_{11T}\sqrt{H_T}}{D_1} \tag{6-32}$

式中：Q_{11T} 为设计点的单位流量，m^3/s，可取为最优点的 $1.1 \sim 1.2$ 倍；n_{11T} 为水轮机工况设计点的单位转速，r/min，可取为最优点单位转速的 $1.11 \sim 1.15$ 倍；η_T 为初步估计的设计点真机效率。

选取与计算的转速 n 最接近的同步转速。

（2）水泵工况的校核。在初步选定了转轮直径 D_1 和转速 n 以后，应先校核水泵工况各点的参数，因为水泵工况的最高效率区比水轮机工况窄，为满足水泵工况的要求很可能还需返回来修改水轮机工况参数。将水泵工况的 3 个扬程值 H_{max}、H_d 和 H_{min} 按相似关系换算成模型数值:

$$H_{MP} = \left(\frac{n_M}{n}\right)^2 \left(\frac{D_{1M}}{D_1}\right)^2 H = K_M H \qquad (6-33)$$

式中: D_{1M}、n_M 分别为模型可逆式水力机械的转轮直径和试验转速,单位为 m 和 r/min。

在模型曲线上试绘出这三个工作点:计算水头 H_d 点应尽量接近泵的最高效率区;在最大扬程 H_{max} 时泵的流量应不小于发生回流的界限(约为最优流量的 $60\% \sim 70\%$);在最小扬程 H_{min} 处按空化系数 σ 计算的吸出高度应不超出电站数据的允许限度;对于水头变化幅度小的高水头抽水蓄能电站,有时希望将 H_{min} 点放在效率最高点上,而使 H_d 点向小流量方向偏移,这样能获得较好的运转稳定性。

如果在模型曲线上 3 个工作点的分布不理想,可以将直径 D_1 或转速 n 适当改变来形成新的 K_H 值,重新计算。一般以改变直径 D_1 为宜,因为转速 n 受同步转速限制,变换一级同步转速,调整幅度必将过大。这样的试算几次,最后可得到比较好的 D_1 和 n 组合。

(3)流量估算。在直径和转速确定后,按相似关系计算水泵工况的 3 个扬程点的真机流量:

$$Q_P = \frac{n}{n_M} \left(\frac{D_1}{D_{1M}}\right)^3 Q_M \qquad (6-34)$$

(4)校验功率。由模型曲线取这 3 个点的效率 η_M,由效率换算公式折算成真机效率 η,计算真机水泵工况功率:

$$P_T = \frac{9.8 H Q_P}{\eta} \qquad (6-35)$$

(5)计算吸出高度。用通用的吸出高度公式计算三个点的吸出高度 H_s 值。

(6)计算流量、效率和功率。根据模型曲线计算水轮机工况三个水头点的流量 Q_T、效率 η_T 和功率 P_T。由于调整水泵参数时改变了原来估算的直径或转速,水轮机出力可能和预期的有些出入,此时可适当调整 Q_{11T} 值来保证 P_T 的要求。水轮机工况的最大单位流量基本上不受出力限制线的约束,在此区域效率线比较平缓,调整 Q_{11T} 是完全可能的。

(7)列表分析。把以上各计算结果列表进行最后分析。

6.4.4 水泵水轮机的运转特性曲线

为表达可逆式水力机械两种工况特性的相对关系,可以在水轮机通用的运转特性曲线(以功率为横坐标)上叠加水泵工况特性,但是和在绘制模型特性曲线时一样,发现水泵工况的等效率圈不能大范围的展开,应用上不方便。另一种方法是在以水头为横坐标的曲线上画出两种工况的特性,由于可逆式机组两种工况都覆盖基本相同的水头变化范围,这种画法可以较方便地显示在任何运行水头下两种工况的性能状况,图 6-11 是以水头为公共坐标绘制的运转特性曲线。

在水头变化范围为已知的情况下,可从运转特性曲线上检验选型计算中的几项主要指标是否得到满足:

(1)效率。在预期的工作范围内机组效率应不低于设计要求。

(2)吸出高度。在工作范围内,最小的吸出高度应不低于电站允许限度。

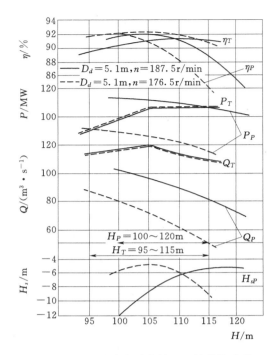

图 6-11　可逆式水泵水轮机运转特性曲线

（3）功率的匹配。水泵工况的最大功率应略高于水轮机工况的功率（约 10%）。电动发电机的设计将以水泵工况功率为主要考虑对象，在图中可以看出在发电工况时提高功率因数（如由 0.85 提高到 0.9 或 0.95）的超额出力可以有多少。

（4）水量平衡。对于日调节蓄能电站，用两种工况的流量平均值乘以每天的工作小时数可以大致检验一天内的水量是否平衡。

习 题 与 思 考 题

6-1　简述抽水蓄能电站的类型、组成和工作原理。

6-2　抽水蓄能电站的功能有哪些？

6-3　抽水蓄能机组的组成方式可分为哪几类？各自的优缺点是什么？

6-4　试述可逆式水泵水轮机的主要类型以及各自的适用范围。

6-5　当前水泵水轮机有哪些发展趋势？存在哪些技术困难？

6-6　试述水泵水轮机在水泵工况和水轮机工况下基本参数之间的关系。

6-7　为什么水泵水轮机在水泵工况下运行时更容易发生空化？

6-8　由水泵工况开始计算水泵水轮机的主要参数有哪些步骤？

第7章 水力机械振动

7.1 水力机械振动基本概念

7.1.1 水力机械振动概述

广义上，振动是某种物体或物体所处的状态随时间往复变化的现象，它是一种普遍的自然现象。在工业生产过程中，某些场合可对振动有效地加以利用。例如，利用振动可有效地完成诸多工艺过程，或用来提高机械的工作效率，如振动给料机械、振动筛、振动球磨机，土木地基工程中的振动沉降、振动夯土机、振捣器和激振冲压加固等，以及实验研究用的振动试验台和激振器等。还有振动时效技术，利用振动加快铸件或焊接构件内部变形晶粒重新排列的过程，缩短消除内应力的时间。然而，振动在多种场合下是有害的。如工作机械和运输机械的振动，会给环境造成危害，使机械的性能和精度受到损失；振动会造成材料的疲劳，以至于因强烈振动而导致破坏；振动还会产生较大的噪声，对工作环境造成干扰等。

水电站的水轮机、供排水系统的叶片式水泵和抽水蓄能电站中的水泵水轮机是普遍使用的水力机械，前述各章对这 3 种重要的水力机械分别进行了介绍，讲述了各自的类型、结构、功能、工作参数以及设备选型等基础知识。结构布置上，3 种水力机械均与发电（或电动）设备以及辅助设备构成机组系统，水电机组通过轴承支承于机架或钢筋混凝土结构上。运行过程中，3 种水力机械均旋转运行，以水流流体和电磁场为作用媒介，实现水体机械能与电能之间的相互转化。作为与水流、电磁场相互作用的动力机构，水力机械在实际运行中存在不利的振动问题，本章我们只关注对水力机械设备状态或结构的工作环境造成明显影响的振动状态与原因。

7.1.2 振动状态的分类

机械振动有不同的分类方法。按产生振动的原因可分为自由振动、强迫振动和自激振动；按振动的规律可分为简谐振动、非谐周期振动和随机振动；按振动系统结构参数的特性可分为线性振动和非线性振动；按振动位移的特征可分为扭转振动和直线振动。

这里简单介绍自由振动、强迫振动和自激振动的概念。

（1）自由振动。去掉激励或约束之后，机械系统所出现的振动。振动只靠其弹性恢复力来维持，当有阻尼时振动便逐渐衰减。自由振动的频率只决定于系统本身的物理性质，称为系统的固有频率。

（2）强迫振动。机械系统受外界持续激励所产生的振动。简谐激励是最简单的持续激励。强迫振动包含瞬态振动和稳态振动两个阶段。在振动开始一段时间内所出现的随时间变化的振动，称为瞬态振动。经过短暂时间后，瞬态振动即消失。系统从外界不断地获得能量来补偿阻尼所耗散的能量，因而能够作持续的等幅振动，这种振动的频率与激励频率相同，称为稳态振动。例如，在两端固定的横梁的中部装一个激振器，激振器开动短暂时间后横梁所作的持续等幅振动就是稳态振动，振动的频率与激振器的频率相同。系统受外力或其他输入作用时，其相应的输出量称为响应。当外部激励的频率接近系统的固有频率时，系统的振幅将急剧增加。激励频率等于系统的共振频率时则产生共振。在设计和使用机械时必须防止共振。例如，为了确保旋转机械安全运转，轴的工作转速应处于其各阶临界转速的一定范围之外。

（3）自激振动。在非线性振动中，系统只受其本身产生的激励所维持的振动。自激振动系统本身除具有振动元件外，还具有非振荡性的能源、调节环节和反馈环节。因此，不存在外界激励时它也能产生一种稳定的周期振动，维持自激振动的交变力是由运动本身产生的且由反馈和调节环节所控制。振动一停止，此交变力也随之消失。自激振动与初始条件无关，其频率等于或接近于系统的固有频率。如飞机飞行过程中机翼的颤振、机床工作台在滑动导轨上低速移动时的爬行、钟表摆的摆动和琴弦的振动都属于自激振动。

7.1.3　水力机械振动研究理论与方法

振动研究的目的是基于振动状态或现象，揭示振动发生的机理，建立分析计算的方法，对振动加以预测、控制、利用或消减。

动力学是机械振动研究的理论基础，是力学领域的重要分支，与静力学并驾齐驱，动力学的基础理论及前沿性的研究成果和论述非常丰富，详细内容请参看相关论著。

机组动力学是动力学理论在水力机械及其机组振动中的应用与专门研究，属于机械动力学的范畴。水电机组振动问题的研究是与水力发电的发展同步发展的，随着机组容量和尺寸的增大，振动问题愈益突出，研究和解决也愈益深入而广泛。为说明机组动力学所研究的关键问题，这里以水轮发电机组为例。对水轮发电机组而言，蜗壳室内的水轮机通过轴将旋转传递到发电机或电动机上，后者与电网连接，承受负荷的变化。研究水轮发电机的振动时，很难将其从周围的关联体中独立出来。例如，有压引水系统（包括调压室）的水力振动和不稳定流现象受到机组水力振动的影响，尾水管的压力脉动也可能传递上去，造成管道共振；尾水管的低频涡带可能引起电网的波动，如功率摆动；电网负荷的波动反过来也会影响机组的运行，造成动力影响；另外，机组运行中某些电磁振动的频率可能远高于水轮机和支承结构的频率，但由于它们组成一个体系，振动必然是关联的等。在机组动力学中研究振动问题，必须将机组及其关联体作为一个耦联系统加以考虑，在建立数学模型、进行振动故障诊断和振动消减措施研究时也是如此。

机组动力学中除水力机械的振动研究外，转子动力学研究也是一项很重要的内容。转子动力学的研究任务是：建立数学模型，计算转子固有振动特性，确定临界转速；根据激励特性确定振动响应，预测和控制振动幅值；进行机组稳定性分析，防止系统失稳；开展动力优化设计；进行故障诊断和消振减振研究。

7.2　影响水力机械运行性能的因素及分类

水力机械的运行性能主要包括如下 3 个方面：能量性能、稳定性能、空蚀磨损性能。这些性能均具有相应的性能指标。

水力机械运行的稳定性问题直接与其运行中的振动状态相关。换言之，水力机械的运行中，因受多种因素的影响，其结构和部件产生强烈的振动，从而机组稳定性受到威胁，导致机组运行性能低劣下降，甚至造成机组运行设备重大故障，影响机组安全经济运行。归结起来，影响机组运行稳定性的因素集中反映在 3 个方面：机械振动、电磁振动和水力振动。

一般而言，我们将造成水力机械振动的因素或原因称为振源。

7.2.1　机械振动

影响机组运行性能，导致机组运行设备异常故障的机械振动主要表现在机组空载无励的运行状态。

（1）机组空载低速升速的不稳定原因：轴系不正，主轴弯曲；推力轴承调整不均；机组轴导轴承间隙过大；法兰联接质量不良；机组中心不对称；机组转动部件与固定部件碰磨。

（2）机组转速上升，振动不稳定性加剧的原因：转动部件转动不平衡；机组整体振动、大摆晃动；轴承支承系统刚度不够；轴系刚度不够，主轴过长过细。

（3）随转速变化，机组摆度加大，机组无规则振动，其原因：推力头与镜板结合面的绝缘垫变形、破裂；推动头与板结面的螺栓松动。

（4）随着转速变化，推力轴承镜面摆度加大，推力轴承和支承结构出现交变力，其原因：镜板镜面波浪度；镜板平面与机组中心不垂直；推力轴承运行条件恶化。

7.2.2　电磁振动

影响机组运行性能，导致机组运行设备异常故障的电磁振动主要表现在机组带励磁运行状态。

（1）由于转子绕组匝向短路，磁拉力不平衡而引起的机组振动摆度随励磁电流的增加而加大。

（2）由于定子组合缝松动、定子铁芯矽钢片松动引起的定子径向、切向振动加大。

（3）发电机转频振动原因：定、转子不圆，非同心；转子动、静不平衡；三相负荷不平衡；相间不平衡，即负序电流或零序电流不平衡；定子与机座变形、松动。

由于上述原因引起的发电机磁力不平衡而造成其气隙不均匀。

7.2.3　水力振动

影响机组运行性能，导致机组运行设备异常故障的水力振动主要表现在机组带负荷时的变负荷运行状态。

（1）机组带小负荷时，由于尾水管形成中心涡带和空腔空蚀，机组振动加剧，垂直振幅加大，过流部件的压力脉动增大。

（2）机组带某一负荷范围，机组振动加大，噪声增加，其原因：转轮叶片出口处形成卡门涡流振动；活动导水叶卡门涡振；固定导水叶尾翼水流紊乱、高频脱流。

（3）随负荷升高加大，机组运行不稳定，振动加剧，其原因：转轮叶片数与活动导水叶片数匹配不合理；转轮直径与导水叶布置圆匹配不合理；转轮叶片出水边不均匀；活动导水叶开口不均匀；转轮密封形状不良，压力不均匀；转轮上冠下环偏心，止漏环间隙不对称。

（4）发生水力振动其他原因有：进口拦污栅被杂物堵塞；导水叶之间、导水叶与转轮之间被杂物卡死；甩负荷工况时，流体分离；转轮室内流场不稳，控制系统性能指标降低。

随着机组容量的增大，机组尺寸相对增大，机组设备刚度降低，固有频率降低，使机组特别是大型和巨型机组更加容易诱发产生共振或迫振，机组运行时由于水力振动更容易导致水体共振，造成水力与机械共振或水力与电气共振，甚至激励厂房支承结构强烈振动。水电机组实际运行中，就其上述原因多为水力振动引起的，致使机组稳定性问题的解决和防振措施带来很大难度。下面重点介绍水力机械运行中的典型水力稳定问题。

7.3　水力机械的水力稳定问题

水体的能量是激发或维持水力机械振动的最根本能源。它可直接或间接地激发或维持系统的振动。从振动故障发生的情况看，有的是水力机械的流体特性所决定的，有的是由于某些方面设计、制造加工、安装维护存在设备缺陷及系统运行、参数配合不当而引起的，甚至有的是一些偶然因素作用产生的。

水力振动的形式多为典型的非线性振动，多数是由水流激励引起的自激振动或随机振动以及诱发出来的共振。

7.3.1　机组的水力振动状态

水力振动是机组最主要的振动激励之一，其振动能量往往大于机械振动和电磁振动。以下以水泵和抽水蓄能机组为例说明。

水泵进口流速和压力分布不均匀，泵进出口流体的压力脉动、液体绕流、偏流和脱流，非定额工况以及各种原因引起的水泵空蚀等，都是常见的引起水泵机组振动的原因。水泵启动和停机、阀门启闭、工况改变以及事故紧急停机等动态过渡过程造成的输水管道内压力急剧变化和水击作用等，也常常导致泵房和机组产生振动。

抽水蓄能机组主要的振动状态和起因见表 7-1，常规水轮机的水力振动与其水轮机工况相同。水泵水轮机的水轮机工况存在着与常规水轮机相似的水力振动原因，水泵工况存在着与水泵相近的水力振动状态。如尾水管内低频涡带，尾水管接近转频的脉动，以及蜗壳、导水叶和转轮水流不均匀引起的振动等。

表 7-1　　　　　抽水蓄能机组水泵水轮机的水力振动状态及原因一览表

工　　况	振　动　状　态	振　动　原　因
水轮机工况	负荷增加时振动同时增大	1. 转轮等设计和运行条件不一致 2. 转轮叶片和导叶数量不合适 3. 转轮和导叶之间的距离过小 4. 转轮叶片开口不均匀 5. 转轮和止漏环的间隙不良，偏心 6. 导叶开口不均匀
	在低负荷和超负荷时振动增大，伴有音响	1. 尾水管内流速不均匀，产生低频回转涡带 2. 空化、空蚀
水泵工况	在流量偏离效率最高点时，振动增大	1. 流量增大时，在导叶的压力面产生脱流 2. 流量减小时，在转轮进口处产生回流
	空化发生时，振动加大，伴随噪声	叶片吸力面产生气泡，产生压力脉动

7.3.2 机组系统的自激振动

水轮机的自激振动主要发生在转轮的密封处和减压板处，是由于间隙水流的不稳定性造成的，可以导致压力脉动的急剧升高，同时造成机组转轴系统的强烈的弓状回旋，其振动频率一般是机组转轴系统的自振频率（临界转速）。

混流式水轮机、水泵水轮机均存在转轮体的自激振动，它往往产生于初始的不平衡状态与压力脉动的耦合作用，主要由转轮与顶盖间旋转间隙内的不平衡压力造成。水轮机的出力超过某一定值时，有可能出现弓状回旋振动。此时水轮机转轮在外水封内沿转动方向作椭圆轨迹的弓状回旋，其振动频率约为转频的 2～4 倍，近似等于弓状回旋自振频率。

自激振动的发生是有条件的，且几率较低，但均较突然，且一旦发生，振动持续剧烈，会导致主轴的弯曲弓状回旋和摆度超标。

常规水电站和抽水蓄能电站均有压力管道自激振动的实例。发电引水隧洞、压力管道与机组的蜗壳、尾水管通过流体联结为一个力学系统，当压力管道中水体的自振频率与机组某一水力干扰振源频率耦合时，可能在管道中产生水力共振而加剧压力脉动，从而导致机组更剧烈的振动。此时，压力管道内水体相当于一个共振放大器。水轮机正常运行时，压力管道两端为开口边界，水体系统的自振频率为

$$f_p = \frac{mc}{2L}(m=1,2,\cdots) \tag{7-1}$$

式中：c 为管道中水体波速，m/s，对埋藏式压力管道而言，一般可取 $c=1200\sim1300$m/s；L 为引水系统总长，对于无调压室的系统，可取从进水口至蜗壳导水叶处的轴线距离，m。

因抽水蓄能电站内常配有可动密封的球形阀，同时抽水时容易将污物带入管道中而影响球形阀的密封效果，故发生压力管道自激振动的机会相对更多。由于管道下游设具有弹性作用的阀门，水压变化而导致间歇动作，造成管内水体振荡。若波动周期与管道系统固有周期或某阶谐振周期耦合，就会导致引水系统的大范围共振。共振能量来自内压，是自激的，一旦激起将持续运动。

7.3.3 水力激励引起的压力脉动

这里仅以水轮机的水力激励为例，其他水力机械的情况与其基本类似。由于水轮机内部流场主流流线的偏移，产生动能的损失，从而激发流场的涡动，导致压力的脉动。最典型的情况是部分负荷工况下的尾水管压力脉动，它是由转轮出口水流的圆周向分速度引起的。另一方面，由于水轮机内部流场的局部不均匀性，也可能激发速度和压力的涡动，如导水叶和叶片后的尾流脱流和进口撞击。以下对导水叶与叶片的耦合作用，以及尾水管压力脉动作简要介绍。

7.3.3.1 蜗壳和水轮机室的压力脉动

由于流道设计的不合理或因工况变化而导致的流场变化，形成水流的不对称与不均匀分布或者脱流，以及局部压力降低产生的空化，间隙不等和水力不平衡产生的不稳定流场，水力干涉产生的水击力等均可能形成流场涡动。

1. 导水叶和转轮叶片的相互干涉

水轮机运行时，转轮叶片进口边周期性地通过导水叶的尾流流场，所产生的压力脉动具有如下的频率：

$$f = Z_b Z_g f_n \qquad (7-2)$$

式中：Z_b 为转轮叶片数；Z_g 为固定导水叶片数；f_n 为转速频率，Hz。

只有在两种情况下才可能避免此种压力脉动的出现：极薄的叶片出口边缘；导水叶片非常合理的形态从而保证叶片表面尾流速度和压力的平衡。实际上很难实现。叶片任何位置和形状的不对称均将对流场产生极大的扰动，此时出口边将不再是一个驻点，由于边界层的分离和强烈的涡动，尾流尺度将增大。当水轮机叶片通过此尾流区时，在叶片进口区将产生强烈脉动。当 Z_b 和 Z_g 存在参数耦合时振动最为强烈，一般应保证 Z_b 和 Z_g 没有公约数，致使在后续流道中压力冲击失调与减弱。

对于高水头低比转速的混流式水轮机，压力脉动幅值可能很高。这是由于导水叶出口和转轮叶片进口之间的距离很短，相互干涉强烈，扰动尾流在到达叶片之前没有时间均匀化和弱化。这种状态在导水叶全开时较部分开度时表现得更为突出，因为在小开度时导水叶与叶片间的流道距离相对延长。

2. 蜗壳尾舌和转轮叶片的相互干涉

水轮机运行时，转轮叶片与蜗壳尾舌间的相互干涉所产生的压力脉动具有如下的频率：

$$f = Z_b f_n \qquad (7-3)$$

式中：Z_b 为转轮叶片数；f_n 为转速频率，Hz。

蜗壳尾舌对于大型水轮机而言一般较厚，起到了分割压力管道入流与蜗壳流场的作用。由于蜗壳中的流动损失，这两种流动具有不同的能量水平，由于它们的涡动流场交汇，在蜗壳尾端产生一个强烈的脱流，如图7-1所示。在极短的时间内该尾流通过导水叶栅而撞击到水轮机叶片，从而产生极强烈的压力脉动。

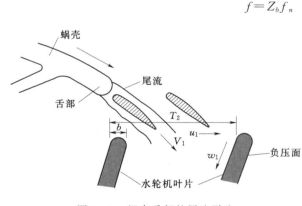

图 7-1 蜗壳舌部的尾流脱流

3. 蜗壳流场的不均匀性

由于引水系统的布置和压力管道流动等原因（如分流墩布置和弯道等），某些工况下造成蜗壳进水不均匀，一些小的分散的涡列可能汇聚成大的漩涡进入水轮机，造成水轮机振动。这种情况在低水头电站发生相对较多。其压力脉动频率仍然为 $f = Z_b f_n$。

蜗壳中的水流实际上不可能如理论假说或设计的那样均匀。有的研究曾指出，无论按照等速度矩或等速度理论设计的蜗壳，在圆周方向和高度方向上，流速分布都是不均匀的。即使是全包角蜗壳，径向流速的不均匀度亦达20%，有的蜗壳出流甚至达到40%。

此外，导叶后的不均匀流场，引起出水边的边界层脱流，形成涡动流，如图7-2所示。流速的不均匀系数（最大最小速度之差与平均速度比值）与导水叶形状、装置角度 α、节距 t 与节长 L 比等有关，更随着与导叶出口距离的增大而减小。

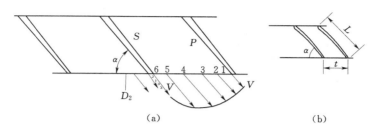

图 7-2　导水叶出口边的速度分布

（a）速度分布；（b）叶栅

导叶后的涡流和脱流，形成著名的卡门涡列振动，其振动频率与强度主要决定于导叶形状，也与流速大小有关，一般属于高频脉动，可以通过叶片修型和加叶栅间支撑等措施加以解决。

蜗壳和水轮机室的压力脉动相对于尾水管压力脉动，出现的工程实例较少，比较典型的是塔贝拉电站和岩滩水电站。其他如导叶后的卡门涡列振动出现得较多一些。导水叶与叶片的干涉振动，出现得也相对较少，重要的是注意避免其参数耦合。

7.3.3.2　尾水管压力脉动

尾水管压力脉动是混流式和轴流定桨式水轮机最常遇到的振动形态之一，绝大多数的水轮机压力脉动也均能够在尾水管中得到反映。众所周知，尾水管压力脉动主要是由于在偏离最优运行工况时，转轮出口水流的圆周向旋转所造成的。随着圆周向分速度的增大，水流在离心力作用下，加之在锥管段的扩散和弯肘段的转向，形成主流的向外偏移、中心区的负压与空化、死水区的形成与回流、边界层和局部水流的分离与涡动等严重的不稳定流现象。最典型的尾水管涡动流为螺旋状涡带，其形态如图 7-3 所示。

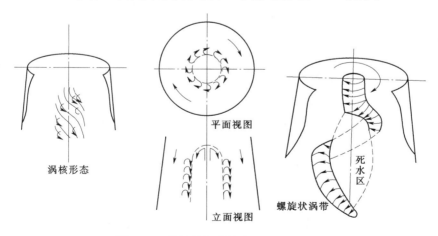

图 7-3　螺旋状涡带的产生机理和形态

根据死水区的位置和大小，可以将尾水管涡流分为 4 种形态，如图 7-4 所示。图中的纵坐标为涡动率，表示圆周向流速动能与轴向总动量的比值，其值越大表示圆周向流动强度越大；横坐标为空化系数。

流态Ⅰ：涡核为一个直的涡带，由于涡动较弱没有在中心区出现死水区；

流态Ⅱ：各种形状的涡带不规则出现，死水区动态变化；

流态Ⅲ：单一的螺旋状涡带稳态显现，死水区稳定地出现在转轮出口以下的中心区，涡带绕尾水管轴线以一定的速度旋转。这是比较典型的偏心螺旋状涡带，压力脉动的强度一般较大；

流态Ⅳ：经常出现两个涡带，涡动强度大，死水区延伸至尾水管的上游区。

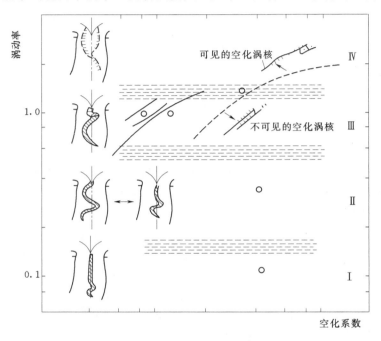

图 7-4 尾水管涡动流动分类

不同形式的尾水管空腔空化涡带的形态是相近的，但影响涡带形状的流场涡动率可能不同。流态Ⅲ一般对应于50％负荷区，涡动一般最为强烈。实验测量管壁的压力脉动，发现在某一临界空化系数下振动最大，此时类似于空腔涡带的共振，空化涡动流场脉动频率与尾水管系统的频率接近或重合。

尾水管压力脉动引起的机组振动实例较多，如大古力水电站、依泰普水电站、古里水电站、五强溪水电站、隔河岩水电站、李家峡水电站、刘家峡水电站等。如果混流式机组在30％～70％负荷区运行，一般均会出现程度不同的低频振动，这也是混流式水轮机的通病之一。

7.4 水力机械振动与脉动现场测试

水力机械作为大型机械在运行中存在明显的振动现象，要评价振动的大小和原因，除凭借观察和感受外，主要靠专门仪器进行测试和分析，从而获得振动数据，明确振源特性；大型水电机组设计阶段，要对机组振动进行预测和评估，其物理模型的选取、轴承刚度的取值、振源特性等，可参照已有的测试资料。可见，机组振动测试对设计和运行机组的振动评估都有重要意义。

一般来讲，机组振动测试包括模型试验和现场测试。模型试验往往只能搞清楚某些水力振源及影响程度，对机组的电气振源、机械振源，其他一些水力振源、机组的自振特性和动力响应，往往难于模拟或试验成本较高。因此，多数情况下可通过理论分析、计算，与现场测试资料相配合，揭示机组的振动本质。

我国颁布了《水力机械（水轮机、蓄能泵和水泵水轮机）振动与脉动现场测试规程》（GB/T 17189—2007），该规程参照国际电工协会规程（IEC 60994：1991），并根据我国的具体情况编写，对水力机械振动、脉动试验方法、测量方法及试验数据的处理方法进行统一，使现场测量结果在同类不同型号水力机械上具有一致性和可比性。规程主要包括试验的实施计划与程序、测量方法、数据采集与处理、测量不确定度、试验报告等方面的内容及相关规定。

现场测试的具体项目往往须涉及到如下方面：①机组轴系统的振动测试；②机组轴系统的振源测试；③发电机转子重量不平衡测试；④定子和转子间电气不平衡测试；⑤水轮发电机气隙的动态测量；⑥机组大轴摆度测试；⑦过流部件的压力脉动测试；⑧机组部件的应力应变测试，等。

7.5 水力机械振动监测与故障诊断

7.5.1 机组状态检修与状态监测

状态检修是近30年来发展起来的新型技术和管理模式。水电机组状态目前尚无严格明确的定义，它是机组运行状况和现存性能指标以及安全程度的综合描述，通过机组整体或主要部件的各种性能指标定量或定性地加以反映。状态检修可以通过先进的监测分析工具和方法，对机组的运行状况进行检测、记录与分析，采用在线或离线故障诊断系统，尤其是专家系统等，对机组现存状态做出科学评估和趋势分析预测，从而合理地确定大修的必要性和时间。简言之，就是根据机组运行状态制定大修计划。

我国目前尚无水电机组状态检修的标准，一直采用的是旧有的计划检修的模式，即按照检修规程的要求，大修时间间隔为3～5年，即在规定的大修年限到达时，无论设备有无大的缺陷和能否安全正常运行，均须按时大修，这样做实际上是不科学和不经济的。根据国外的经验，水电机组大修的间隔一般可为10～15年，但须有如下保证措施：先进可靠的机组状态监测分析系统，设备性能、寿命、可靠性大幅度提高，管理水平的现代化及运行管理人员的素质和经验。

要实现水电站自动化和管理水平的现代化，关键问题之一便是开发应用机组状态监测系统。水电机组状态监测是对机组运行参数的实时测量和分析。所需监测的参量尚无统一的标准和规定，宜根据机组的实际状况，本着必要与可能的原则予以确定。

通常包括的参量为以下全部或部分：①功率，包括有功和无功功率；②电压，如定子、转子和励磁电压；③电流；④温度，主要是轴承油温和瓦温、定子温度、冷却器温度、热风温度、冷却水温度等；⑤液位，包括上、下游水位、油槽油位、集水井水位；⑥压力，如水轮机各部位压力（蜗壳、顶盖下、密封、尾水管等）、油槽压力、气罐压力、冷却器水压等；⑦流量，如过机流量、技术供水量；⑧位移，如接力器行程或导叶开度、大轴轴向位移、定转子空气间隙；⑨振动和摆度，包括大轴摆度、固定部件的振动和结构振动；⑩压力脉动，主要是水力机械流道内控制部件的压力脉动；⑪绝缘，如定子线圈等处；⑫空化和空蚀，等。

结合上述监测参量，机组运行状态监测通常包括如下几个重要方面的工作：振动监测、发电机气隙监测、水轮机空蚀监测、过流部件及流道压力脉动监测等。

目前，水电机组状态监测通过充分利用电子技术，已实现自动监测、网络通信和实时分析。能够满足常规需要的监测系统基本构成如图7-5所示。

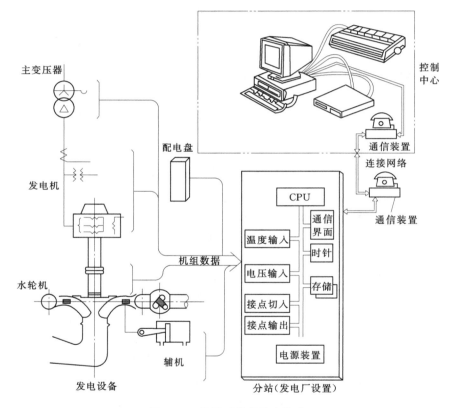

图7-5 监测系统的基本构成

对监测系统的基本要求体现在两个方面：

（1）系统功能。监测系统是由集中控制的中心站、无人值守的分站及连接网络组成。中心站应易于控制操作，且具有扩展系统、能变更分站的设置；分站最好满足无人化要求，功能控制在最低限度，可采用大量的标准化设备。

（2）监测方法。明确监测参量，建立监测程序。测量长期数据，实施事故模拟试验，掌握数据间的影响程度和相互关系，从而制定监测方案。系统应能判断启动、运行、停机等工况状态，为此，须对输入数据的采样频率、相互关系、异常判断、表示方法及人机对话等予以重点研究。

7.5.2 振动监测

对于水力机械，振动监测是目前最主要的监测项目之一。由于振动在水电机组各部位均易发生，直接影响机组的安全和寿命，成为评价机组运行状态的重要指标。

国家标准对水轮机振动的要求为：

（1）在各种运行工况下（包括甩负荷），水轮机各部件不应产生共振和有害变形。

（2）顶盖垂直振动和主轴摆度不应大于相应规范规定的允许值。

（3）大中型机组计算临界转速值一般不低于飞逸转速的1.25倍。

国家标准还对振动等级作出了详细规定，行业标准就振动监测的测量方式、测点布置、传感器选择、装置设置等作出了明确说明，同时，结合振动现场测试为振动监测技术的应用提供了依据。

振动测点应根据机组设计、系统刚度和振动敏感性等确定布置位置和测量参量，一般需监测轴承座、机架、顶盖、定子及机墩、风罩、楼板等特殊部位。测量应同时能够获取振动幅值、频率和相位信息。传感器一般分位移型、速度型和加速度型。位移型一般为电涡流传感器，主要测量轴摆度，也用于测量转速和键相；速度型一般为电磁式，应用相对较少；使用最广泛的是加速度传感器，它的灵敏度较高，可以安装在被测部件上测量绝对加速度值。传感器的选择应注意振动量的频率范围，因为水电机组振源频率一般较低，同时，还应注重仪器标定。

振动监测应用历史较长，成套设备趋于标准化，系统较为完善。目前，振动监测仪表主要有两大类：一是单元式监测仪器，它以单元为单位，根据需要配置单元数据，主要功能就是测量振动幅值，结构和操作简单，造价较低；二是带有分析功能的监测系统，可获取丰富的振动信息，如幅值、相位、频率、波形、轴心轨迹和振动趋势等，对于振动起因判断和事故分析，是较好的选择。

7.5.3 振动故障诊断

振动故障诊断技术是预测性和预防性状态检修的重要环节。它可以作为机组计算机监控系统的核心软件系统与整个系统一起在线实时工作，也可以作为存在振动机组的离线故障诊断支持系统，进行故障原因分析和对策咨询。与一般旋转机械和汽轮发电旋转机械相比，水力机械振动特征和振源更难把握，主要表现在复杂的流场运动和耦联作用上。因此，必须针对水电机组的具体实践建立专门的诊断模型和技术方法。

水电机组振动故障的诊断方法尚处于发展阶段。应用于机组监测系统的方法可归纳为如下几种：因果分析诊断方法、模糊诊断方法、神经网络诊断方法、智能专家系统等。

故障诊断最常用的还是因果诊断法，该方法主要是基于经验和个人知识的现场诊断，比较直观，融汇了大量的实践经验，容易为现场技术人员掌握，在经验积累和反复试验的基础上，往往能达到非常好的效果。实践中，有人明确提出了因果分析图法，如图7-6所示。将机组振动的各种诱发因素，遵循成因发展路线，绘制因果分析图，图中用主箭头表示振动原因，用中箭头表示诸如水力、机械、电磁等主要的几种振源类型，然后再细分为不同的具体因素。如水力振源又可分为水压脉动、空蚀、密封、水力不平衡等，而水压脉动又分为高频（叶片数和卡门涡等）、中频（不平衡扰动）和低频（尾水管）等。这样就从大原因中寻找中原因，从中原因中寻找小原因，逐步深入，不断排除非主要的甚至无关的因素，追踪到真正的振源。有时，一个很小的原因往往就是机组振动的本源，所以必须将各种可能的细微因素均在图中表示出来，使之清晰可辨，不致疏漏。例如，轴承或定子一个螺栓的松动或一个垫片的老化磨损，即可能诱发剧烈的振动。

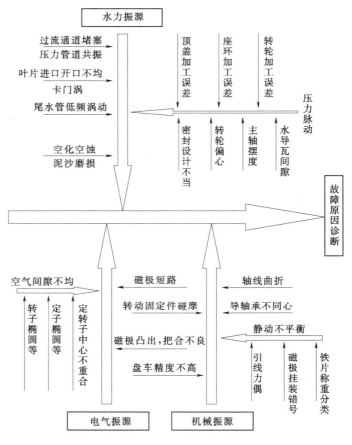

图 7 - 6　机组振动因果分析图

从上述分析中可知，因果诊断更多地依赖技术人员的水平，即使一个很小的故障，诊断的过程也可能不容易操作和把握，而且大多是一种离线后发性诊断，无法实现在线实时诊断。

随着信息技术和数学方法的发展，尤其是模糊理论、灰色理论、遗传理论、神经网络技术及智能化专家系统等新兴方法的建立和逐步成熟，辅之以计算机技术的有力支持，在故障诊断领域正得到越来越广泛的应用，也出现了不少成功的实例。但因模糊数学和神经网络等方法目前还不够完善，且难以被现场运行管理人员掌握，它们的实际应用尚需不断开发完善、推广和验证。智能专家系统是很有前景的一种故障诊断方法。计算机技术的发展和振动观测与故障诊断知识与经验的大量积累，使建立一种基于数据库和专家库基础上的智能专家系统成为可能，人工智能理论也为智能诊断提供了进一步的支持。

7.6 水力机械振动评价标准

随着我国大尺寸和大容量机组的增多，以及抽水蓄能电站的建设，对水电机组设计、制造、安装和运行要有严格的振动规程加以规定和要求。目前已相应制定了多部国家和行业标准，涵盖基本技术条件、现场监测、测量、安装和试运行等主要方面，相关规范规程分别作如下归纳。

7.6.1 《水轮发电机组安装技术规范》(GB 8564)

该规范规定机组空载试运行应测量机组运行摆度（双幅值），其值应小于轴承间隙；测量机组振动，其值应不超过表7-2的允许值。

表7-2　　　　　　　　　　水轮发电机组各部位振动允许值　　　　　　　　单位：mm

序号	项　　目		额定转速/(r·min⁻¹)			
			<100	100~250	250~375	375~750
			振动允许值（双幅值）			
1	立式机组	带推力轴承支架的垂直振动	0.08	0.07	0.05	0.04
2		带导轴承支架的水平振动	0.11	0.09	0.07	0.05
3		定子铁芯部分机座水平振动	0.04	0.03	0.02	0.02
4	卧式机组各部轴承振动		0.11	0.09	0.07	0.05

7.6.2 《水轮机基本技术条件》(GB/T 15468)

该标准适用于功率为10MW及以上的所有水轮机，或转轮公称直径为1.0m及以上的混流式、冲击式水轮机，或转轮公称直径为3.3m及以上的轴流式、贯流式水轮机。

水轮机的稳定运行范围及运行稳定性指标保证，规定如下：

（1）在空载情况下应能稳定运行。

（2）在最大和最小水头范围内，水轮机应在表7-3所列功率范围内稳定运行。

表7-3　　　　　　　　　　　机 组 最 大 保 证 功 率

水轮机型式	相应水头下的机组保证功率范围/%	水轮机型式	相应水头下的机组保证功率范围/%
混流式	45~100	转桨式	35~100
定桨式	75~100	冲击式	25~100

（3）原型水轮机在上述规定的保证运行范围内，混流式水轮机尾水管内的压力脉动混频峰-峰值，在最大水头与最小水头之比小于1.6时，其保证值应不大于相应运行水头的3%~11%，低比转速取小值，高比转速取大值；原型水轮机尾水管进口下游侧压力脉动峰-峰值不应大于10m水柱。

（4）振动：①在各种运行工况下（包括甩负荷），水轮机各部件不应产生共振和有害变形；②在保证的稳定运行范围内，立式水轮机顶盖以及卧式水轮机轴承座的垂直方向和水平方向的振动值，应不大于表7-4的规定要求；③在正常运行工况下，主轴相对振动（摆度）应不大于图7-8中的B区上限线，且不超过轴承间隙的75%；④水轮发电机组轴系的第一阶临界转速应不小于最大飞逸转速的120%。

表7-4 立式水轮机顶盖以及卧式水轮机轴承座的振动允许值 单位：μm

项 目	额定转速/(r·min⁻¹)			
	≤100	>100~250	>250~375	>375~750
	振动允许值（双振幅）			
立式机组顶盖水平振动	90	70	50	30
立式机组顶盖垂直振动	110	90	60	30
卧式机组水轮机轴承的水平振动	120	100	100	100
卧式机组水轮机轴承的垂直振动	110	90	70	50

噪声的规定为：水轮机正常运行时，在水轮机机坑地板上方1m处所测得的噪声不应大于90dB（A），在距尾水管进人门1m处所测得的噪声不应大于95dB（A），冲击式水轮机机壳上方1m处所测得的噪声不应大于85dB（A），贯流式水轮机转轮室周围1m范围内所测得的噪声不应大于90dB（A）。

"水轮机振动监测表"和"主轴摆度监测表"是否安装，由供需双方商定。

7.6.3 《水轮发电机组振动监测装置设置导则》（DL/T 556）

该导则适用于单机容量10MW及以上的立式混流式、轴流式机组和可逆式抽水蓄能机组。对测量方式、测点布置、传感器选择和监测装置设置等提出了具体建议。例如，对于监测装置设置，要求：①无计算机监控系统的水电站，容量小于30MW的机组，设置单元式振动监测仪；容量在30~300MW的机组，设置单元式振动监测仪或智能式振动监测仪。②有计算机监控系统的水电站，统一设置振动监测系统。

7.6.4 《水力机械振动和脉动现场测试规程》（GB/T 17189）

该规程的目的是：确定统一的振动、脉动试验方法、测量方法及试验数据的处理方法，使测量结果在同类的不同型号水力机械（包括水轮机、蓄能泵和水泵水轮机）上具有一致性和可比性。

规程除对术语、定义、符号和单位作出统一解释外，主要包括试验的实施和测量方法及数据采集处理方法两大部分内容。①试验计划包括：试验计划的拟定，振动、脉动被测量及测点布置，试验工况，确定工况点的参数和试验条件等；②试验程序为：协商，准备，预备试验、正式试验及观察和重复试验；③测量方法分别对振动测量、主轴的径向振动测量、压力脉动测量、应力测量、主轴扭矩脉动测量、转速脉动测量、功率脉动测量、导叶扭矩脉动测量、导轴承径向载荷脉动测量、推力轴承轴向载荷脉动测量等项目中的传感器、安装、仪器、系统等方面做了详细规定，还给出了确定机组工况参数的被测量；④率定；⑤信号记录；⑥数据分析与处理；⑦测量不确定度；⑧试验报告。

7.6.5 《机械振动 在非旋转部件上测量评价机器的振动》（GB/T 6075）

该标准适用于正常工况下在轴承、轴承支架或轴承座上进行振动测量和评价。在总则中规定了测量和评价机器振动的通用条件及方法。

关于测量方法和工况，测量类型建议测量振动速度（中高速机组300~1800r/min）或通过积分后得到振动位移（低于300r/min），分别测量均方根值和峰-峰值。对测量位置和方向、测量设备和测试工况等均作出规定。

关于评价准则，有考虑宽带测量的振动幅值和考虑幅值变化两种。准则 I 认为，机器可靠安全的运行要求振动幅值应该控制在一定的限值内。每个轴承座测得的最大振动幅值，根据规定的 4 个区域加以评价：区域 A 为新交付使用的机器的振动；区域 B 通常认为振动在此区域的机器可以无限制长期运行；区域 C 认为不宜长期运行采取补救措施后可以运行有限的一段时间；区域 D 通常认为振动已非常严重而足以导致机器破坏。准则 II 是以稳态运行工况下宽频带振动幅值的变化为基础制定的。振动幅值超过区域 B 上限值的 25% 时，应认为是明显的，特别当变化是突发时。

评价区域界线针对以下不同的工况制定：

（1）水轮机工况。统计不同功率和转速的上千个样本的测量数据，给出推荐值。例如，推荐的第 3 类和第 4 类机器的结果分别列于表 7-5 和表 7-6 中。

（2）泵的运行工况。尚缺乏足够数据支持准则制定。

（3）特殊运行工况。指所有的非正常的运行状态，压力脉动等随机振动分量更为突出，其评价较为困难。

（4）轴向振动。连续运行监测中较少测量轴向振动。在推力轴承上，轴向振动一般与轴向脉动有关。

表 7-5   **推荐的第 3 类机器的评价区域边界值**

区域边界值	在所有轴承处	
	位移峰-峰值/m	速度均方根值/(mm·s⁻¹)
A/B	30	1.6
B/C	50	2.5
C/D	80	4.0

注 轴承座都支承在基础上的立式机组，通常工作转速在 60~1800r/min。

表 7-6   **推荐的第 4 类机器的评价区域边界值**

区域边界值	测点位置 1		所有其他主轴承处	
	位移峰-峰值/m	位移峰-峰值/m	位移峰-峰值/m	速度均方根值/(mm·s⁻¹)
A/B	65	2.5	30	1.6
B/C	100	4.0	50	2.5
C/D	160	6.4	80	4.0

注 下导轴承座支承在基础上，上导轴承座支承在发电机定子上的立式机组，通常工作转速在 60~1000r/min，包括伞式机组。

运行限值的设定：制定报警值和停机值。首先根据特定机器测量的经验确定基线值。报警值应比基线值高某一数值，此数值相当于区域 B 上限值的 25%。如果基线值较低，报警值可能在区域 C 以下。但是，任何情况下报警值不能超过区域 B 上限的 1.25 倍。考虑到支承刚度和动载荷的不同，同一机器不同位置和方向的限值可以不同。

停机值的设定：不同机器的停机值不同，不可能给出设定绝对停机值的确切准则。一般来讲，应设在区域 C 或区域 D 内，不能超出区域 C 上限值的 1.25 倍。

机组在正常运行范围以外的瞬态和特殊工况运行，报警和停机功能应解除，或根据试运转时可接受的最大振动值选择第二报警值和停机值。

7.6.6 《旋转机械转轴径向振动的测量和评定》(GB/T 11348)

该标准适用于正常工况下在轴承或靠近轴承处转轴振动的测量和评定。振动测量与评价的通用条件和方法参照总则。

测量方法上，规定了测量类型、测量平面和测量仪器，这也是机组振动测量应遵守的。

7.6.6.1 水轮机运行工况评定准则

（1）准则Ⅰ。控制振动幅值在一定的限值内，此限值是与可接受的动载荷和机器有足够裕度的径向间隙相适应的。

图 7-7 给出在测量平面内相对位移最大值的推荐值。图 7-8 给出了在测量平面上相对位移峰-峰值的推荐值。与 GB/T 6075 第 5 部分类似，这里也定义了 4 个评价区域，但新规范修订了评价准则，将整个评价区域合并为两个大区，以代替此 4 个评价区域。在两个新的大区 A—B 和 C—D 内，A/B 和 C/D 边界线仍保留，用于表示基于统计的不同振动烈度。因此，评价准则的定义有所不同。

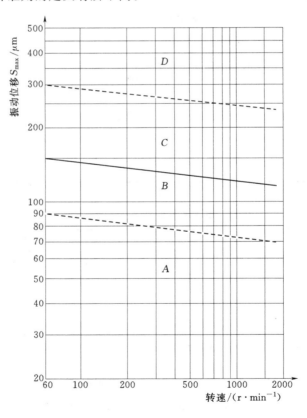

图 7-7 水力机器或机组转轴相对振动位移
最大值推荐评价区域

运行限值包括报警值和停机值，设置原则与 GB/T 6075 第 5 部分相同。特殊运行工况应予解除或规定第二限值。

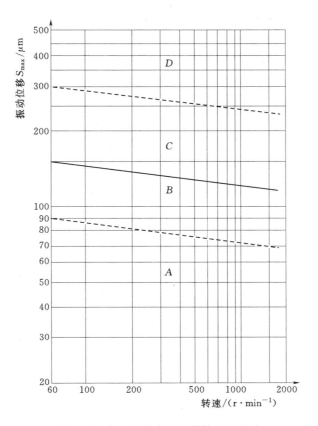

图 7-8 水力机器或机组转轴相对振动
位移峰-峰值推荐评价区域

（2）准则Ⅱ。有时即使振幅没有超出上述限值，但由于幅值变化较大或较快，表明可能有某一部件的移动或事故，也可能是严重事故的前兆。因此，以稳态和可重复运行条件下可能出现的总的振动幅值的变化为基础，规定了振动幅值变化的准则，即：如果转轴振动幅值变化大于大区域 A—B 上限的 25%，那么不管振动幅值是增大或减小，均应采取措施查明振动改变的原因。必要时应采取相应措施。

要注意个别频率分量可能在幅值和比率上变化较大，但其重要性在总振动信号中并没有反映出来。因此，应采用更复杂的仪器作更深入的分析，以确定振动信号中个别频率分量矢量改变的趋向。特别重要的是监测转速频率和两倍转速频率。

7.6.6.2 泵工况和特殊工况

由于其特殊性和数据缺乏，目前尚没有明确的振动评价准则。特殊运行工况下，随机振动分量较质量不平衡作用更突出，以至于被掩盖。所以，建议减少对振幅值瞬时值的依赖，更多地根据振幅值平均值（至少转轴旋转 10 圈以上数据的平均）进行评价。

习 题 与 思 考 题

7-1 自由振动、强迫振动和自激振动是如何定义的？

7-2 简述影响水力机械运行性能的振动因素及分类。

7-3 试述抽水蓄能机组的水力振动状态及引起振动的原因。

7-4 水力机械振动与脉动现场测试的主要内容有哪些?

7-5 水电机组状态监测的主要参量有哪些?

7-6 水力机械振动评价主要依据哪些规范、规程或标准?

附录 A 水轮机型谱参数

附表 A.1　　　　　　　　　　大中型混流式转轮系列型谱参数

适用水头 H/m	转轮型号		导叶相对高度 b_0/D_1	最优单位转速 $n_{110}/(\text{r}\cdot\text{min}^{-1})$	推荐使用最大单位流量 $Q_{11}/(\text{L}\cdot\text{s}^{-1})$	模型空化系数 σ_M
	适用型号	曾用型号				
<30	HL310	HL365	0.391	88.3	1400	0.360①
25～45	HL240	HL123	0.365	72.0	1240	0.200
35～65	HL230	HL263	0.315	71.0	1110	0.170①
50～85	HL220	HL702	0.250	70.0	1150	0.133
90～125	HL200	HL741	0.200	68.0	960	0.100
	HL180	HL662 改型	0.200	67.0	860	0.085
110～150	HL160	HL638	0.224	67.0	670	0.065
140～200	HL110	HL129	0.118	61.5	380	0.055①
180～250	HL120	HLA41	0.120	62.5	380	0.060
230～320	HL100	HLA45	0.100	61.5	280	0.045

① 电站空化系数（装置气蚀系数）。

附表 A.2　　　　　　　　　　大中型轴流式转轮系列型谱参数

适用水头 H/m	转轮型号		转轮叶片数 Z_1	轮毂比 d_B/D_1	导叶相对高度 b_0/D_1	最优单位转速 $n_{110}/(\text{r}\cdot\text{min}^{-1})$	推荐使用最大单位流量 $Q_{11}/(\text{L}\cdot\text{s}^{-1})$	模型空化系数 σ_M
	适用型号	曾用型号						
3～8	ZZ600	ZZ55	4	0.33	0.488	142	2000	0.70
10～22	ZZ560	ZZA30，ZZ005	4	0.40	0.400	130	2000	0.59～0.77
15～30	ZZ460	ZZ105	5	0.50	0.382	116	1750	0.60
20～36（40）	ZZ440	ZZ587	6	0.50	0.375	115	1650	0.38～0.65
30～55	ZZ360	ZZA79	8	0.55	0.350	107	1300	0.23～0.40

附表 A.3　　　　　　　　中小型轴流式、混流式转轮系列型谱参数

适用水头 H/m	转轮型号		最优单位转速 $n_{110}/(\text{r}\cdot\text{min}^{-1})$	设计单位转速 $n_{11}/(\text{r}\cdot\text{min}^{-1})$	设计单位流量 $Q_{11}/(\text{L}\cdot\text{s}^{-1})$	模型空化系数 σ_M
	适用型号	曾用型号				
2～6	ZD760	ZDJ001	150	170	2000	1.0
4～14	ZD560	ZDA30	130	150	1600	0.65
5～20	HL310	HL365	90.8	95	1470	0.36①
10～35	HL260	HL300	73	77	1320	0.28①
30～70	HL220	HL702	70	71	1140	0.133
45～120	HL160	HL638	67	71	670	0.065
120～180	HL110	HL129	61.5	61.5	360	0.055①
125～240	HL100	HLA45	61.5	62	270	0.035

① 电站空化系数（装置气蚀系数）。

附表 A. 4   混流式入谱转轮主要参数

转轮型号	推荐使用水头 H/m	模型转轮直径 D_{1M}/mm	导叶相对高度 b_0/D_1	模型试验水头 H_M/m	最优工况			限制工况		
					单位转速 n_{110}/ $(r \cdot min^{-1})$	单位流量 Q_{110}/ $(m^3 \cdot s^{-1})$	效率 η_0/%	单位流量 Q_{11}/ $(m^3 \cdot s^{-1})$	效率 η/%	空化系数 σ_M
HL310	<30	390	0.391	0.305	88.3	1.12	89.6	1.40	82.6	0.360[①]
HL240	25~45	460	0.365	4	72	1.10	92.0	1.24	90.4	0.2
HL230	35~65	404	0.315	0.305	71	0.913	90.7	1.11	85.2	0.170[①]
HL260/A244	35~60	350	0.315	3	80	1.08	91.7	1.275	86.5	0.15
HL260/D74	50~80	350	0.28	3	79	1.08	92.7	1.247	89.4	0.143
HL220	50~85	460	0.250	3	70	1.00	91.0	1.15	89.0	0.133
HL240/D41	70~105	350	0.25	3	77	0.95	92.0	1.123	87.6	0.106
HL220/A153	90~125	460	0.225	3	71	0.955	91.5	1.08	89.0	0.08
HL200	90~125	460	0.200	4	68	0.80	90.7	0.95	89.4	0.088
HL180	90~125	460	0.200	4	67	0.72	92.0	0.86	89.5	0.083
HL180/A194	110~150	350	0.20	5	70	0.65	92.6	0.745	90.5	0.078
HL180/D06A	110~150	400	0.225	4	69	0.69	91.5	0.830	87.9	0.053
HL160	110~150	460	0.224	4	67	0.58	91.0	0.67	89.0	0.065
HL160/D46	135~200	400	0.16	3	67.5	0.548	91.6	0.639	89.4	0.045
HL110	140~200	540	0.118	0.305	61.5	0.313	90.4	0.38	86.8	0.055[①]
HL120	180~250	380	0.12	4	62.5	0.32	90.4	0.38	88.4	0.063
HL100	230~320	400	0.100	4	61.5	0.225	90.5	0.305	86.5	0.070
HL90/D54	230~400	400	0.12	5	62	0.203	91.7	0.266	87.8	0.033

① 电站空化系数（装置气蚀系数），转轮型号中的 A 代表哈尔滨大电机研究所研制的转轮。而 D 代表东方电机研究所研制的转轮。

附表 A. 5   轴流式入谱转轮主要参数

转 轮 型 号		推荐使用水头 H/m	模型转轮直径 D_{1M}/mm	导叶相对高度 b_0/D_1	轮毂比 d_B/D_1	模型试验水头 H_M/m	最优工况			限制工况		
							单位转速 n_{110}/ $(r \cdot min^{-1})$	单位流量 Q_{110}/ $(m^3 \cdot s^{-1})$	效率 η_0/%	单位流量 Q_{11}/ $(m^3 \cdot s^{-1})$	效率 η/%	空化系数 σ_M
ZD760	$\varphi=+5°$	3~8	250	0.45	0.35	3.5	165	1.67	86.5			0.99
	$\varphi=+10°$						148	1.795	84.6			0.99
	$\varphi=+15°$						140	1.965	83.0			1.15
ZZ600		3~8	195	0.488	0.292/0.333	1.5	142	1.03	85.5	2.0	77	0.7
ZZ560a		6~15	460	0.4	0.33/0.38	3	140	1.06	89.0	2.0	84.2	0.83
ZZ560		10~22	460	0.4	0.40	3	130	0.94	89.0	2.0	81.0	0.75
ZZ560		12~22	460	0.4	0.35/0.40	3	140	1.08	88.3	1.9	84.0	0.71
ZZ460		15~30	195	0.382	0.50	15	116	1.05	85.0	1.75	79.0	0.60
ZZ500		18~30	460	0.4	0.40/0.44	3	128	0.98	89.5	1.65	86.7	0.585
ZZ440		20~36 (40)	460	0.375	0.50	3.5	115	0.80	89.0	1.65	81.0	0.72
ZZ450/D32B		26~40	350	0.375	0.45/0.50	2	120	0.92	90.5	1.5	87.3	0.54
ZZ360		30~55	350	0.350	0.55		107	0.75	88.0	1.3	81.0	0.41

附表 A.6   **CJ22、CJ20 水轮机转轮型谱参数**

适用水头 H/m	转轮型号	水斗数/个	转轮节圆直径与射流直径比 D_1/d_0	使用最大单位流量 $Q_{11}/(L \cdot s^{-1})$	最优单位转速 $n_{110}/(r \cdot min^{-1})$
100~200	CJ22	16~18	8	45	40
200~400	CJ22	18~20	10	34	40
400~600	CJ20	20~22	12.8	27	39
600~800	CJ20	22~24	15.6	22	39

注 本系列采用 7 个 d_0（4.5、5.5、7.0、9.0、11.0、12.5、14），9 个 D_1（45、55、70、80、90、100、110、125、140）。

附录 B 水轮机模型转轮综合特性曲线

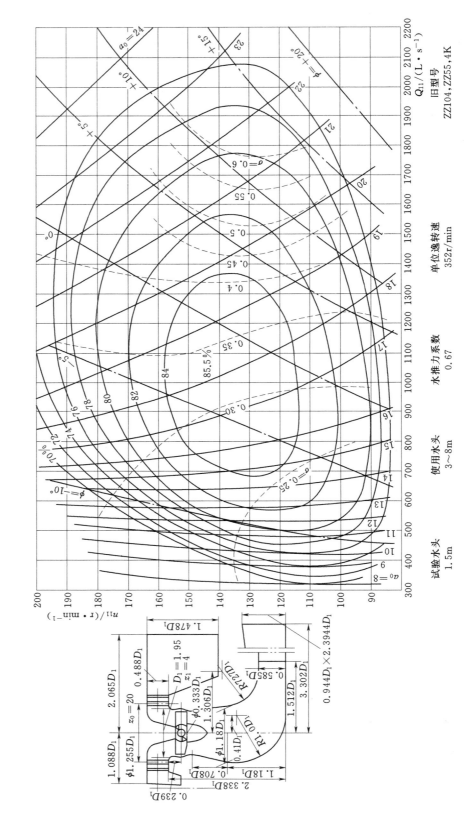

附图 B.1 ZZ600-19.5 转轮综合特性曲线

试验水头
1.5m

使用水头
3~8m

水推力系数
0.67

单位逃转速
352r/min

旧型号
ZZ104,ZZ55,4K

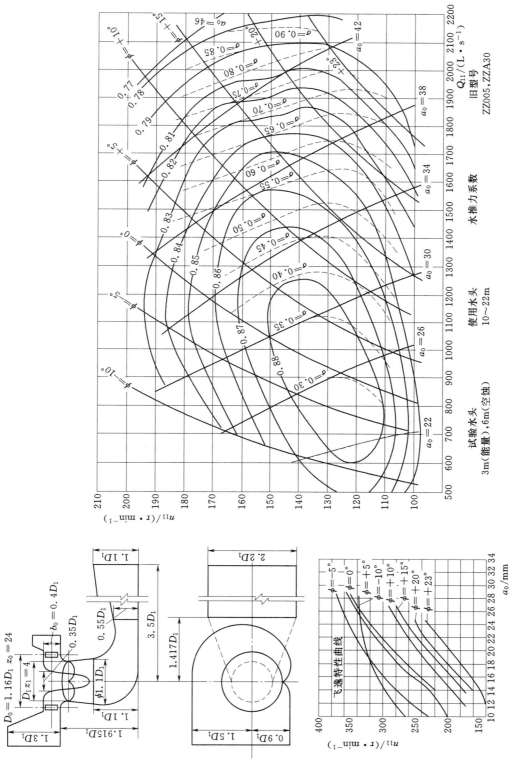

附图 B.2 ZZ560－46 转轮综合特性曲线

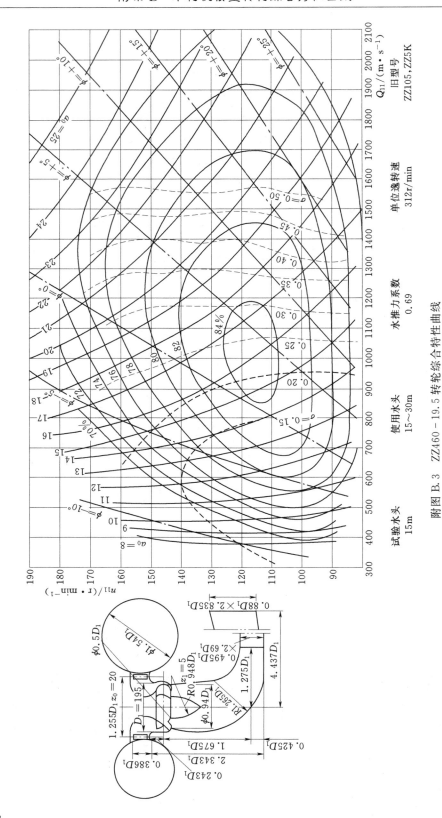

附图 B.3　ZZ460-19.5 转轮综合特性曲线

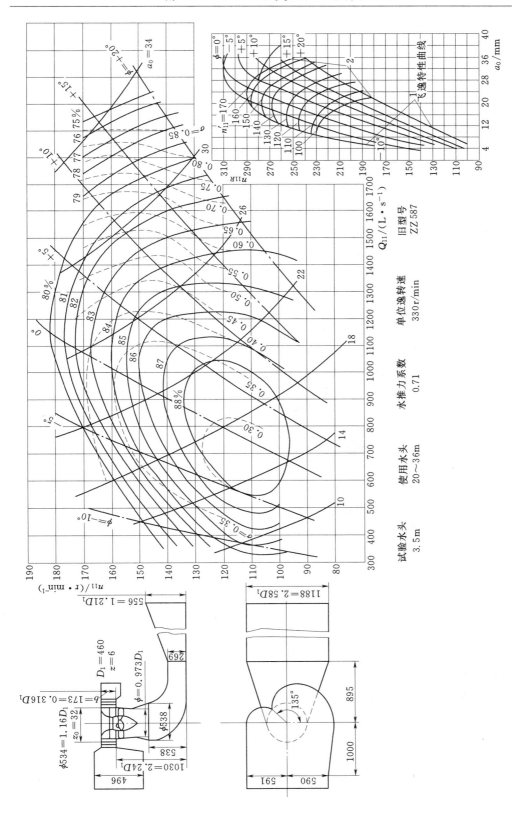

附图 B.4 ZZ440-46 转轮综合特性曲线

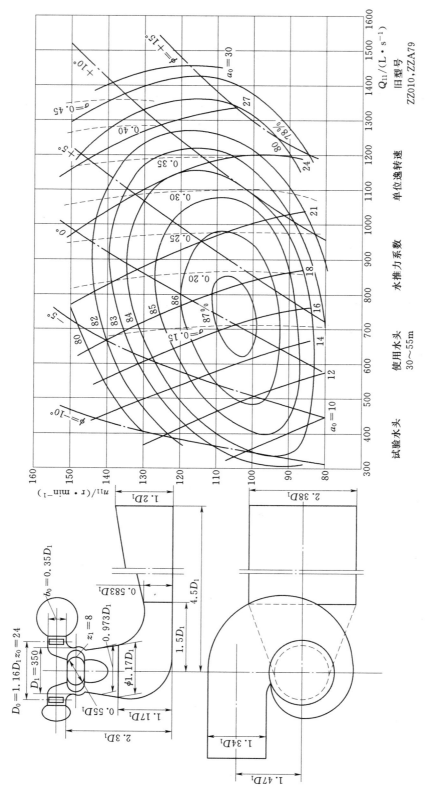

附图 B.5 ZZ360-35 转轮综合特性曲线

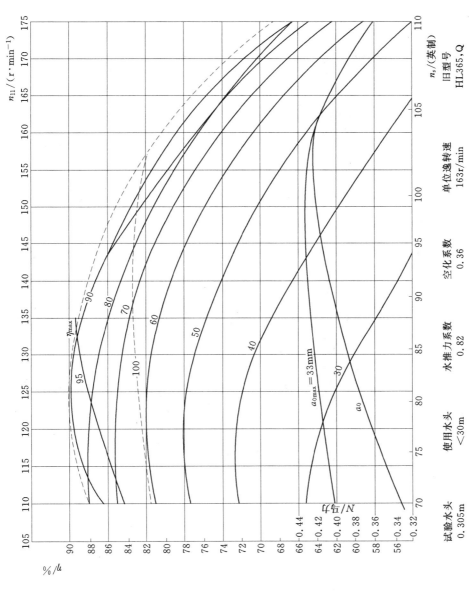

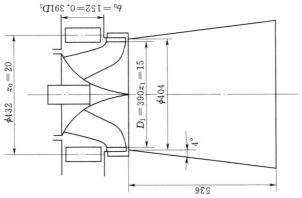

附图 B.6　HL310-39 转轮综合特性曲线

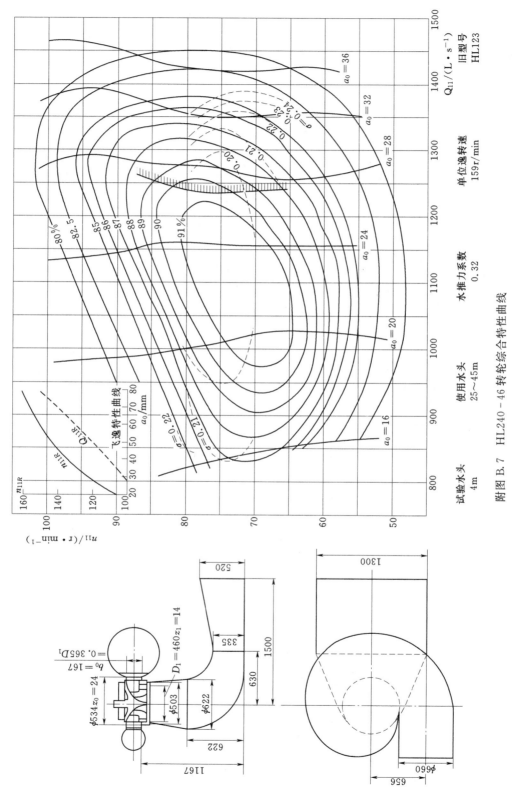

附图 B.7　HL240-46 转轮综合特性曲线

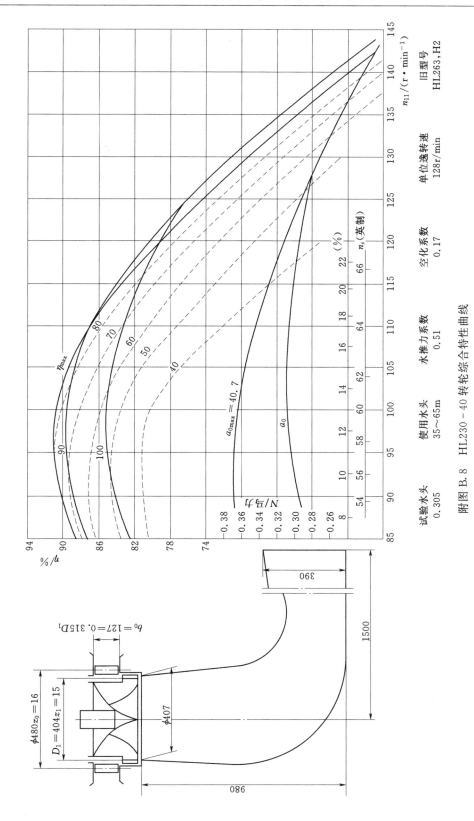

附图 B.8 HL230 – 40 转轮综合特性曲线

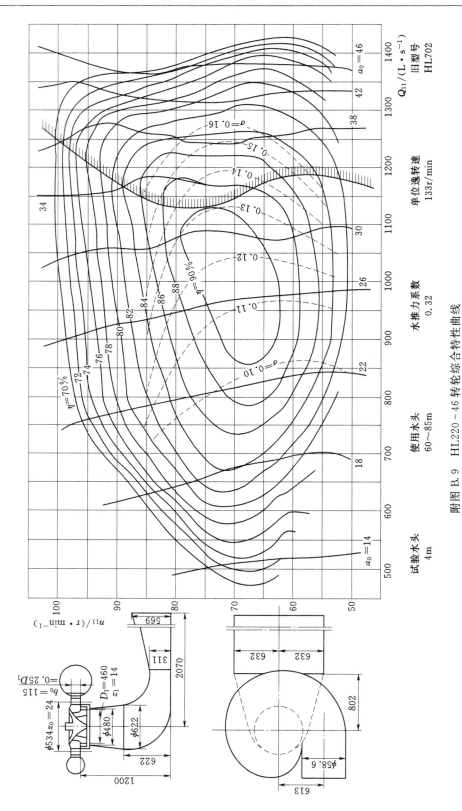

附图 B.9 HL220-46 转轮综合特性曲线

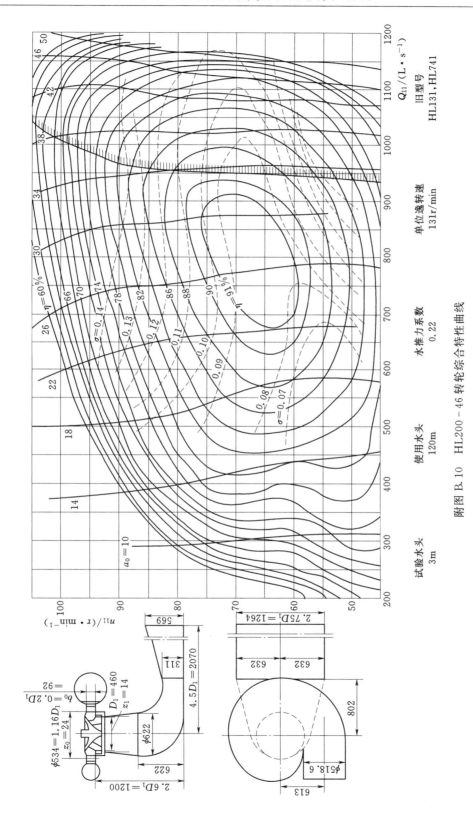

附图 B.10　HL200－46 转轮综合特性曲线

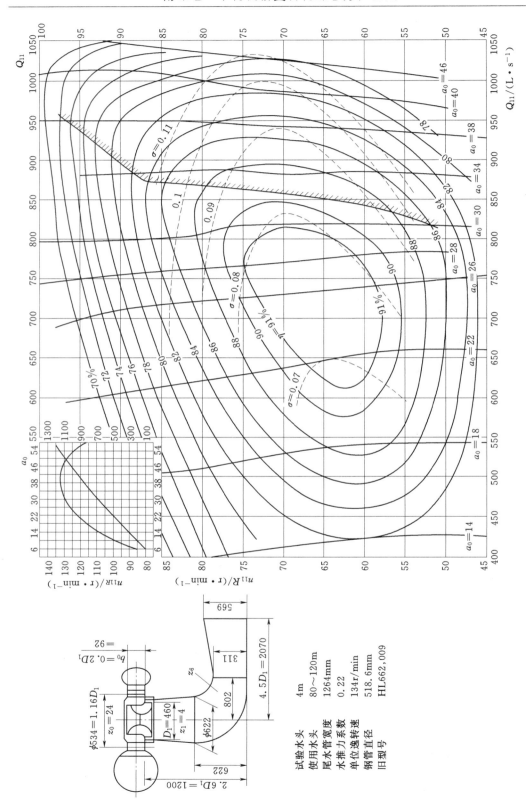

附图 B.11　HL180-46 转轮综合特性曲线

试验水头	4m
使用水头范围	80～120m
尾水管宽度	1264mm
水推力速系数	0.22
单位逸速转速	134r/min
钢管直径	518.6mm
旧型号	HL662.009

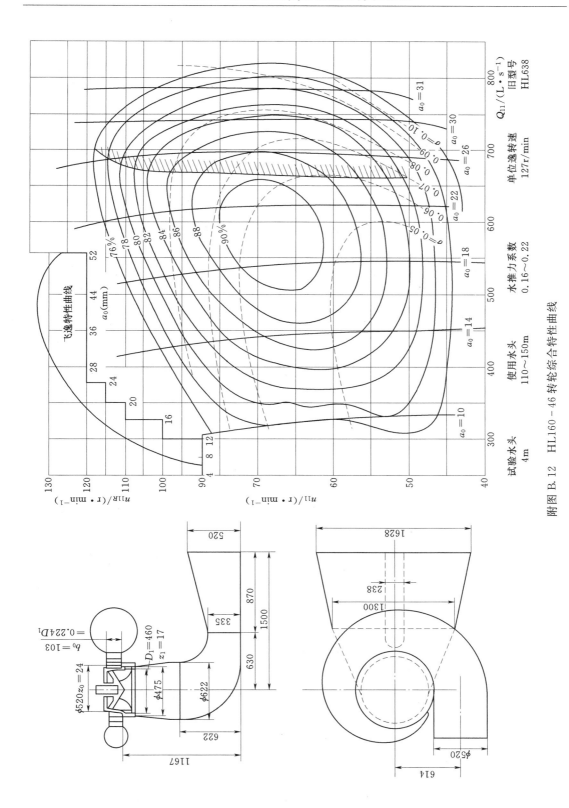

附图 B.12　HL160-46 转轮综合特性曲线

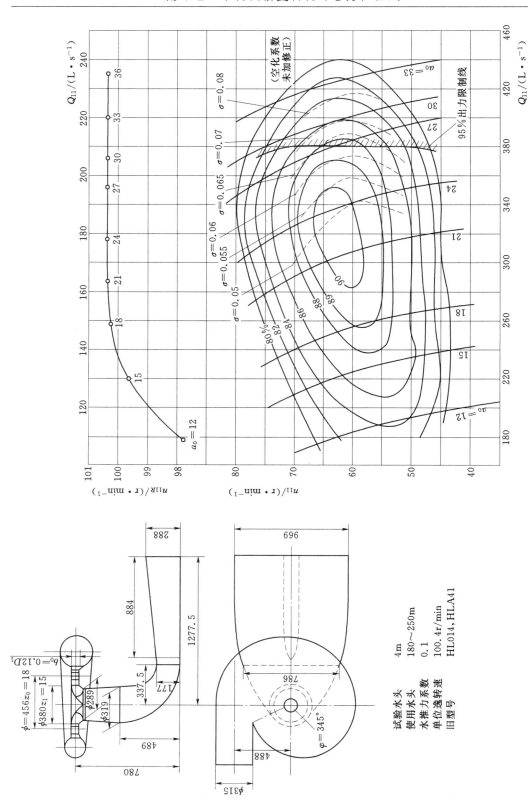

附图 B.13　HL120-38 转轮综合特性曲线

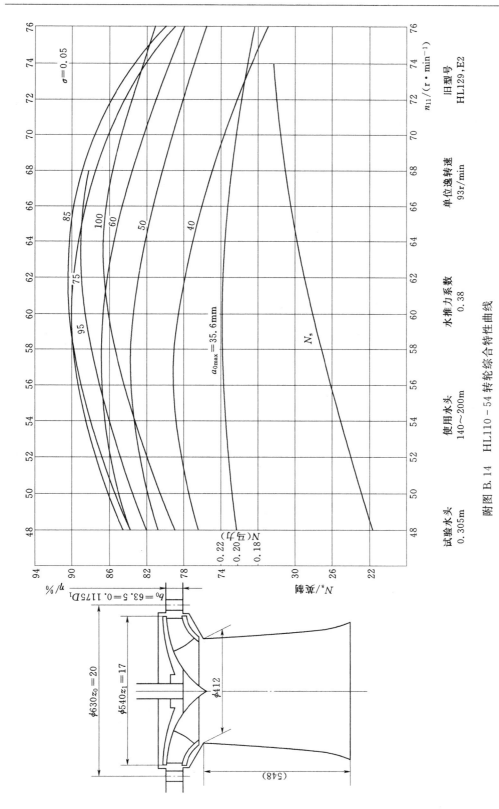

附图 B.14 HL110-54 转轮综合特性曲线

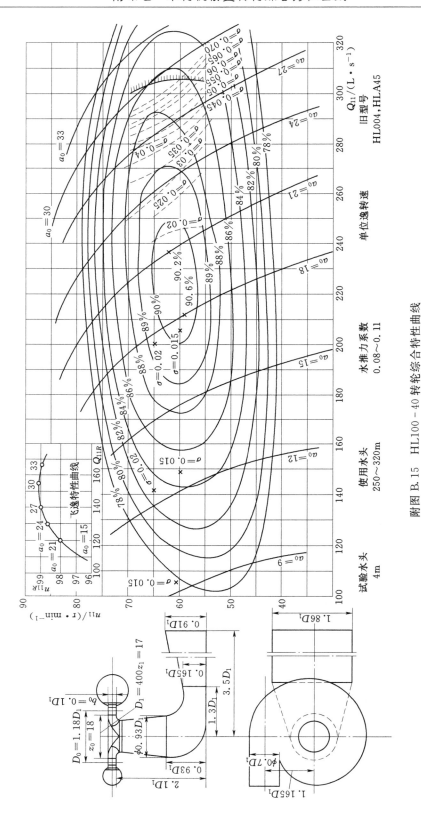

附图 B.15 HL100－40 转轮综合特性曲线

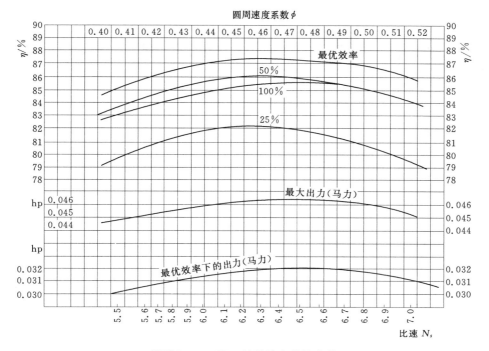

附图 B.16　CJ22 转轮综合特性曲线

（使用水头：400m；转轮直径：29 英寸；水斗数：20；喷嘴直径：3.75 英寸；
射流直径：3.35 英寸；喷针行程：3.25 英寸；$D_1/d_0 = 8.65$；$\phi_{max} = 0.71$）

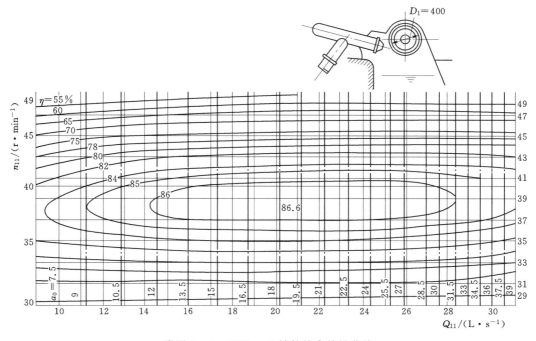

附图 B.17　CJ20-40 转轮综合特性曲线

（试验水头：55m；使用水头：≈600m；单位飞逸转速：80r/min；$Z = 22$）

附录 C 水轮机座环和导水机构主要尺寸

附表 C.1   混凝土蜗壳座环主要尺寸   单位：mm

转轮直径 D_1	座环内径 D_b	座环外径 D_a	转轮直径	座环内径 D_b	座环外径 D_a
2500	3400	4000	6500	8550	9800
2750	3750	4300	7000	9250	10550
3000	4100	4700	7500	10000	11400
3300	4500	5150	8000	10400	11900
3800	5000	5750	8500	11050	12600
4100	5550	6350	9000	11800	13500
4500	6000	6900	9500	12350	14100
5000	6600	7550	10000	12900	14700
5500	7300	8350	10500	13450	15400
6000	8000	9150			

附表 C.2   金属蜗壳座环主要尺寸   单位：mm

转轮直径 D_1	座环内径 D_b		座环外径 D_a			
	$H \leqslant 170m$	$H \geqslant 170m$	$H \leqslant 70m$	$H = 75 \sim 115m$	$H = 115 \sim 170m$	$H = 170 \sim 230m$
1800	2600	2600	3100	3100	3150	3200
2000	2850	2850	3400	3400	3450	3500
2250	3250	3250	3850	3900	3950	4000
2500	3400	3450	4050	4100	4200	4350
2750	3650	3700	4450	4550	4650	4750
3000	4000	4050	4700	4750	4800	4900
3300	4400	4450	5150	5200	5300	5400
3800	5000	5050	5800	5850	6000	6100
4100	5450	5500	6300	6350	6450	6600
4500	6000	6150	7100	7150	7200	7450
5000	6600	6850	7750	7800	7850	8200
5500	7300	7550	8550	8600	8700	9050
6000	8000	8200	9350	9450	9550	9850
6500	8550	8900	10000	10100	10200	10700
7000	9250		10800	10900		
7500	10000		11700			

附表 C.3 　　　　　　　　　　　　　导水机构主要尺寸　　　　　　　　　　　单位：mm

转轮直径 D_1	导叶轴分布圆直径 D_0	转轮直径 D_1	导叶轴分布圆直径 D_0	转轮直径 D_1	导叶轴分布圆直径 D_0
1400	1750	3000	3500	6000	7000
1600	1900	3300	3850	6500	7550
1800	2150	3800	4520	7000	8250
2000	2350	4100	4750	7500	9000
2250	2650	4500	5250	8000	9300
2500	2900	5000	5800	8500	9850
2750	3200	5500	6400	9000	10500

参 考 文 献

[1] 卜华仁. 水力机械 [M]. 大连：大连工学院出版社，1988.

[2] 金钟元. 水力机械 [M]. 2版. 北京：水利电力出版社，1992.

[3] 刘大凯. 水轮机 [M]. 3版. 北京：中国水利水电出版社，1997.

[4] 郑源，鞠小明，程云山. 水轮机 [M]. 北京：中国水利水电出版社，2007.

[5] 于波，肖惠民. 水轮机原理与运行 [M]. 北京：中国电力出版社，2008.

[6] 刘启钊，胡明. 水电站 [M]. 4版. 北京：中国水利水电出版社，2010.

[7] 董毓新. 中国水利百科全书水力发电分册 [M]. 北京：中国水利水电出版社，2004.

[8] 《中国水力发电工程》编审委员会. 中国水力发电工程机电卷 [M]. 北京：中国电力出版社，2000.

[9] 水电站机电设计手册编写组. 水电站机电设计手册水力机械分册 [M]. 北京：水利电力出版社，1983.

[10] 宋文武. 水力机械及工程设计 [M]. 重庆：重庆大学出版社，2005.

[11] 沈祖诒. 水轮机调节 [M]. 3版. 北京：中国水利水电出版社，2008.

[12] 把多铎，马太玲. 水泵及水泵站 [M]. 北京：中国水利水电出版社，2004.

[13] 沙鲁生. 水泵与水泵站 [M]. 北京：水利电力出版社，1993.

[14] 关醒凡. 现代泵技术手册 [M]. 北京：宇航出版社，1995.

[15] 陆佑楣，潘家铮. 抽水蓄能电站 [M]. 北京：水利电力出版社，1992.

[16] 梅祖彦. 抽水蓄能技术 [M]. 北京：清华大学出版社，1988.

[17] 马震岳，董毓新. 水轮发电机组动力学 [M]. 大连：大连理工大学出版社，2003.

[18] 马震岳，董毓新. 水电站机组及厂房振动的研究与治理 [M]. 北京：中国水利水电出版社，2004.

[19] 马震岳，张运良，陈婧，等. 水电站厂房和机组耦合动力学理论及应用 [M]. 北京：中国水利水电出版社，2013.

[20] 中华人民共和国国家质量监督检验检疫总局，中国国家标准化管理委员会. GB/T 2900.45—2006 电工术语 水电站水力机械设备 [S]. 北京：中国标准出版社，2007.

[21] 中华人民共和国国家质量监督检验检疫总局，中国国家标准化管理委员会. GB/T 28528—2012 水轮机、蓄能泵和水泵水轮机型号编制方法 [S]. 北京：中国标准出版社，2012.

[22] 中华人民共和国国家质量监督检验检疫总局，中国国家标准化管理委员会. GB/T 15468—2006 水轮机基本技术条件 [S]. 北京：中国标准出版社，2006.

[23] 中华人民共和国国家发展和改革委员会. DL/T 5186—2004 水力发电厂机电设计规范 [S]. 北京：中国电力出版社，2004.

[24] 中华人民共和国国家发展和改革委员会. JB/T 2832—2004 水轮机调速器和油压装置型号编制方法 [S]. 北京：机械工业出版社，2004.

[25] 中华人民共和国国家发展和改革委员会. JB/T 7072—2004 水轮机调速器和油压装置系列型谱 [S]. 北京：机械工业出版社，2004.

[26] 中华人民共和国国家发展和改革委员会. DL/T 5208—2005 抽水蓄能电站设计导则 [S]. 北京：中国电力出版社，2005.

[27] 中华人民共和国国家质量监督检验检疫总局. GB 8564—2003 水轮发电机组安装技术规范 [S].

北京：中国标准出版社，2003.

[28] 中华人民共和国电力工业部．DL/T 556—94 水轮发电机组振动监测装置设置导则［S］．北京：中国电力出版社，1995.

[29] 中华人民共和国国家质量监督检验检疫总局，中国国家标准化管理委员会．GB/T 17189—2007 水力机械（水轮机、蓄能泵和水泵水轮机）振动和脉动现场测试规程［S］．北京：中国标准出版社，2007.

[30] 中华人民共和国国家质量监督检验检疫总局，中国国家标准化管理委员会．GB/T 6075.1—2012 在非旋转部件上测量和评价机组的机械振动 第一部分：总则［S］．北京：中国标准出版社，2013.

[31] 中华人民共和国国家质量监督检验检疫总局．GB/T 6075.5—2002 在非旋转部件上测量和评价机组的机械振动 第五部分：水力发电厂和泵站机组［S］．北京：中国标准出版社，2002.

[32] 国家质量技术监督局．GB/T 11348.1—1999 旋转机械转轴径向振动的测量和评定 第一部分：总则［S］．北京：中国标准出版社，1999.

[33] 中华人民共和国国家质量监督检验检疫总局，中国国家标准化管理委员会．GB/T 11348.5—2008 旋转机械转轴径向振动的测量和评定 第五部分：水力发电厂和泵站机组［S］．北京：中国标准出版社，2009.